普通高等教育"十三五"规划教材

环保设备基础

李永峰　李巧燕　宋玉珍　主编

张　颖　主审

化学工业出版社

·北京·

全书共分为五篇，13章。第一篇为环保设备通用基础，包括生物反应器设计基础、环境工程中的检测及控制设备、钢制容器与塔设备和污染控制配套设备技术。第二篇为水污染处理设备，包括不溶态污染物去除、生物处理和污泥处理设备。第三篇为大气污染处理设备，涉及气态净化系统、尘粒和气态污染物净化设备。第四篇为固体废物处理与资源化设备选用，涉及压实、破碎、焚烧和热解等设备。第五篇环保设备设计与应用经济分析指标，涉及技术、投资和管理分析等知识。

本书可作为高等院校环境工程、环保设备工程、环境科学、环境管理和市政工程等专业的教学用书，也可供环境保护领域的技术人员、管理人员参考使用。

图书在版编目（CIP）数据

环保设备基础/李永峰，李巧燕，宋玉珍主编. —北京：化学工业出版社，2017.4（2024.1重印）
普通高等教育"十三五"规划教材
ISBN 978-7-122-29152-3

Ⅰ.①环… Ⅱ.①李… ②李… ③宋… Ⅲ.①环境工程-设备-高等学校-教材 Ⅳ.①X505

中国版本图书馆 CIP 数据核字（2017）第 035703 号

责任编辑：满悦芝　　　　　　　　　　　　　文字编辑：荣世芳
责任校对：宋　玮　　　　　　　　　　　　　装帧设计：史利平

出版发行：化学工业出版社（北京市东城区青年湖南街 13 号　邮政编码 100011）
印　　装：高教社（天津）印务有限公司
787mm×1092mm　1/16　印张 15　字数 368 千字　2024 年 1 月北京第 1 版第 7 次印刷

购书咨询：010-64518888　　　　　　　　售后服务：010-64518899
网　　址：http://www.cip.com.cn
凡购买本书，如有缺损质量问题，本社销售中心负责调换。

定　　价：39.00 元

《环保设备基础》 编写人员名单与分工

主　　编　李永峰　李巧燕　宋玉珍

主　　审　张　颖

编写人员与分工　郑国香（东北农业大学）、赵桃（上海工程技术大学）：序言

张　洪（东北林业大学、哈尔滨工业大学）、乔丽娜（哈尔滨工业大学）、李永峰（东北林业大学）：第1章～第3章

宋玉珍（东北林业大学）：第4章、第7章、第10章

郭　意（东北林业大学）、熊　峰（东北林业大学）、李永峰（东北林业大学）：第5章、第6章

梁乾伟（东北林业大学）、李巧燕（东北林业大学）、李永峰（东北林业大学）：第8章、第9章

罗丽娜（东北农业大学）：第11章～第13章

刘　希（东北林业大学）、王　玥（东北林业大学）：文字整理和图表制作

前言
Preface

　　环境是人类社会赖以生存和发展的重要依靠。当前，随着人类经济、社会的快速发展，人类对环境问题越来越重视。因此，大量的环保设备的研究工作正在如火如荼地进行着，这些环保设备的研发将缓解当前日益严重的环境问题，对发展循环经济具有十分重要的作用。但这些环保设备的研发涉及跨学科、跨领域的知识，很多研发人员对此内容了解不够深入。因此，编制和汇总环保设备中涉及的相关领域的知识刻不容缓。

　　环保设备原理是以能够处理相应的污染物为目的，利用跨学科、跨领域等知识和方法对环保设备的原理进行研究。而环保设备的设计主要是利用工程技术的概念，以力学为基础，利用各种设计手段和技术方法将环保设备原理中涉及的相关知识转化为能够在现实生活中实际使用的技术设备，从而使得目标污染物达到设计的目的和相应的排放要求，确保环境工程项目的质量能够达标，同时也为环境工程设施的运行和维护提供安全保障，环保设备的研发工作是控制环境工程的质量和成本的重要环节。

　　全书内容主要包含环境污染控制通用及配套设备、水污染处理设备、大气污染处理设备、固体废物处理与资源化设备和环保设备设计与应用经济分析指标五个方面。第一篇环保设备通用基础包括第1章~第4章，第二篇水污染处理设备包括第5章~第7章，第三篇大气污染处理设备包括第8章、第9章，第四篇固体废物处理与资源化设备选用包括第10章、第11章，第五篇环保设备设计与应用经济分析指标包括第12章、第13章。本书内容力求准确全面、系统完整、方便使用。全书图文并茂，内容翔实，既强调了环保设备的理论基础，又注重环保设备的设计基础和典型环保设备设计分析和装置图，是具有较强的实用性和可操作性强的范本。

　　本书的特点是按照社会各界对环保设备研发和设计专业人才的要求进行编写，注重理论知识与实践的结合，巧妙地将力学、生物学等知识融合到环保设备原理和设计的介绍中，重点介绍了环保设备研发的原理基础和理论，环保设备包含的几大类型，如水污染处理设备、大气污染处理设备和固废处理设备，然后介绍了环保设备中涉及的一些经济理论基础，对于促进环保设备的研发具有重要的意义。针对高等教育的特点和培养目标，注重理论和实践相结合，突出对环保设备原理的研究和设计的专业素质和技能的培养。

　　诚望各位读者在使用过程中提出宝贵的意见，同时使用本教材的学校可免费获取电子课件。可与李永峰教授联系（mr_lyf@163.com）。本书的出版得到黑龙江省自然科学基金（No. E201354）、黑龙江省高等教育教学改革项目（JG2014010625）、国家"863"项目（No. 2006AA05Z109）和上海市科委重点技术攻关项目（No. 071605122）的技术成果和资金的支持，特此感谢！

　　由于编写时间和水平有限，书中不妥之处在所难免，真诚希望有关专家和读者批评指正。也希望此书的出版能够起到抛砖引玉的作用，促进我国环保设备建设事业更好、更快地发展。

编　者

2017 年 4 月

目录
Contents

第四篇 固体废物处理与资源化设备选用 175

第(五)篇　环保设备设计与应用经济分析指标 ⑳207

绪　言 ▶▶

1 ▶▶ 环保产业的概念

　　随着科学技术的发展、生产力的提高以及人口的增加，人类社会对环境的压力不断增大，环境保护问题越来越引起世界各国的普遍关注。搞好环境保护的基础是严格的组织管理和先进的技术装备，后者要靠强大的环保产业来提供。我国目前对于环保产业的发展主要集中在三个方面，分别为环保设备制造业的发展、环境工程和软件服务业的发展以及自然生态保护业的发展。

2 ▶▶ 我国环保产业的现状

　　我国的环保产业发展是跟随政府主导的环境保护而发展起来的，但我国的环保事业发展比较晚。1973 年全国第一次环境保护工作会议开创了中国的环境保护事业，环保产业也应运而生。随着中国国民经济的快速增长，环境污染日趋严重，使得环境保护事业越来越受到社会广泛重视，国家对环保治理的投入不断增加，环保产业也得到迅速发展。我国的环境保护机制主要是以预防为主、防治结合、污染者付费、强化环境管理，国家颁布了数部基本环境法，加上其他配套法规、地方性环境法规，总数达 900 余件——尤其是部分条款还纳入了我国《刑法》的范围。在这种背景下，企业纷纷加入环境保护行业，从事环保产业的研究和开发，使得我国的环保事业得到了快速发展，甚至在一些比较小的地方出现了相应的环保企业群体，并且企业的环保意识更强。目前，我国从事环保产业的企业大约有 4 万家，而从业人员有 300 多万人，总产值达到了 7000 亿元。正是由于这种发展，使得我国目前的环保产业以及环保设备开发方面的技术人才非常紧缺。

　　环保产业的发展必须依靠国家政策的支持，因为环保产业是一种公益性的行为，它造福于全社会和子孙后代，如果没有国家政策、法规和标准的要求，环保产业难以发展起来。同时，我国目前的经济发展结构导致了企业生产的废料、废气和废水量非常巨大，会浪费材料和增加生产成本。因此，我国还需要更加重视环保产业的发展，逐渐研究新的工艺、新的技术和新的设备，对环境污染治理的资金投入也要适当增加。

3 ▶▶ 环保设备的分类

　　从历史的角度分析证实，要想发展一种新的事业、一个新的行业，除了需要相应的规章制度以外，还需要有先进的工艺和先进的设备，如果设备精良将会给企业带来极大的成本节约。但由于我国的环保产业发展较晚，各方面还不够健全，环保设备的发展较慢，还处于较低的水平，基本上处于环保设备设计制造阶段。

　　环保设备可以按照不同的功能、构成和性质进行分类，如下所述。

　　(1) 按照环保设备的功能分类　环保设备是指以控制环境污染为主要目的的设备，也称环境保护设备或环境工程设备。环保设备是水污染治理设备、空气污染治理设备、固体废物处理处置设备包括噪声与振动控制设备、放射性与电磁波污染防护设备的总称，可以按照类别、亚类别、组别和型别四个层次分类表示如下。

　　水污染治理设备包括物理法处理设备、化学法处理设备、物理化学法处理设备、生物化学法处理设备以及组合式处理装置；空气污染治理设备包括输送与存储设备、分选设备；固体废物处理设备包括破碎压实设备包括焚烧热解设备、无害化处理设备、资源再利用设备和吸声装置；噪声与振动控制装置包括隔振和减振装置；其他包括放射性与电磁波污染防护设备。

　　事实上，以上的几个层次的分类中，每一类中还含有许多具体的型号和规定，有的是国家标准，有的是地方标准，有的是行业标准。其设计主要是根据环保设备的需求而定的，如果是精度要求比较高且适合全国推广的，一般都采用国家标准。当然，随着人们对环境保护需求的不断提高和环保设备发展技术水平的不断进步，新的环保设备将会不断出现，环保设备的类型也必将会越来越丰富。

　　(2) 按照环保设备的构成分类　环保设备按构成分为三大类，分别是单体设备、成套设备和生产线设备。

　　① 单体设备：单体设备是环保设备的主体，如各种除尘器、单体水处理设备等。单体设备可以为机械类设备，也可以为压力容器类设备，甚至可以是单体构筑物；可以为金属材料加工件，也可以为混凝土或其他材料（如玻璃钢等）建造的构筑物。

　　② 成套设备：成套设备指以单体设备为主，同时包含各种附属设备（如风机、电机等）组成的整体。每一种成套设备中都包含有若干种（台）单体设备，这些单体设备的属性可能各不相同，有的为机械。

　　③ 生产线设备：也称为流水线生产设备，主要是由多台单体设备组合成一个综合的整体，以便其能够发挥出一系列的功能。

　　(3) 按照环保设备的性质分类　环保设备按照性质主要分为四大类，分别是机械类、压力容器类、仪表类和构筑物设备。

　　① 机械类设备。指主要由运动机械构件构成的设备，可以分为通用机械设备和专用机械设备。目前在环保设备中种类最广、型号最多、应用最普遍。也就是说我国的环保设备主

要是由专门供环保项目使用的设备和一些与其他行业通用的设备所组成。其中通用机械设备也简称为标准设备，其制造大多采用国家标准，以使其能够在各个行业使用，一般情况下都有比较通用的规格尺寸和制造过程，可以在市场上很方便地购置，如水泵、空压机、减速机、阀门、板框式压滤机、离心机等。专用机械设备是指主要在环境保护行业中使用的机械类设备，如刮泥机、水平轴转碟曝气机、滚压式污泥脱水机等，这类设备在市场上不易购买，一般都需要找寻专门的制造商，且价格较高。

② 压力容器类设备。一般是指没有运动构件的静止设备，设备的外部壳体多采用金属材料制作，呈立式或卧式的圆筒状或箱体状，并与化工单元过程操作中的容器、塔器类设备具有较大的关联性。按照其承压情况可分为中低压容器和高压容器。

③ 仪表类设备。主要是用于检测和检验，这一类设备一般是用于实验室进行各种类型的电化学分析、色谱分析以及用于室外的各类采样器、自动化检测仪器以及在线检测系统等。据统计，每个城市污水处理厂大约需要使用38种在线控制仪器仪表，如在线超声波明渠流量计、超声波管道流量计、电磁流量计、在线溶解氧（DO）测定仪、在线COD测定仪、在线pH测定计等。

④ 构筑物设备。主要是指环保项目中涉及的建筑物，一般使用钢筋混凝土制成，有的也采用玻璃钢、钢板、不锈钢板、工程塑料或其他材料建造。这一类设备不同于前三类设备，主要是其制作没有相应的标准，其大小尺寸和厚度等一般都是根据项目的需要和工艺的设计来进行确定的。构筑物设备主要用来储存物料或充当常压反应容器的壳体，有时也为其上附带的机械类设备提供支撑和固定作用。常被冠以槽、罐、箱、池、器等名称，如各种溶药罐、搅拌槽、原水箱、沉砂池、沉淀池、隔油池、气浮池、曝气池、贮泥池等。

4 ▶▶ 环保设备的特点

① 产品体系庞大。我们都知道环保产业是个非常大的领域，它涉及废水、废气、废渣、噪声以及辐射等，因此也会配备相应的环保设备，从而使得环保设备形成了一个不同品种和类型组成的庞大体系，拥有几千个品种、几万种规格，多数产品彼此之间结构差异大，专用性强，标准化难度大，难以形成批量生产。

② 设备与工艺之间的配套性较强。由于环境中的污染源不同，使得不同状态下排放的污染物成分、浓度以及排放量和处理难度都不相同，这就使得环境工程需要针对这种污染源设计专门的工艺，并且配以专门的工艺设备，以使其能够达到最佳的处理效果。

③ 设备工作条件变化大。由于设备是根据处理的污染源而配备的，但是由于污染源会出现较大的变化，这就使得环保设备的工作条件会出现较大的变化。在环境工程中，大多数设备都是在露天或者潮湿的环境中进行高负荷运行，这就使得环保设备必须具有耐高温、耐腐蚀、抗磨损、高强度等技术性能。某些大型成套设备如大型垃圾焚烧炉、大型除尘设备、大型除硫脱氮装置等，系统庞大，结构复杂，对系统的综合技术水平要求较高。

④ 部分设备需具有兼用性。部分环保设备与其他行业的机械设备结构相似，存在着相互兼用性，即环保设备可以应用于其他行业，其他行业的有关机械设备也可以应用于环境污染治理，故也有人称其为兼用设备。如石油、化工、矿山、轻工等行业的蒸发器、塔器、搅拌机、分离机、萃取机、破碎机、筛分机、分选机等，都可以与环保设备中的同类设备兼用。

第一篇 ▶▶

环保设备通用基础

第1章 ▶▶ 生物反应器设计基础

本章摘要

生物反应器，指为以活细胞或酶为生物催化剂进行细胞增殖或生化反应提供适宜环境的设备，它是生物反应过程中的关键设备。本章以生物反应器设计为基础，从而全面地认识生物反应器设计的主要目的和设计原理。

生物反应器是环保工程设备中重要的设备之一，它是主要用于微生物细胞的增殖或为生化反应提供适宜的生长环境的一类设备。生物反应器中的物质、能量和热量转换与反应器的结构和内部装置密切相关，换句话说，生物反应器的结构对生物反应的产品质量、收率（转化率）和能耗起关键作用。在进行设计时需要考虑到反应器中的传质、传热、pH和温度等一系列因素，同时还需要考虑好氧、缺氧或者厌氧等条件。生物体是活体细菌，整个过程受到剪切力的影响，也可能发生凝聚成为颗粒，或者受到气体的影响。总之，在设计生物反应器的时候要将生物活性控制在最佳条件，降低总费用。

1.1 生物反应器化学计量基础学

化学计量是反应器设计的关键之一，它为过程中使用的介质的合理设计提供基本数据。反应器内发生的反应过程的产率可根据质量守恒定律和能量守恒定律推导的公式进行计算，前者为化学计量法，后者为热力学法。

一般来说，反应器中发生的反应虽然有所不同，但最后都可以通过精确的质量和能量衡算式计算出相应的物质和反应程度。

进行化学计算之前，必须先列出生化反应方程，下面的总方程给出了单一碳源、氮源、氧以及生物量、产物生成（包括水和CO_2）的关系式，细胞、基质、产物定义为采用单一碳源化学表达式，并认为只有一种产物，则化学平衡式可表示为：

$$CH_mO_l + aNH_3 + bO_2 \longrightarrow Y_bCH_pO_nN_q（生物量） + Y_pCH_rO_sH_t（产物） + cH_2O + dCO_2$$

这里Y_b、Y_p分别是生物量和产物的相对单位碳源量的产率，氮和氧的需求量分别用系数a和b表示，所产生的水和二氧化碳系数分别为c和d。此时，假定只有一种碳源进入生化反应，碳源的平衡式为：

$$1 = Y_b + Y_p + d \tag{1-1}$$

氮、氧、氢的平衡式分别为：

$$a = qY_b + tY_p \tag{1-2}$$

$$1 + 2b = nY_b + sY_p + c + 2d \tag{1-3}$$

$$m+3a=pY_b+rY_p+2c \tag{1-4}$$

这表明，如果知道得率，所需要的氨量和氧量，以及所产生的 CO_2 和水都可由这些方程算出。同样，通过进气、排气和氨消耗量的测量有助于确定得率。

大量的证据显示，相对基质的得率与生长速率相关，这种关系与蛋白的变换、保持最佳的胞内 pH、抗衡通过细胞膜的泄漏的主动运输、无用的循环及运动所需要的能量相关。一般来说生成能量的基质部分一些与生长相关，一些与生长无关，主要取决于当前系统中存在的生物量大小。其始终处于一种平衡的状态。

$$\frac{1}{Y_{xs}}=\frac{1}{Y_{xs}^{max}}+\frac{m_a}{\mu} \tag{1-5}$$

式中，Y_{xs} 为生物量对基质的得率；Y_{xs}^{max} 为得率最大值；m_a 为维持系数；μ 为比生长速率。

根据以上方程可得到生物量对基质的得率随着反应速率的增加而增加，Y_{xs} 是实验中观察到的细胞质量浓度增加值与基质浓度消耗值的比率，而 Y_{xs}^{max} 只是一个模型参数。同时，还有人提出了一种概括性的线性方程，表达具有产物产生情况的生物量生长：

$$q_s=\frac{\mu}{Y_{xs}^{max}}+\frac{q_p}{Y_{xs}^{max}}+m_a \tag{1-6}$$

式中，q_p 为产物比生成速率，指单位生物量在单位时间内合成产物的量，表示细胞合成产物的速率或者能力，也可作为判断微生物合成代谢产物的效率。

基质和氧消耗德尔线性方程是生物反应器设计的重要工具。在设计的过程中速率是进行人为预测的，而培养的过程得率系数的改变则是用比生长速率的函数得到的。

1.2　生物反应器的生物学基础

在进行生物反应器的设计和优化的过程中，必须首先确定生物量、基质以及产物浓度的改变速率、细胞生长、细胞数分布、产物合成、基质消耗等数据以便对运行情况的预报、控制及系统优化等。同时还需要对 pH、温度以及化学成分等对系统动力学的影响进行分析。

1.2.1　细胞学动力学

在环保设备中，各反应器都是由细胞的活动所驱动的，反应器中的生化反应也就自然与细胞的生长速率和其他的生长速率有着密切的关系。

细胞在分批间歇式培养的过程中，其生长过程主要分为五个阶段，分别为适应期、指数期、减速期、平衡期、死亡期。图 1-1 为典型的生长曲线。

此曲线分别比较了光密度测量法、粒子计数法及平板培养法的观察结果。该图揭示了不同测量方法得到的生物量增加量有所不同。曲线描述了一个既没有产物抑制也没有传递抑制的细菌培养过程记录。但实际上抑制是

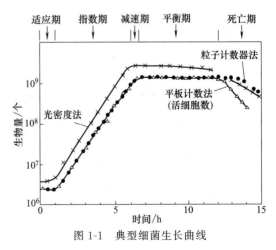

图 1-1　典型细菌生长曲线

存在的，前一种抑制方式是产物浓度对生长率产生的抑制，后一种抑制方式则是由传递现象产生的抑制，如由必需基质耗尽导致的抑制，生长率随着限制基质的减少而降低，当这种营养物质耗尽，细胞将转向利用另一种可能的营养物质（如碳源），直至所有有用的营养物质被全部耗尽，生长将完全停止。

1.2.2 生长动力学方程

1.2.2.1 无抑制的细胞生长动力学——Monod 方程

早在 1942 年 Monod 就指出，在培养基中无抑制剂存在时，如果生长速率由于基质的耗尽而出现下降，则细胞的比生长速率与限制性基质浓度的关系为：

$$\mu = \mu_{max} S / (K_s + S) \tag{1-7}$$

式中，μ_{max} 为在特定基质下最大比生长速率；K_s 为底物 S 的反应速率常数；S 为氧化池内或出水底物浓度。

此方程被广泛地应用于大量的场合，但是此方程只使用于单一基质限制。也就是说除了一种生长限制基质外，其他的营养物质都过量，都不会对微生物的生长造成伤害。这个方程是一种半经验式的方程，实际上饱和系数的值非常小，表 1-1 为部分微生物在不同基质下的饱和系数。

表 1-1　不同基质条件下的 Monod 模型 K_s 值

微生物名称	基质	K_s/(mg/L)
Aspergius	精氨酸	0.5
	葡萄糖	5.0
Candida	甘油	4.5
	氧	0.45
Cryptococcus	维生素 B_1	1.4×10^{-7}
Aerobacter aerogenes	氨	0.1
	葡萄糖	1.0
	镁	0.6
E. coli	葡萄糖	2.0~4.0
	乳糖	20.0
	甘露糖醇	2.0
	磷酸盐	1.6
	色氨酸	0.001
Hansenula polymorpha	甲醇	120.0
	核糖	3.0

另一方面，基质抑制现象可以在纯质量传递过程中看到。限制基质从液体体积流向细胞的流速 N_s 如下：

$$N_s = \kappa_L (S - S_c) \tag{1-8}$$

式中，κ_L 为细胞消耗基质时的质量传递系数，m/h；S 为液体主流中的基质浓度，kg/m³；S_c 为细胞表面的基质浓度，kg/m³。

由于细胞壁上的基质浓度是未知的，如果假设它远小于液体主流的速度，即 $S \geq S_c$，则得到：

$$K_s = \frac{\mu_{max}}{(6 Y_{xs} \kappa_L / \rho_c d_c)} \tag{1-9}$$

式中，Y_{xs} 为基质浓度为 S 时的生物量速率；ρ_c 为细胞密度，kg/m³；d_c 为细胞的特征直径，m。

通过式（1-9）可以对饱和系数进行预测，也可以对物理特征改变对系统的影响作出分析，这样就极大地减少了动力学表达式的计算工作，也减少了数据的统计工作，因为这个方程只需要一个根据经验得到的值即可，那就是在特定基质下最大比生长速率（$\mu_{\max}$）。

1.2.2.2　其他生物动力学方程

Monod 方程只是简单地描述了在生长慢、细胞浓度低情况下的基质限制生长。在这种环境下，生长率简单地与 S 相关。在高细胞数水平下，有毒代谢产物变得更重要。除 Monod 方程外，有其他几种方程可用于描述基质限制生长，如 Blackman 方程、Tessier 方程、Moser 方程和 Contoi 方程。在有毒有害代谢产物积累时，很多产物抑制模型都可以用于生物动力学的描述。但有一个半经验的逻辑方程应用比较广泛，如下所示：

$$r_x = kX(1 - X/X_{\max}) \tag{1-10}$$

式中，r_x 为反应速率；k 为常数；X 为微生物浓度；$X_{\max}$ 为最大微生物浓度。

在生物反应器中丝状微生物在悬浮培养的时候经常会形成一些小球。而这些小球的内部会受到营养基质的抑制作用，因为物质扩散到内部的速率很慢。因此，霉菌的生长经常会形成一些大颗粒，这种生长通常是一个复杂的过程，它包括生长动力学、营养的扩散和有毒副产物的代谢。而对于单独生长于液体培养基中的菌落，这些复杂过程的部分可以被忽略。对于霉菌生长的方程，尤其是深层发酵的球状颗粒方面，有很多文献都作过较详细的分析。

1.2.3　产物形成动力学方程

代谢产物和蛋白质释放到生长培养基中会逐渐使代谢产物在培养基中富集，条件和培养机制的不同会使最终释放到培养基中的代谢产物成分以及代谢产物的浓度发生不同的变化，但是这些代谢产物大致可以分为以下四大类。

① 主要产物是能量代谢的结果，例如在酵母厌氧生长过程中的酒精合成（Gaden 分类Ⅰ型）。

② 主要产物是能量代谢的间接结果，如霉菌好气生长过程中柠檬酸的合成和细胞中 PHB（聚羟基丁酸酯）的胞内积累（Gaden 分类Ⅱ型）。

③ 产物是二次代谢物，如霉菌好气发酵中青霉素的生产（Gaden 分类Ⅲ型）。

④ 产物是胞内或胞外蛋白，可以受到诱导和分解代谢抑制调节，如酶合成。

这四种细胞产物的合成动力学可以分为两大类，一类是产物合成在生长过程中出现，另一类是产物合成通常出现在细胞生长完成后，下面给出这两大类情况下的动力学计算方式。

第一种情况也称之为偶联型，其动力学方程为：

$$dP/dt = a\,dX/dt \tag{1-11}$$

$$q_p = a\mu \tag{1-12}$$

式中，P 为产物浓度；a 为系数；q_p 为产物比生成速率。

这种动力学方程的产物在生长过程中出现，且主要是代谢产物中的第Ⅰ类和第Ⅳ类。

第二种情况称之为非生长偶联型，其动力学方程为：

$$dP/dt = \beta X \tag{1-13}$$

$$q_p = \beta X \tag{1-14}$$

但是，在实际情况下，这些方程都没有能够反映出产物合成过程既不是在生长过程出现的，也不是在生长之后出现的情况。

1.2.4 高浓度基质以及产物的抑制动力学

在生物反应器中，如果基质的浓度过高，可能会抑制生长以及产物的合成，这就使得在进行微生物的培养过程中，特别是污泥驯化时，要逐步增大基质的浓度，不然会对整个系统的工作效率造成抑制作用。如果以葡萄糖作为碳源，则通常发酵开始时的浓度不大于150g/L，如果大于350g/L则使大部分微生物不生长，这是由于渗透性作用导致细胞脱水所致，这种现象称为基质抑制。有很多方程描述这种现象，并有综述概括。最重要的似乎是两个基质抑制方程。

非竞争性抑制：

$$\mu = \mu_{max} / [(1 + K_s / S)(1 + S / K_1)] \tag{1-15}$$

竞争性抑制：

$$\mu = \mu_{max} S / [K_s (1 + S / K_1) + S] \tag{1-16}$$

式中，K_1为基质抑制常数，对竞争性抑制和非竞争性抑制是不同的。

根据已有的理论进行分析得到，代谢产物在高浓度下受到抑制作用是很正常的，这些抑制作用不但影响到生长速率，还影响到代谢产物的成分和浓度。

1.2.5 环境因素对生长及代谢的影响

微生物在生物反应器中生长和繁殖的过程中，其产物形成动力学受到多种因素的影响，在进行反应器的设计时，不但要单独考虑每种影响因素对其的影响效果，还需要综合考虑各种因素结合在一起对系统的影响。一般情况下，温度是影响细胞特性的关键因素。生物反应器中所采用的大部分微生物是中温菌（20℃＜T＜50℃），有些也可能是嗜冷菌（T＜20℃）或嗜热菌（T＞50℃）。

根据大量的实验得到，当温度向最适温度方向增加时，每增高10℃，生长率大约增加1倍。当超过最适温度后，生长率下降，随后出现热死的现象。从而得到净增长率方程：

$$dX/dt = (\mu - k_d)X \tag{1-17}$$

式中，μ为比生长速率，s^{-1}；k_d为微生物的衰减系数，s^{-1}。

pH对微生物的影响主要是改变了微生物表面的电荷关系，从而使微生物对物质的吸收和亲和力受到抑制作用。同时，pH也可能会改变微生物生长的环境，使其不适合微生物的生长。对大多数微生物来说，可接受的pH范围可以是围绕最佳值变化1～2（总的pH变化范围达3～4）。在某些情况下，生长的最适pH与产物形成时的pH是不同的（如酸合成）。哺乳动物细胞则对pH的变化非常敏感。不同细胞的最适pH见表1-2。

表 1-2 不同细胞的最适 pH

细胞	pH 范围	细胞	pH 范围
细菌	4～8	植物细胞	5～6
酵母	3～6	动物细胞	6.5～7.5

有时细菌可以在pH低至3的环境下生长，但这是一种特殊情况，它们通常可以运行较长时间而不被污染，因为可以污染它们的微生物极少。在反应中pH可能是随时变化的，这通常取决于基质的特性，尤其是其中的氮源。常用的氮源是氨，随着反应的进行，氨被细胞利用，pH将下降。反应过程的pH控制即可解决这一问题。但是，对于大的反应器来说，

在整个反应过程中将产生较大的 pH 梯度。

1.3　生物反应器的质量传递

质量传递在选择反应器形式、悬浮或固定化细胞和操作参数中起决定性的作用，并将直接或间接影响过程中各步骤以及系统周期性单元设计的很多方面。

微生物在生物反应器中的活动使得生物量发生变化并得到相应的结果，整个过程与质量传递和微生物的产能息息相关。在普通气-液反应器中，低溶解度气体传递是最明显的问题，这是由于基质连续供给的需要，否则液体中它将瞬间耗尽，变为限制反应速率的反应物。对于好氧生化过程，氧的供给已成关键问题，供氧速率通常被认为是在生物反应器的选择和设计时的主要问题。

1.3.1　气-液质量传递

人们经常将实验室得到的数据用于分析实际的生物反应器的设计，而此时对整个设计最重要的参数就是质量传递比速率，它指单位浓度下，单位时间、单位界面面积所吸收的气体。体积质量传递系数由两项产生：①质量传递系数（κ_L），它取决于流体的物理特性和靠近流体表面的流体动力学；②通气反应器单位有效体积的气泡面积（A）。界面面积是一个重要的物理特性、几何设计及流体动力学功能，它是一个集总参数，不能定义在一点上。另一方面，质量传递系数实际上是基质的质量通量 N_s 与推动这一现象的梯度（浓度差）之间的比例因子：

$$N_s = k_L(S_1 - S_2) \tag{1-18}$$

式中，S_1 和 S_2 表示两个质量传递之间的基质浓度。在实际反应器中，有可能同时共存较宽范围的梯度值，因此，必须选择代表整个反应器的值。

由此可见，质量传递系数的值取决于采用的浓度。这就意味着确定它是代表反应器的流体动力学模型。缺乏对这一事实的认识是有时在著作里发现错误数据的原因，它们采用错误的驱动力计算质量传递系数。最常见的错误是简化计算，在没有保证假设有效的条件下假设混合完全均匀。

气-液体系中氧的传递在好氧培养时极为重要。一般来说，微生物反应比化学反应的时间要长，有用物质的生产成本占运行成本的大部分，此部分成本主要消耗在给微生物反应提供必需的氧气包括气体的通入和搅拌等部分。实际上微生物能利用的氧气量和向反应器中通入的空气中的氧气量相比是非常低的（大多数情况下低于 20%）。可以看到，大部分氧气是无法被利用的。以上的事实说明，对于好氧微生物反应来说，氧气的传质是非常重要的。

对于氧气的传质主要是研究氧气的溶解度，氧气的溶解度与所处的环境密切相关，与氧气所占的分压以及环境的温度等都有关。一般对氧的传递主要是考虑氧气的利用速率和氧气的消耗速率。而氧的吸收（OUR）和消耗（OCR）关系可由下式计算：

$$OUR(OCR) = r_{O_2} = q_{O_2}\chi \tag{1-19}$$

式中，r_{O_2} 为摄氧率，单位时间内单位体积的物质所需的氧量，$g/(L \cdot h)$；q_{O_2} 为呼吸强度，单位时间内单位质量的细胞所消耗的氧气，$g_{O_2}/(g \cdot h)$；χ 为细胞浓度，单位体积的细胞干重，g/L。

分批式操作中，因为 q_{O_2} 和 χ 是随时间而变化的，所以 r_{O_2} 是时间的函数。一般来说，

r_{O_2} 在对数生长期后期达到最大。q_{O_2} 数值的大小随使用菌株和培养条件变化而变化，但一般在 $0.05\sim0.5\mathrm{g/(g \cdot h)}$。考虑满足这些需要的反应器的设计及操作条件的确定，以及氧气供应速率等工程方面的问题。微生物反应体系中，气-液界面附近的氧气消耗作用较小，可以认为氧气首先以物理吸收，然后在液相主体被消耗。这样氧气依次经过气泡本身-气膜-液膜-液相主体-微生物细胞外膜-微生物细胞内的生化反应这几个阶段。另外，在传递过程中，气泡周围的液膜阻力占支配地位。因此，培养体系的 OAR（氧的吸收速率）表示为：

$$\mathrm{OAR} = k_L A \{[\mathrm{DO}]^* - [\mathrm{DO}]\} \tag{1-20}$$

在实际的操作过程中氧的吸收和消耗速率可由下式计算得到：

$$\mathrm{d}[\mathrm{DO}]/\mathrm{d}t = \mathrm{OAR} - \mathrm{OUR} = k_L A\{[\mathrm{DO}]^* - [\mathrm{DO}]\} - q_{O_2}\chi \tag{1-21}$$

一般情况下溶解氧处于稳定状态，即 $\mathrm{d}[\mathrm{DO}]/\mathrm{d}t=0$，另外 $[\mathrm{DO}]$ 降到 0 时，如果设定 χ_{st} 为稳态的细胞浓度，$[\mathrm{DO}]_{cri}$ 为临界溶解氧浓度，所需的 $k_L A$ 可由下式计算得到：

$$k_L A_{required} = q_{O_2}\chi_{st}/\{[\mathrm{DO}]^* - [\mathrm{DO}]_{cri}\} \tag{1-22}$$

$k_L A$ 数据可从文献中得到，但必须记住那些是基于有限实验数据的总结，所涉及的设备与原来的实验系统的集合结构以及物理参数越接近，设备的设计才会越安全。

1.3.2 机械搅拌生物反应器的质量传递

质量在传递的过程中取决于系统的能量摄入，这些能量通过剪切作用的形式表现出来，从而使得大气泡被打碎，产生小气泡，从而增大传质的过程，增大了表面积。由于能量可通过搅拌和通气方式进入系统，因此可用下式表示：

$$k_L A = A_1 (P_i/V_L)^\alpha (J_G)^\beta \tag{1-23}$$

式中，P_i 为输入功率；V_L 为液体体积；J_G 为气体的空塔速率；A_1 为系数；常数 α 和 β 取决于系统的几何尺寸和液体的流变学特性。

高黏度流体的适当通气是非常困难的，在这些情况下需要多叶片搅拌器及特殊设计的搅拌叶。

1.3.3 气体搅拌生物反应器的质量传递

1.3.3.1 鼓泡塔

从结构及操作的观点看，鼓泡塔是最简单的一种反应器，属于气体搅拌反应器。它们是简单的容器，容器内气体喷入液体中，没有运动部件，容器内物料搅拌所需要的所有能量及培养所需要的氧均由喷入容器中的气体（通常为空气）提供。

但由于存在剪切力的作用，因此如果气体的充气量过大、速率太快就会对细胞造成伤害，特别是对于污泥来说，气流过大可能会使得形成的絮凝体被冲散，从而导致系统的整体处理效果下降。另一方面，在大规模生产中，鼓泡反应器的结构及操作简单等实际优点都给人留下了深刻印象。因此，鼓泡塔在化学及生化工业中都占有重要的位置。

1.3.3.2 气升式反应器

气升式反应器给大规模生化过程提供了一些好处，尤其是对动、植物细胞培养，原因在于气升式反应器与传统生物反应器在流体动力学方面存在差别。传统情况下液体运行方式是集中在了一个点上，这样会在反应器内部形成紊流，还可能使得反应器内部的循环不够充分。而气升式反应器不存在这种高能耗散率的点，因此剪切力场均匀得多。在生物反应器中运动的细胞或凝聚细胞不必忍受强烈的改变，流体流动具有主导作用。所以设备的几何设计尤其重要，特别是底部间隙（它代表反应器底部的流动阻力）以及气体分布器的设计对质量传递速率具有很大的影响，内循环气升式反应器各种因素的关系式如下：

$$k_L A = 1.911 \times 10^{-4} J_G^{0.525} (1 + A_d/A_r)^{-0.853} \mu^{-0.89} \tag{1-24}$$

式中，J_G 为反应器的气体空塔速率；μ 为液体黏度。

1.3.4　液体-微生物之间的质量传递

细胞之间的扩散主要是通过细胞表面的边界层而进行的，而目前解决液体-微生物之间传递的过程主要是弄清楚关键的过程是发生在细胞内还是细胞外。Rotem 等研究了黏度对单细胞红藻（*Porphyridium* sp.）生长速率的影响。将藻放在含有本身细胞壁多糖的可溶性成分培养基中培养，随着培养基中多糖浓度的增加，藻生长速率和最大细胞数相应减少。增加多糖浓度也抑制细胞的 C 源消耗速率，从而抑制光合成。试管培养实验结果显示，对硝酸盐、碳酸氢盐、磷酸盐和钠的质量传递系数随着多糖浓度的增加而减小。可得出如下结论：生长速率的减小是由于营养传递受到高浓度多糖阻碍所致。

1.3.5　微生物活性对质量传递的增强作用

由于在反应器中不断地发生化学反应，使得气体浓度不断改变，气体吸收率也发生改变。这种变化的过程可用一个简单的模型——膜模型来抽象地研究。

氧被吸收到发酵液中，类似于气体被吸收到液体中，它与悬浮的小颗粒发生反应。由于氧在气-液界面扩散时被消耗，因此氧的吸收速率被增强。实验表明，在表面通气搅拌罐中氧的吸收率高于物理吸收的预期值。这种现象可以用所观察到的气-液界面附近微生物的积聚进行解释。

除此之外，微生物对传递也有一定的影响作用，尤其是当表面的浓度远大于主体内的浓度时。另一方面，在传统的通气罐、搅拌罐或鼓泡塔中，质量传递系数相对较高，则微生物所消耗的氧对氧的传递速率不会产生加强。

1.3.6　粒子间的质量传递作用

有时微生物并不是完全自由地悬浮在液体中，而是形成一些絮凝体，也类似于颗粒微生物，而此时的质量传递过程较快，但整个过程相当于简单的传递过程增加了一个步骤。除了要穿越环绕粒子周围的液体边界层以外，扩散基质必须从外表面传送到生物转化实际发生的地方，这就意味着基质必须经过长而曲折的路程才能到达位于粒子中心的细胞处发生作用。扩散限制对所需要的生物催化剂量的影响已是众所周知，这种现象已长时间被观察和分析。另一方面，扩散限制可以被过程设计者用作人工控制的手段。作为固定化的结果，酶的操作稳定性可以补偿甚至超过粒子间扩散的有害方面。在受到保护的絮团、颗粒或酶支持物内部，pH 和温度的波动也将变缓。

1.4　生物反应器的热量传递

细胞在进行活动时会释放出能量，这些能量一部分用于物质的合成，另一部分用作呼吸作用，提供机体运动所需要的能量。细胞活动热的释放与生物反应的化学计量之间存在着紧密的关系。图 1-2 基质消耗过程中能量的总平衡显示了一个好气发酵过程和简单基质消耗的能量相等。生长及维持所需要的能量来源于基质的氧化。物质的氧化总伴随着电子的转移，伴随着能量释放所进行的电子转移称为"有效电子转移"，氧化过程中每分子氧可以接受 4 个电子。

搅拌发酵罐中的热量传递可用化学反应器设计的方程进行计算。通气过程中由于气泡的存在，大多数情况下会产生高的湍流，不会使这些装置中热传递速率发生很大改变。鼓泡塔中的热传递速率远大于单相流所期望的速率。这是由鼓泡塔中的流动特性，即气泡驱动的湍流和液体的再循环所造成的。

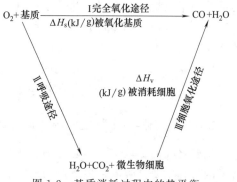

图 1-2 基质消耗过程中的热平衡

1.5 生物反应器的剪切力问题

大容器中质量和热量的传递遵从对流机制，并通常与湍动涡流有关，因此，剪切流在反应器中经常存在。习惯上承认过度剪切作用会损伤悬浮细胞，导致活力损失，对于易碎细胞甚至会出现破裂。不单是动物细胞培养，扩展到植物细胞培养也一样，甚至微生物培养也会受到剪切作用的影响。

1.5.1 剪切力对微生物的影响

（1）细菌 一般情况下，由于细菌的体积较小，因此细菌对剪切力的作用不是很敏感。除此之外，由于细菌具有细胞壁的原因，导致其能够抵御一定的外部冲击。但也有细菌受剪切力影响的报道，如在同心圆中受剪切作用的大肠杆菌（$E.coli$）细胞长度会增加。由于搅拌的剪切作用，曾观察到细胞体积的变化。

（2）酵母菌 酵母比细菌大，一般为 $5\mu m$，但比常见的湍流旋涡长度仍要小。酵母细胞壁较厚，具有一定剪切抗性，但是酵母通过出芽繁殖或裂殖会产生疤点，其出芽点及疤点是细胞壁的弱处。有报道证明酵母出芽繁殖受到机械搅拌的影响。

（3）丝状微生物 丝状微生物虽然对活性污泥的影响较大，但是丝状微生物也具有较多的功能，在工业上特别是抗生素生产中应用广泛。在深层浸没培养中，丝状微生物可形成两种特别的颗粒，即自由丝状颗粒和球状颗粒。在自由丝状形式下，菌丝的缠绕导致发酵液的高黏度及拟塑性，这样就导致发酵液中混合和传质（包括氧传递）非常困难。为增强混合和传质，需要强烈的搅拌，但高速搅拌产生的剪切力会打断菌丝，造成机械损伤。如果菌丝形成球状，则发酵液中黏度较低，混合和传质比较容易，但菌球中心的菌可能因为供氧困难而缺氧死亡。

1.5.2 剪切力对动物细胞的影响

动物细胞对剪切作用非常敏感。因为它们尺寸相对较大，并且没有坚固的细胞壁，而只有一层脆弱的细胞膜。因此，对剪切力敏感成为动物细胞大规模培养的一个重要问题。不同剪切力对人脐静脉内皮细胞（human umbilical vein endothelial cells，HUVEC）表达基质金属蛋白酶（maxtrix metallo proteinase29，MMP29）的影响研究表明，低剪切力及振荡剪切力均能诱导体外培养的 HUVEC 对 MMP29 mRNA 的表达，且增加其蛋白活性，生理剪切力却能抑制这种表达。

1.5.3　剪切力对酶反应的影响

在环保设备中发生的反应实际上都涉及了酶反应，因此保持酶的活性、提高酶的处理效果对最后的工艺效率有着密切的联系。研究剪切对过氧化氢酶活力的影响，结果表明，酶的残存活力随剪切作用时间与剪切力乘积的增大而减小。

在膜分离式的酶解反应器中，葡萄糖淀粉酶失活随叶轮叶尖速度增大而加快。在同样搅拌剪切时间下，酶活力的丢失与叶轮叶尖速度是一种线性关系。在同样条件下，凹槽叶轮搅拌引起酶失活最大，刮刀叶轮次之，平板叶轮搅拌引起的酶失活最小，这与搅拌造成的流体剪切程度相符。

 案例

MBBR 移动床生物膜反应器应用实例

地埋式生活污水处理设备（MBBR 移动床生物膜反应器）可装于小区草坪内，与自然景观融为一体。设备埋于地下，有利于保温，在寒冷季节（－30℃）仍可正常运行，无扰人噪声，无臭味，设备属于工厂化生产，工地现场组装，无需预筑昂贵的水泥基础，只需用挖掘机挖坑，将设备填埋地下即可，节省施工时间及土建费用。它的优点是：维护简单，传动部件均在地面伸手可及之处，工作人员永远不需下到污浊的设备底部进行检修；内部无纵横排列的填料，无更换填料的费用及工作难度，几乎无维护费用；运行费用低，间歇式曝气，能耗低；不添加药剂，不造成二次污染；BOD 去除率 90％以上，脱氮率高，处理效果好，出水浊度 1NTU 左右，感观上和自来水差不多，清澈透明，净化后的水经杀菌消毒后可作为生活杂用水回收利用（冲厕、园林绿化、洗车等）；设备使用机动灵活，根据污水量，可单台使用，也可多台并联组成小型污水处理厂；可集中放置，也可多点分散放置，分别处理各个排污点；应用范围广，适合污水量小面广的城市生活小区、别墅区、宾馆、学校、医院、旅游景区、高尔夫球场、部队营房、城乡结合部以及中小城镇等不宜建大型污水处理厂的地方或远离城市污水管网的地方建设分散式污水处理站；还可应用于水产加工厂、肉制品厂、乳制品等食品行业产生的工业有机污水处理。

思考与练习

1. Monod 方程是用于描述细胞生长的数学模型，其表达式及各个参数的意义是什么？应用前提条件是什么？

2. pH 对微生物的生长及代谢有哪些影响？

3. 气液传质过程中，氧从气相到微生物细胞内部的传递步骤有哪些？

4. 常用的描述氧传递的模型有哪三种？

5. 请简述剪切力对于微生物培养过程的影响关系，包括细菌、酵母、丝状微生物。

6. 请简述剪切力对酶反应的影响关系。

第2章 ▶▶ 环境工程中的检测及控制设备

本章摘要

本章包括生化过程主要检测的参变量、生化过程常用检测方法和仪器、生物传感器的研究开发和应用、生化过程控制概论、生物反应器的比拟放大设计，全面掌握生物反应器的构造、工作原理、开发和应用。

在环境工程的项目中经常会涉及对各项指标的检测，以及整个工艺的控制过程，这个过程会涉及很多通用的检测设备，而这些设备的使用主要是为了提高工艺的处理效果和防止事故的发生，实现安全生产。

目前，常用的检测手段是利用传感器来进行测量，然后通过光电转换等技术用二次仪表显示或通过计算机处理打印出来。当然，除了用仪器检测外，最古老的方法是通过人工取样进行化验分析获得反应系统的有关参变量的信息。生物反应系统参数的特征是多样性的，不仅随时间而变化，且变化规律也不是一成不变的，属于非线性系统。

2.1 生化过程主要检测的参变量

在环保产业的生产过程中，需要对不同的指标进行检测，检测之前需要设定相应的指标，因此就需要确定出所检测的指标的最佳范围，以便进行检测时能够及时地出现预警。

(1) 温度　不管生物细胞或是酶催化的生物反应，反应温度都是最重要的影响因素。

(2) 液面　在环境工程中，特别是在污水处理的过程中，构筑物反应器中的液面对于系统运行起到了重要的作用，只有液面在合适的范围内才能够使得系统正常运行，如果液面过低可能无法出水，如果液面过高可能会使得出水出现浑浊的现象。

(3) 泡沫强度　在环境工程的处理过程中，经常会有由于水流或者厌氧发酵的情况出现泡沫的现象，如果泡沫的高度过高，使得液面被覆盖，而影响氧气的传质过程，则会使得系统的处理效果受到极大的影响。并且还可能使得很多物料随着泡沫的流出而溢出，故对反应器内泡沫高度的检测是相当重要的。

(4) 进水流入　对生物处理的连续操作或间歇操作过程，均需连续或间歇往反应器中加入新的废水或者废料等，且要控制加入量和加入速度，以实现优化的连续操作，获得最大的系统反应速率和生产效率。

(5) 通气量　不论是液体深层通风或是流化通气反应，均要连续（或间歇）往反应器中通入大量的无菌空气。为达到预期的混合效果和溶氧速率，对固体流化状态还要控制温度、pH 等，必须控制工艺规程确定的通气量。当然，过高的通气量会引起泡沫增多、水分损失太大以及通风能耗上升等不良影响。故此通风过程的通风量必须检测控制。

（6）搅拌转速与搅拌功率　对于生物反应器来说，搅拌对其的作用非常大，不管是通过气体搅拌还是通过机械搅拌，都可以使得泥水充分混合，从而增大整个反应器的质量传递过程，加大各物质各相的接触机会，从而促使反应能够很好地进行。

（7）pH　pH 在反应器中的作用非常巨大，如果 pH 不能够满足微生物生长的范围就会使得系统处理后达不到理想的效果。在环境工程的处理过程中，由于每个工艺存在不同的生物化学反应，且每个阶段的微生物群体不一样，使得整个系统中需要存在不同的 pH 值。因此生物反应对 pH 的检测控制极重要。

（8）溶氧浓度和氧化还原电位　好气性过程中，液体培养基中均需维持一定水平的溶解氧，以满足生物细胞呼吸、生长及代谢需要。在通气深层液体处理过程中，溶解氧水平和溶氧效率往往是生产水平和技术经济指标的重要影响因素，对生物反应系统即培养液中的溶氧浓度必须测定和控制。

2.2　生化过程常用检测方法和仪器

2.2.1　检测方式及仪器

目前，环境工程处理过程中用的检测设备主要分为在线检测和离线检测两种类型。前者是仪器的电极等可直接与反应器内的培养基接触或可连续从反应器中取样进行分析测定，如反应器中的溶氧浓度、pH 及温度等；在线检测主要是通过传感器的作用，将数据传送到

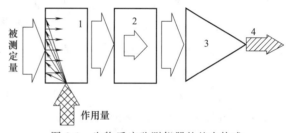

图 2-1　生物反应监测仪器的基本构成

1—传感器；2—信号转换；3—信号放大；4—输出显示

计算机或者终端设备，通过末端的控制来检测数据，同时还具有预警的作用。而离线检测是从反应器中取样出来，然后用高的精度和稳定性仪器检测，且响应时间不能太长。最常用的检测仪器的基本构成如图 2-1 所示。

2.2.2　主要参数检测原理及仪器

在气体或者固废处理的过程中有时会用到纯培养，而在水处理的过程中一般得到的微生物都是一个微生物群体。无论哪种过程采用的都是连续流的形式，这样可以提高效率，因此

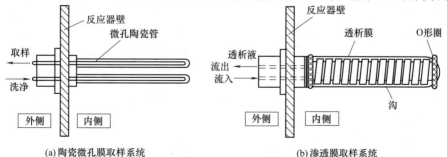

(a)陶瓷微孔膜取样系统　　　　(b)渗透膜取样系统

图 2-2　厌氧处理内的无菌取样系统

采用在线检测就十分重要。对于一些需要避免杂菌的取样系统一般采用图 2-2 所示的设备取样，这类设备主要分为微孔陶瓷管和渗透膜管两类。

在产氢产甲烷等过程中，检测这类气体或者挥发性物质时，如酒精发酵过程发酵液中乙醇含量测定，可采用微孔管在线取样检测法（tubing method），其取样管及原理如图 2-3 所示。浸没在培养液中的微孔管的材料为聚四氟乙烯，故可耐受反复操作；同时，由于是疏水性材料，故培养基质不会通过微孔而进入管中。但产物成分中的挥发性物质如乙醇，则可透过管壁微孔，与管中流通的惰性气体（如氮气）混合输送到外部，进入气相色谱仪进行该挥发成分的检测。

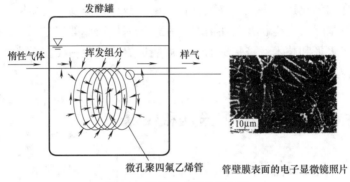

图 2-3　微孔管在线取样装置

2.2.2.1　温度的测定

温度检测仪表有热电阻检测器（RTD）、半导体热敏电阻、热电偶和玻璃温度计等。铂电阻温度计可耐热杀菌，耐腐蚀，精度高，但价钱较贵。铜电阻温度计价格较便宜，但容易氧化，且温度计的体积也较大。半导体热敏电阻具有灵敏度高、响应时间短的优点，但体积小、结构简单、耐腐蚀性好、寿命长，但因其温度与电阻值的关系非线性，所以使用也不多。

2.2.2.2　液位和泡沫高度的检测

在环境工程中常用的液位检测方法主要有压差阀、电容法和电导法。电导法主要在反应器或者其他容积中安装相应的电极，由于容器内的液面不同就会使得两个电导线之间的电位发生改变，从而通过基准值比较就可得到当前的液面高度。其设备如图 2-4 所示。

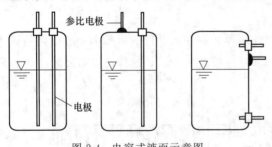

图 2-4　电容式液面示意图

2.2.2.3　培养基和液体流量测定

液体的流量监测是环境工程中重要的一个步骤，因为流速影响着处理过程中的 HRT 等指标，从而影响整个系统的处理效果。图 2-5 和图 2-6 所示分别为椭圆流量计和科里奥利（Coriolis）效应流量计，这两种流量计均有较高的精度（相当于满刻度的 $\pm 0.5\%$），其流量测定范围为 $1.5 \times 10^{-3} \sim 100 m^3/h$。

2.2.2.4　气体流量计

对于气体的检测主要包括两类，分别是体积流量型和质量流量型两种。体积流量型的工作原理主要是根据流动的气体所转化的动能来检测其流量。这种流量计在实验室的应用较

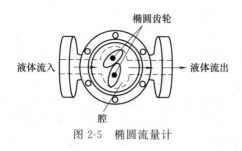

图 2-5 椭圆流量计

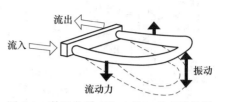

图 2-6 科里奥利（Coriolis）效应流量计

多，常用的为转子流量计。转子流量计结构简单，流动压降小，线性刻度，故使用时若温度或压强与上述不同，则必须修正。而质量流量计的工作原理主要是依靠流体的固有性质如质量、导电性、电磁感应及导热等特性而进行设计的。对气体流量测定，最常用的是利用其导热性能，其结构示意图和测定流量的工作原理如图 2-7 和图 2-8 所示。

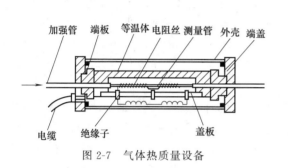

图 2-7 气体热质量设备

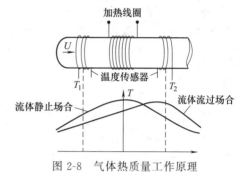

图 2-8 气体热质量工作原理

2.2.2.5 搅拌转速和搅拌功率

发酵搅拌功率取决于搅拌器的结构及尺寸、搅拌转速、发酵液性质、操作参数如通气量等，搅拌功率直接影响发酵液的混合与溶氧、细胞分散及物质传递、热量传递等特性。目前，生产规模的发酵罐搅拌功率只是测定驱动电机的电压与电流，或直接测定电机搅拌功率，但此功率包含了传动减速机构的功率损失。由于实验研究需要较准确测定实际的搅拌轴功率，常用轴转矩测定法，其计算公式为：

$$P = 2\pi nM \tag{2-1}$$

式中，P 为搅拌功率，W；n 为搅拌轴转速，r/s；M 为搅拌轴转矩，N·m。

2.2.2.6 pH 的检测

在环境工程经常使用的是 pH 复合电极，其结构紧凑，工作原理为利用玻璃电极与参比电极浸泡于某一溶液时具有一定的电位，其 pH 可表示为：

$$pH = 0.43\frac{F(E_0 - E)}{RT} \tag{2-2}$$

式中，E_0 为标准电极电位，mV；E 为被测溶液的玻璃电极电位，mV；F 为法拉第常数；R 为气体常数，8.314J/(mol·K)；T 为热力学温度，K。

pH 电极最重要的部位为玻璃微孔膜，见图 2-9。若此电极微孔膜部分受蛋白质等大分子污染吸附，则影响膜的内外之间的质量传递，pH 计的灵敏度和响应时间会下降和延长，此时必须用蛋白酶浸泡使蛋白质酶解溶出。

除此之外，还有一种 pH 传感器无需与待测的溶液接触即可测出，那就是光纤 pH 传感器，这种传感器的成本较低且容易集成。特别适于生物微反应器的所需样品小、无污染等要

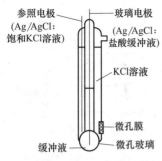

图 2-9　复合 pH 电极结构

参照电极
(Ag/AgCl:
饱和 KCl 溶液)

玻璃电极
(Ag/AgCl:
盐酸缓冲液)

KCl 溶液

微孔膜

缓冲液　　微孔玻璃

求，并且可实现多个生物微反应器的同时监测。

2.2.2.7　溶解氧的检测

溶解氧的检测通常使用溶解氧电极法，其工作原理主要是氧分子在阴极上还原产生电流，而产生的电流与被还原的氧量成正比，因此通过检测此电流值就可得到溶解氧的浓度。溶氧电极的溶氧值有两种表示方法，即饱和溶氧的百分数和溶氧值，前者最常用。值得注意的是，测定时要使电极周围的液体适度流动，以加强传质，尽量减少与电极膜接触的液膜滞流层厚度。

2.2.2.8　氧化还原电位（ORP）的检测

在厌氧或者缺氧过程中，溶解氧的浓度可能很低，用溶解氧仪器可能不容易检出，而是采用 ORP 来进行检测。氧分子作为电子受体的功能，关系到反应系统的氧化还原的平衡，故氧化还原电位（ORP）可作为微量溶氧浓度的指示数据。理论和实践表明，溶氧浓度与 ORP 虽不成正比关系，但有一定的对应关系，即当 ORP$=-300\sim100$mV 时，反应系统并非处于完全厌氧状态；但当 ORP$\leqslant-600$mV 时，反应溶液已处于完全厌氧状况。

2.2.2.9　细胞浓度检测

通常可以分为全部细胞浓度和活细胞浓度两种情况进行检测。全数细胞浓度的测定主要是测定纯培养过程，对生物传感器来说需要满足以下条件：①响应要连续、迅速；②灵敏度应在 0.02g/L 以上；③电极本身对生物细胞无影响；④检测过程对细胞无损伤，不必加药物；⑤可检测含固体微粒营养物质的发酵液；⑥易于清洗、灭菌。目前常用的在线检测仪器细胞浓度在线检测浊度计，如图 2-10 所示。

这种浊度计的特点是其使用的光源是单色光、激光或紫外光，可以根据不同的生物细胞选择不同的波长，从而使得其使用的范围比较广。

而活细胞测定仪主要是根据活生物细胞催化的反应或活细胞本身特有的物质而使用生物发光或化学发光法进行测定。对于活细胞来说，其在不断地进行物质和能量的交换，此过程中会出现 ATP，而死细胞不会有 ATP 的变化。荧光测定仪正是利用了在 ATP 存在下，荧光素氧化酶可使荧光素氧化，同时生成荧光的原理来进行设计的，其示意图如图 2-11 所示。

由于传感器在实际的应用过程中依然存在很多缺陷，研究人员在探索这些问题时开发了很多新型的检测仪器。如许哲等开发了基于图像处理技术的生物反应器浓度检测系统。系统

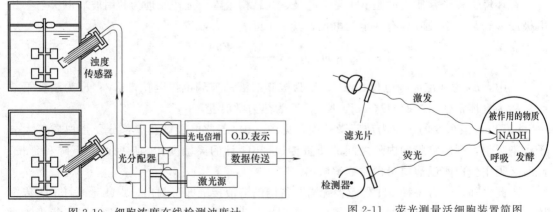

图 2-10　细胞浓度在线检测浊度计　　　　图 2-11　荧光测量活细胞装置简图

由发酵罐补料系统、反应液循环与控制系统、浓度检测系统、计算机控制系统四部分组成，具体装置如图 2-12 所示。检测装置包括光源、透镜、三棱镜、狭缝调节机构、图像采集处理装置和采样瓶等。其中图像采集处理装置包括 CCD 摄像头和图像采集卡。采集的图像数据经过采集卡传输到计算机中。

除此之外，研究人员开发了一种光信号检测仪器，其原理是光信号通过一系列光学透镜，经过分光处理，然后通过狭缝，成为一束平行单色光，通过采样导管，最后由 CCD 摄像头获得透过来的光强信号，经过计算，来测定反应液浓度。其原理图如图 2-13 所示。

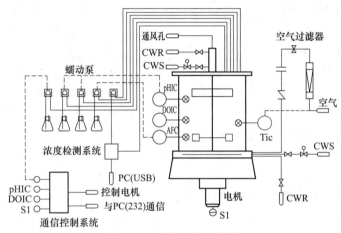

图 2-12 系统原理示意图

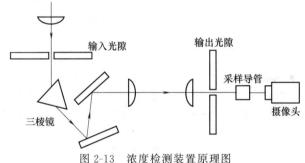

图 2-13 浓度检测装置原理图

2.3 生物传感器的研究开发和应用

在环境工程处理过程中，所检测的物质成分十分复杂，有机物的种类较多，前面我们介绍的是环境工程中常用的一些检测仪器。而最近几年由于研究的不断深入和分子生物学的发展，使得研究者深入开发了关于生物细胞自身和所含酶的相关领域，从而研究出了以生物细胞自身和相关酶为导向的生物传感器。它是由固定化的生物材料和适当的换能器件相结合而构成的检测器件，这类检测仪器被称为生物传感器。

2.3.1 生物传感器在微生物反应过程的应用

在环境污染物的处理过程经常会涉及厌氧过程，而这个过程需要检测的指标远远多于好氧时需要检测的指标，除了一些常规指标的检测外，一般还需要检测描述细胞特性的胞内

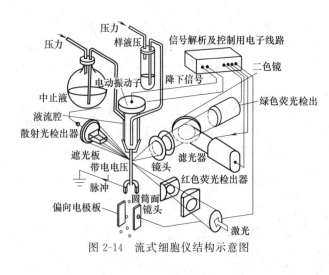

图 2-14 流式细胞仪结构示意图

pH、RNA、DNA、ATP、NADP 等。基于这些要求，研究人员成功开发了流动细胞计数法，所用的检测仪器称为流式细胞仪，其结构及主要部件如图 2-14 所示。

此设备测定的基本原理为被检测的含细胞的试样流过检测器，使细胞逐个滴下，由激光检出，根据预先设定的各种细胞的电特性进行识别，由此可统计出细胞的尺寸分布及细胞龄等特性。例如，利用荧光使 DNA 分子"染色"，然后测定"染色"后细胞发出的荧光强度分布，最后推定上述的细胞特性。此类设备虽然具有一定的优势，但是价格十分昂贵，且一般的实验室分析根本不需要使用这种设备即可完成分析。

2.3.2　生物传感器的类型及结构原理

一般来说生物传感器的制备过程对材质的要求比较高，而且价格比较贵，使用过程中也极易出现损坏。目前生物传感器可分成酶电极、微生物电极、免疫电极以及其他生物化学电极。它们是由固定化的生物材料如酶、微生物、生物组织、动物细胞、抗体抗原等和适当的换能器件联合构成的，后者把生化反应信号转换成可定量的检测信号，其原理结构如图2-15所示。

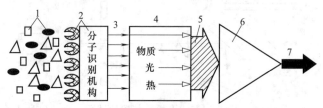

图 2-15　生物传感器的原理结构示意图

1—待测物质；2—生物功能材料；3—生物反应信息；4—换能器件；

5—电信号；6—信号放大；7—输出信号

与无机或者有机敏感膜传感器不同，由固定化酶或者固定化微生物等制成的生物传感器膜不会产生界面电势，这就使得其检测过程更加灵敏和准确。但有时也会有生物膜引发的电子转移情况，从而改变电极电位的测量原理。目前有电化学电极、热敏电阻、离子敏感场效应管、光纤和压电晶体等类型。表 2-1 列举了主要的生物活性功能材料及组成的分子识别元件，而表 2-2 所示为各种相关的生物化学反应及其换能器件。

表 2-1　生物活性功能材料及组成的分子识别元件

生物活性功能材料	分子识别元件	生物活性功能材料	分子识别元件
固定化酶	酶膜	线粒体、叶绿体	细胞器质膜
微生物及动植物细胞	细胞膜	动植物组织	组织膜

表 2-2 各类生物化学反应及换能器件

生物化学反应	相应的换能器件	生物化学反应	相应的换能器件
离子变化	电流或电位型 ISE、阻抗计	色效应	光纤、光敏管
质子变化	ISE、场效应晶体管	质量改变	压电晶体
气体分压改变	气敏电极、场效应晶体管	电荷密度变化	阻抗计、场效应晶体管
热效应	热敏电阻	溶液密度改变	表面等离子共振器
光效应	光纤、光敏管、荧光计等		

从上述可知，生物传感器的特点主要是具有特异性和多样性，不需要添加化学反应试剂，在检测的过程中操作方便且快速，可实现自动检测和在线监测。当然，在实际上由于生物反应过程大多要求无菌操作，而生物传感器中的生物活性材料却不能耐高温加热灭菌，故实际上要使生物传感器用于在线检测仍有关键的技术问题待解决。此外，生物传感器的稳定性和使用寿命也急需进一步提高和延长。以下就各类生物传感器分别进行介绍。

2.3.2.1 酶电极

酶电极通常被称为酶传感器，它主要是由固定化的酶膜和相应的器件所构成的，其结构如图 2-16 所示。

这种生物传感器是通过酶的反应及其产物、副产物形成的，其信号可以分为电流型和电位型两种。当把酶电极置于某被检测溶液时，电极信号就随时间逐渐增加，最后趋于稳定，称此为稳态响应。生物酶的专一性是酶传感器的突出优点。但在实际检测时，由于离子干扰和目的检测物质结构类似物的存在等，均会影响酶电极的非专一性，从而降低测量的准确性和精度。酶电极的稳定性和使用寿命，酶的失活与固定化酶的渗漏主要受被测溶液特

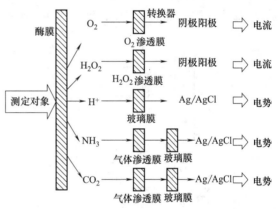

图 2-16 酶电极结构原理示意图

性如是否存在会使酶失活或破坏的物质（如蛋白酶）或过高或过低的 pH 等，以及检测操作条件、维护保存方法等影响。上述因素均会影响酶电极的灵敏度、精度、线性测量范围及响应时间等，往往造成酶电极使用寿命很短。

2.3.2.2 微生物电极

酶虽然具有很多的优点，但是容易失活是酶最大的缺点，也是很多研究人员在实际操作过程中无法避免的问题。正是由于酶的这种特点，导致了酶电极构成的生物传感器的使用寿命较短。而微生物电极可以利用其中的某种酶的催化作用，也可利用其中的多种酶来进行实时检测。由载体固定的微生物细胞和相关的电化学检测器件组合构成的微生物传感器有两种类型，即微生物呼吸性测定型传感器和代谢产物电极活性物质测定型传感器，原理分别如图 2-17 和图 2-18 所示。

呼吸性测定型微生物电极主要是利用微生物的呼吸作用过程中消耗的氧气或者产生的二氧化碳来进行测试，这种检测的物质与实际浓度的改变存在某种关系，其具体的生物传感器结构如图 2-19 所示。当把此传感器插入待检样液中，待测定的有机物即向微生物膜扩散并被微生物活细胞摄取，呼吸速率增大，耗氧量上升，此变化可由氧电极检定，因而可检出该

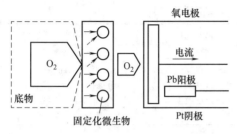

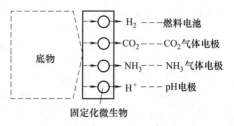

图 2-17 呼吸性测定型微生物传感器原理

图 2-18 代谢产物电极活性物质测定型微生物传感器原理

有机物的浓度。常用的电化学反应装置是燃料电池型电极、离子选择性电极或二氧化碳电极等。例如，可把能生产氢的微生物固定于琼脂凝胶膜上，并把其装在燃料电池中，后者的阳极用铂金电极，阴极是过氧化银电极，使用 0.1mol/L 磷酸缓冲溶液作电解液。若把此传感器置于被检样液中，有机物即向微生物活细胞层扩散，被细胞代谢产生氢，后者向燃料电池的阳极扩散，最后被氧化从而产生电流。因此电流值与在电极上反应的氢气量成比例，故可检测出需测定的有机物的浓度。这类代谢产物测定型微生物传感器的结构如图 2-20 所示。

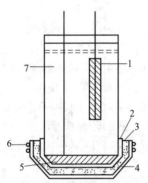

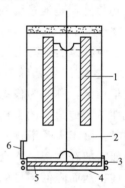

图 2-19 呼吸性测定型微生物传感器结构

1—铂电极；2—聚 PTFE 膜；3—固定化微生物膜；4—尼龙网；5—铂电极；6—O 形环；7—电解液

图 2-20 代谢产物电极活性物质测定型微生物传感器结构

1—过氧化银电极；2—电解液；3—O 形环；4—铂电极；5—固定化微生物膜；6—阴离子交换膜

在环境工程的检测过程中还有一种使用比较常见的生物传感器——BOD 传感器，这类传感器可把某种微生物活细胞固定于滤纸上，再固定于溶氧电极表面，因微生物的代谢而使有机物质氧化，消耗了溶液中的氧，由氧电极检测其溶氧的改变，由此可测定此溶液的

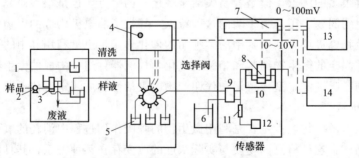

图 2-21 实用化的 BOD 生物传感器测定系统

1—自来水；2—取样泵；3—过滤器；4—选择控制器；5—标准溶液；6—缓冲液；7—放大器；8—微生物传感器；9—泵；10—恒温槽；11—流量计；12—气泵；13—记录仪；14—数据处理装置

BOD。当然，此微生物电极在测定前必须校正，测量时间也较长，约需 30min 以上。此外，酒中的硫酸根浓度也可用微生物电极进行检测。实用化 BOD 测定微生物传感器构成如图 2-21 所示。

2.3.2.3　生物传感器的换能器件

在环境工程的检测过程中常用的生物传感器换能器件有以电化学为基础的电流型电极、离子选择电极、热敏器件、半导体器件、光电原理器件等。

常用的电极为氧电极和过氧化氢电极。其换能器件用的离子选择电极如表 2-3 所示。

表 2-3　换能器件用的离子选择电极

电极类型	检测底物	电极类型	检测底物
玻璃膜电极	H^+、Na^+、Ag^+、Li^+、K^+	晶膜电极	F^-、Cl^-、Br^-、CN^-
离子交换液膜电极	Cu^+、Cl^-、NO_2^-	气敏膜电极	CO_2、NH_3、H_2S、SO_2、HCN
中性载体电极	K^+、Li^+、H^+、Ca^{2+}		

除此之外，在环境工程的检测过程中还有一系列的热敏器件，它们主要是生物热敏电阻，是以温度测量为原理，把生物功能材料和高性能温度检测器件结合而成的。酶热敏电阻可分为密接型（即把酶直接固定化于热敏电阻上）和反应器型（即把固定化酶装在管或柱内，而检测元件可置于其内或其外）。提高酶热敏传感器的测量精度及其抗干扰性是酶热敏电阻的关键技术问题，可采用设置与固定化酶柱平行的参比反应柱分离流动型、斩波稳零放大器和低温度系数的惠斯登电桥等方法。图 2-22 所示为简单的酶热敏电阻检测系统。

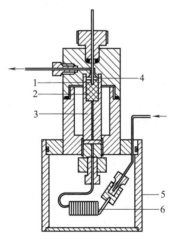

图 2-22　酶热敏电阻检测系统
1—热敏电阻；2—固定化酶；3—塑料柱；4—Pvon 盘；5—有机玻璃容器；6—热交换器

 **案例**

用于监测 BOD 的生物传感器的应用分析

应用于水质监控的生物传感器所使用的分子识别元件主要有酶、微生物、细胞器。在水质监控中的主要应用有 BOD、细菌总数、硫化物、有机农药、酚和水体富氧的测定等。

BOD 是衡量水体有机污染程度的重要指标。测定 BOD 的传统标准稀释法所需时间长、操作繁琐、准确度差。BOD 传感器不仅能满足实际监测的要求，并且有快速、灵敏的特点。BOD 传感器的工作原理是以微生物的单一菌种或混合种群作为 BOD 微生物电极，由于水体中 BOD 物质的加入或降解代谢的发生，导致水中的微生物内外源呼吸方式的变化或转化，耦联着电流强弱信号的改变，一定条件下传感器输出的电流值与 BOD 的浓度成线性关系。用于制作 BOD 生物传感器的微生物主要有酵母、假单胞菌、芽孢杆菌、发光菌和嗜热菌等。

张悦等研制的 BOD 测定仪采用聚乙烯醇凝胶包埋方式固定酵母，并将固定化酵母直接分散悬浮在溶液中，将 DO 探头插入溶液中测量 BOD，实验表明，最佳测量条件为温度 $30℃$，pH 为 5.0，固定化细胞 15g，可在 20 min 内实现 BOD 的快速测定。

国外，两种新的酵母菌种 SPT1 和 SPT2 被分离出来并且被固定在玻璃碳极上，以构成用于测量 BOD 的微生物传感器。其误差为 $±10\%$。将该传感器用于测量纸浆厂污水中 BOD 浓度，其最小值可达到 2mg/L，所用的时间仅为 5min。

思考与练习

1. 生物传感器的类型有哪些？
2. 传感器的三要素是什么？
3. 请简述生物传感器的发展历程。

第3章 ▶▶ 环保过程钢制容器与塔设备的设计

本章摘要

本章主要内容有钢制容器与塔设备概述、内压容器和外压容器的设计、容器零部件结构设计、钢制常压容器的设计、塔设备的结构强度设计六部分，从而全面地认识环保过程中钢制容器与塔设备的设计原理。

在环境工程处理项目中，塔设备或者钢制容器主要起到一种暂时存贮或者作为反应器的功能，涉及气态、液态或固态物料的贮存问题。在环境工程中使用最多的是构筑物，构筑物大多采用的是钢筋混凝土，这种构筑物具有耐腐蚀、使用寿命长、维护工作量少等优点，但也存在施工周期长、质量难以控制、易渗漏开裂、机动性差等缺点。随着环保设备设计制造水平的不断提高，以及一体化、组合式、移动式环境污染治理工艺的不断提出，采用金属材料制造的容器也越来越多。这类设备可以在制造厂内按统一的规格、型号和技术标准组织生产，标准化程度高，出厂前都会经过相应的质量检验。除此之外，有时这种钢制的容器可以在现场进行安装或者拼接，从而改变了以往必须在工厂里完成的组装工作，并且还可以根据现场的具体尺寸作一些适当的调整。本章将对钢制容器及塔设备的结构、强度设计、制造等问题进行介绍。

3.1 钢制容器与塔设备概述

3.1.1 压力容器、塔设备的结构与分类

3.1.1.1 压力容器的结构与分类

所谓的压力容器指的就是能够承受一定压力的密闭容器，环境工程中的很大一部分容器都属于这一类型，例如压力溶气气浮装置中的压力溶气罐，其工作压力为 $0.25\sim0.4\text{MPa}$，罐内上部介质为空气；离子交换器、压力过滤器、活性炭吸附器、硬水软化器等的工作压力也都大于 0.1MPa。此外，诸如湿式氧化法装置、超临界水氧化装置等较为先进处理工艺中的核心设备也都属于压力容器。对于压力容器，我国制定了相应的压力容器安全标准，保障其使用过程中的安全性。要求其最高工作压力 $P_w \geqslant 0.1\text{MPa}$；容器的内直径 $d_w \geqslant 0.15\text{m}$，且容积 $V \geqslant 0.25\text{m}^3$；介质为气体、液化气体或标准沸点≤最高工作温度的液体。图3-1为典型的卧式压力容器示意图。

一般来说压力容器主要是由筒体、封头、法兰、支座、接管等组成。容器的分类方法很多，可以按照容器形状、承压性质、制造材料、有无填料、管理、容器壁温等进行分类。常

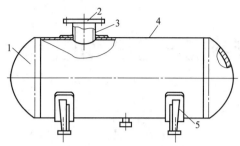

图 3-1　卧式压力容器结构示意图

1—封头；2—法兰；3—接管；4—筒体；5—支座

见的是按容器形状、承压性质、制造材料分类。

① 按容器形状分类。分为方形或矩形容器、球形容器、圆筒形容器三类。方形或矩形容器由平板焊成，制造简单，但承压能力差，只用于小型常压设备。球形容器由数块弓形板拼焊而成，承压能力好，但由于安置内部构件不便，制造稍难，一般多用于承压的贮罐。圆筒形容器由圆柱形筒体和各种形状的封头组成，制造较为容易，便于安装各种内部构件，而且承压性能较好，因此这类容器应用最为广泛。

② 按容器承压性质分类。分为内压容器和外压容器两类。当容器内部介质压力大于外界压力时称为内压容器，内压容器按其设计压力可分为低压容器（0.1～1.6MPa）、中压容器（1.6～10MPa）、高压容器（10～100MPa）和超高压容器（＞100MPa）。在水污染治理设备中内压容器应用较多，且一般属于低、中压容器的范畴，即使是超临界水氧化技术的压力（22.05MPa）也只属于高压容器的范畴，因此本书不涉及超高压容器的设计问题。

③ 按容器制造材料分类。分为金属容器和非金属容器两类。常用于制作容器的金属材料是低碳钢和普通低合金钢，当介质腐蚀性较大时可使用不锈钢、不锈复合钢板或铝制容器。常用于制作容器的非金属材料有聚氯乙烯、玻璃钢、陶瓷、木材、橡胶等。非金属材料既可以独立制作容器，又可以作为容器的部分构件和衬里。

3.1.1.2　塔设备的结构与分类

塔设备主要由塔体、内件、支座以及附件四个部分所构成，塔设备在厌氧法处理中运用较多，在好氧流化床中使用也比较广泛。目前，塔设备的分类方法较多，最常见的就是按照压力、内件结构和操作单元三种类型进行分类。

① 按操作压力可分为常压塔、加压塔及减压塔等。

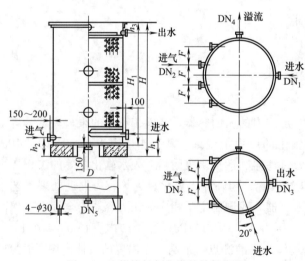

图 3-2　生物接触氧化塔结构示意图

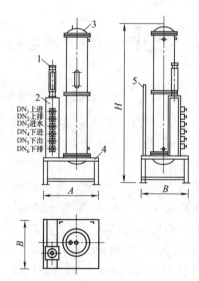

图 3-3　活性炭吸附塔结构示意图

1—转子流量计；2—操作屏；3—活性炭；

4—底座；5—固定支架

② 按内件结构可分为填料塔和板式塔。

③ 按操作单元可分为精馏塔、吸收塔、萃取塔、反应塔等。

在废水处理过程中,使用较多的就是生物接触氧化法中使用的氧化塔,这种塔设备主要是由普通的碳钢板经过现场的焊接并添加一定的填料而组成的,其结构示意图如图 3-2 所示。在环境工程废水处理过程中,活性炭的吸附能力很强,可以将其加入到塔设备中作为填料,从而去除水中的有机物、微生物、色味等,且对水中活性余氯的吸附效率几乎达100%,并有较好地去除水中胶体硅及铁的能力,如图 3-3 所示。

3.1.2　钢制常压容器的范围与分类

3.1.2.1　常压容器的使用范围

所谓的常压容器就是在其内部没有加压,其内部的压强与大气压相等,其只承受物料静压并与大气连通的容器,但为了与压力容器的范围相衔接,除了真正只承受物料静压的容器,如贮存液体物料的立式圆筒形贮罐和矩形容器、贮存固体物料的圆筒形料仓,我国规定常压容器还包括设计压力（P_D）为 $-0.02\sim0.1$MPa、设计温度（T_D）为 $-20\sim350$℃ 的圆筒形容器。在环境工程中,有很大一部分设备使用的是这种常压容器。如各种物料的贮存,包括了废水、废气、固废以及各种试剂等;各种反应器的外壳,包括了接触氧化池等生物反应器的池体。由于城市污水处理的生化反应都是在常温常压条件下进行的,这就使得这种容器的使用范围非常广泛。

3.1.2.2　常压容器的分类

钢制常压容器的形状很多,其与压力容器的特点差不多,主要分为方形、圆柱形、圆筒形和球形。

① 方形。这一类容器多半都是由钢板或者不锈钢焊接而成的。主要用于常压设备,制造简便,便于布置和分格。环境污染治理通常需要建造两个或多个同型反应器,以便能增加处理系统的适应能力,必要时关闭一个进行维护和修理,而其他单元的反应器继续运行。此时采用矩形构筑物可以利用共壁进行内部分隔,不但运行灵活,而且可以节省材料、降低造价、减少占地面积。

② 圆柱形。这一类容器可以分为带锥底或者不带锥底的,可以有盖也可以无盖,大多用于常压环境,制造简便,结构较稳定。同样高度和容积的圆柱形构筑物与矩形构筑物相比,其周长约少 12%,所以其用材量和建造费用比具有相同容积的矩形构筑物低。

③ 圆筒形。这种构筑物多采用金属材料制造,由圆柱形筒体和各种形状的底和盖(封头)组成密闭容器,承压性能较好。

④ 球形。这类容器分为圆球状和椭球状,它的体积比较大,一般采用金属材料建造而成。

3.1.3　钢制容器及塔设备设计的基本要求

3.1.3.1　钢制容器设计要求

(1) 工艺要求　容器的总体尺寸,接管的数目与位置,介质的工作压力,填料的种类、规格、厚度等一般是根据工艺生产的要求通过工艺设计计算及生产经验决定的。

(2) 机械设计要求　进行容器的机械设计,应使容器具有足够的强度、刚度、稳定性、严密性、抗腐蚀性和抗冲刷性,以保证其安全和使用年限。

3.1.3.2 塔设备设计要求

(1) 工艺要求

① 气、液相充分接触，传质、传热效率高，分离效率高；

② 气、液处理量大，即生产能力大；

③ 适应能力强及操作弹性大，即当负荷波动较大时，仍能在较高效率下进行稳定的操作；

④ 流体流动阻力小，即压强降小；

⑤ 结构简单可靠，材料耗用量少，以达到降低设备投资的目的；

⑥ 易于制造，便于安装、使用和检修。

(2) 机械设计要求 塔设备的设计除了满足规定的要求以外，它必须具有一定的强度，以满足工艺运行过程中对塔壁的挤压等，同时还应该具有一定的稳定性和密闭性。

3.1.3.3 零部件的标准化

为了便于设计，有利于成批生产，提高劳动生产率、产品质量和互换性，国内外相关部门都对容器和塔设备的零部件进行了标准化、系列化。在环境工程中零部件的标准化主要体现在公称直径（DN）、公称压力（PN）以及容器的设计标准几个方面。

容器和塔设备零部件标准的最基本参数是公称直径（DN）和公称压力（PN）。对于用钢板卷焊制成的筒体，其公称直径是指内径，GB 9019—2001 规定了公称直径系列，具体可查阅文献资料。若筒体直接采用无缝钢管制作，则公称直径指钢管外径，有 159mm、219mm、273mm、325mm、377mm、426mm 等系列。设计时，应将工艺计算初步确定的设备直径，圆整为符合以上规定的公称直径。有些零部件如法兰、支座等的公称直径，指的是与它相配的筒体、封头的公称直径。需要注意的是，在有的容器中，公称直径指的不一定是内径，可能只是结构中某个部位的重要尺寸标注。

所谓的公称压力就是指对涉及的管道的操作压力进行标准化后得到的压力。由于在操作的过程中工作的压力往往会不同，就使得即使是相同公称直径的容器的零部件的尺寸可能也会出现不同。为了使运行过程标准化、通用化，将所承受的压力分为了不同的等级，以使其能够在一定范围内一样。表 3-1 为压力容器法兰与管法兰的公称压力。

表 3-1　压力容器法兰与管法兰的公称压力系列　　　　　　　单位：MPa

压力容器法兰	0.25	0.6	1.0	1.6	2.5	4.0	6.4	—	—	—
管法兰	0.25	0.6	1.0	1.6	2.5	4.0	5.0	10	15	25

设计时如果选用标准零部件，必须将操作温度下的最高操作压力（或设计压力）调整为所规定的某一公称压力等级，然后根据 DN 与 PN 选定该零部件的尺寸。如果零件不选用标准零部件，而是自行设计，设计压力就不必符合规定的公称压力。

容器标准是全面总结容器生产、设计、安全等方面的经验，不断纳入新科技成果而产生的，是容器设计、制造、验收等必须遵循的准则。目前我国的钢制压力容器标准包括了容器板壳的计算，容器结构的要素的确定等方面，同时还涉及了容器的密封设计。世界各主要工业化国家都制定有与自身国情和科技水平相对应的压力容器设计标准，如美国机械工程师协会（ASME）制定的美国国家标准《锅炉及压力容器规范》、英国压力容器规范《非直接火熔焊压力容器》（BS 5500）、德国压力容器规范（AD）、日本国家标准（JIS）等，其中 ASME 规范技术先进，修订及时，能迅速反映压力容器科技发展的最新成果，在世界上影响很大。

3.1.4 钢制容器或塔设备设计的相关参数

3.1.4.1 压力

在进行钢制容器的设计时，一般都要设计最大承受压力，这个最大承受压力还需要和温度相结合。在容器上还必须同时安装超压泄放装置时，例如使用安全阀，设计压力不小于安全阀的开启压力，一般取容器工作压力的 1.05～1.10 倍；使用爆破膜作为安全装置时，根据爆破膜片的类型确定，一般取工作压力的 1.15～1.30 倍作为设计压力。

而钢制容器中的计算压力主要是指用设计的温度来确定出容器元件的厚度，以便其能够达到要求的压力强度。

3.1.4.2 温度

设计温度指容器在正常工作情况下，设定的元件金属温度（沿元件金属截面的温度平均值）。设计温度虽然不作为计算参数出现，但它却是确定材料许用应力以选择材料的重要依据，故此设计温度与设计压力一起作为设计载荷条件。标在容器铭牌上的设计温度应是壳体设计温度的最高值或最低值（－20℃ 以下时）。容器的工作温度不得高于或低于这一温度值。

3.1.4.3 焊接接头系数

焊接接头系数主要是根据容器的需要承受的强度来进行考虑，如果容器承受的强度过大，则考虑尽可能少地进行无缝焊接或者尽量减少焊接的接头数量。表 3-2 为焊接系数参考。

表 3-2　焊缝系数

焊接接头样式	焊缝系数	
双面焊对接接头和相当于双面焊的全焊透对接接头	100%无损检测	局部无损检测
	1.00	0.85
单面焊对接接头(沿焊缝根部全长有紧贴基体金属的垫板)	100%无损检测	局部无损检测
	0.9	0.8

3.2　内压容器的设计

在环境工程设备中使用较多的就是圆形容器，这种容器主要是由圆筒和封头所组成。也就是说设计人员在进行内压容器的设计时主要要考虑到圆筒的高度、强度和厚度，封头的大小、形状以及强度等。

3.2.1 内压容器筒体的强度设计

内压容器筒体强度的设计主要涉及三个方面，分别是筒体内部应力、筒壁厚度确定以及容器壁的最小厚度设计。

3.2.1.1 筒体内的应力设计

容器承受均匀内压力（P）时，器壁中产生两向应力（薄膜应力），一个是沿壳体经线方向的应力，称为经向应力，用 σ_m 表示；一个是沿壳体纬线方向的应力，称为环向应力，用 σ_θ 表示。

对于圆筒形的壳体来说，壳体的第一曲率半径（ρ_1）为无穷大，而第二曲率半径 $\rho_2 = D/$

2，δ 为壳体的厚度，而 D 为圆筒形壳体的中面直径。因此，得到圆筒的内外应力分别如下：

$$\sigma_m = \frac{PD}{4\delta} \tag{3-1}$$

$$\sigma_\theta = \frac{PD}{2\delta} \tag{3-2}$$

3.2.1.2 内压圆筒壁厚的设计

内压圆筒壁厚的设计主要包含了理论计算厚度、圆筒壁的名义厚度以及圆筒壁的有效厚度三个部分。

内压圆筒壁厚的设计厚度主要指计算厚度与腐蚀裕量之和，其计算公式如下：

$$\delta_d = \delta + C_2 = \frac{PD_i}{2\sigma^t\phi - P} + C_2 \tag{3-3}$$

式中，δ 为圆筒的计算厚度，mm；P 为圆筒的计算压力，MPa；D_i 为圆筒的内直径，mm；σ^t 为钢板在设计温度下的许用应力，MPa；ϕ 为焊接接头系数；C_2 为腐蚀裕量，mm。

3.2.1.3 容器壁的最小厚度

容器壁厚除了满足相应的强度要求外，还必须满足制造、安装和运输过程中的刚性要求，因此设计时必须规定筒体的最小厚度。一般情况下筒体最小的厚度规定分为两个部分：碳素钢和低合金钢制容器，以及高合金钢制容器。碳素钢和低合金钢制容器的筒体加工最小厚度为 3mm；而高合金钢制容器的最小厚度为 2mm。

3.2.2 内压封头设计

不论是何种形状的封头，其与筒体连接处都会产生不同大小的边界应力。如果按薄膜应力理论为基础确定的封头与筒体壁厚可以同时满足边界应力的强度要求，那么就可以不考虑边界应力；否则，需要按边界应力条件的要求增加封头和筒体连接处的壁厚。在环境工程设备中涉及的内压封头主要包含了半球形封头、椭圆形封头、碟形封头、无折边球形封头、锥形封头以及平板封头。下面对内压容器常用几种封头的强度计算进行讨论。

3.2.2.1 半球形封头

半球形封头是由半个球壳构成的，多用于压力较高的场合。直径较小者可以整体热压成型，直径很大者则采用分瓣冲压后焊接组合的制造工艺。尽管半球形封头与圆筒连接处也存在边界应力，因其值相对其他封头而言甚小，故可以忽略不计。根据薄膜应力理论来进行半球形封头的强度计算时，得出的计算厚度公式为：

$$\sigma = \frac{PD_i}{4\sigma^t\phi - P} \tag{3-4}$$

3.2.2.2 椭圆形封头

一般来说椭圆形封头主要是由一个半椭球和一个高度为 h 的圆筒所构成，在椭圆形封头上一般都会留有直边，主要是为了保证封头的制造质量，避免筒体与封头间的环向应力作用。对于标准的椭圆形封头其长边和窄边的比值为 2，且封头的有效厚度不小于封头直径的 15%。其厚度计算公式如下：

$$\sigma = \frac{PD_i}{2\sigma^t\phi - 0.5P} \tag{3-5}$$

3.2.2.3　碟形封头

碟形封头有时也被称为折边球形封头，碟形封头的最大应力在球面部分的过渡折边位置。过渡区的作用是为了减小连接位置的边界应力，圆筒的目的主要是为了使边界应力作用于焊缝上。其厚度计算公式如下：

$$\sigma = \frac{MPR_i}{2\sigma^t\phi - 0.5P} \tag{3-6}$$

式中，M 为形状系数；R_i 为球面内半径，mm。

3.2.2.4　无折边球形封头

无折边球形封头又称为球冠形封头，在大多数情况下用作容器中两独立受压室的中间接头，也可用作断点的封头。一般情况下封头与筒体连接的角焊缝处都应该采用无缝焊接的结构。无折边的球形封头在边界存在较大的作用力，因此在进行计算时需要在封头的厚度上再乘以一个大于 1 的系数 Q，而这个系数可以通过相应的手册查询，其计算公式如下：

$$\sigma = \frac{QPD_i}{2\sigma^t\phi - P} \tag{3-7}$$

3.2.2.5　锥形封头

一般来说锥形封头主要是用于立式容器的底部，可以用来装卸物料，这种类型的封头分为两种类型，分别是带折边和不带折边的。在进行设计时要考虑到锥形封头的倾角，只有合适的倾角才能够使得物料能够顺畅地装卸。由于这种封头的设计比较复杂，此处就不作过多的介绍，可以参考相关的手册，其高度和倾角都有一定的规定。

3.2.2.6　平板封头

平板封头有不同的形状，有圆形、椭圆形和长方形等，目前在环保设备中使用较多的主要是圆形平板封头。在设计这类封头时要注意如果是这种封头用于承受一定的压力，则不能采用平板封头。因为高压力容器的封头很厚，直径相对较小，这和平板封头的设计要求完全不同。根据相关的理论知识和公式推导，平板封头的结构特征系数（K）一般为 0.188。从而得到平板封头的厚度计算公式为：

$$\sigma = D\sqrt{\frac{KP}{\sigma^t\phi}} \tag{3-8}$$

3.3　外压容器的设计

外压容器与内压容器的区别在于外压容器是外部的压强大于内部的压强。外压容器和内压容器一样主要是由圆筒体和封头所构成的。

3.3.1　外压容器的稳定性及压力设计

3.3.1.1　稳定性

外压容器的一个特点是其很容易受到损害，一般情况下，同样的压力作用于外压和内压容器上，外压容器更容易被损坏。即使器壁的压应力远远小于材料的屈服极限，容器也有可能失去自己原来的状态，产生压扁或折皱现象，这就是容器的失稳。外压容器的失稳可以按载荷的作用方向和失稳后的形状分为侧向失稳、轴向失稳和局部失稳。如图 3-4 所示，大多数外压容器的破坏是由于材料的刚度不足而引起的筒体侧向（环向）失稳，失稳时筒体横截

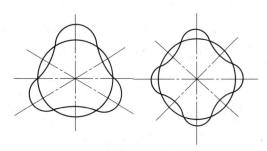

图 3-4 外压圆筒侧向损坏后的形状

面由原来的圆形突变成椭圆形或波形。

在环境工程中，将损坏的圆筒分为长圆筒、短圆筒和刚性圆筒三种类型。当圆筒很长时，其两端的刚性封头起不到有效的作用，这种就称为长圆筒。圆筒两端对筒体有着一定的保护作用的称为短圆筒。筒体越短，筒壁越厚的话，容器的刚性就越好，能够承受的压力也就越大，而这种筒体就称为刚性圆筒。

3.3.1.2 临界压力

所谓的临界压力主要是指容器受外压开始失稳时的压力，以 P_{cr} 表示。设有一圆筒受均布外压力（P）作用，当 P 较小时，圆筒将保持原有形状，环向应力是压应力；若 P 逐渐增大，且低于 P_{cr}，圆筒发生弹性变形；当 P 超过 P_{cr} 时，圆筒将失去原来的形状，产生永久变形。

容器在外界压力作用下产生失稳是其固有的性质，与其他因素无关。每一具体的外压圆筒结构，都客观上对应着一个固有的临界压力值。临界压力的大小与筒体几何尺寸、材质及结构等因素有关。

外压容器的三种类型中，各自的计算方法不同，如长圆筒和短圆筒的计算公式就不一样，因此在进行环保设备的外压容器设计时需要考虑到所设计的圆筒的类型，从而来判断需要设计的外压容器的圆筒的长短。

长圆筒的临界压力计算公式为：

$$P_{cr} = \frac{2E^t}{1-\mu^2}\left(\frac{\delta_e}{D_0}\right)^3 \tag{3-9}$$

式中，P_{cr} 为临界压力，MPa；δ_e 为有效厚度，mm；D_0 为平均直径，mm；E^t 为操作温度下筒体材料的弹性量，MPa；μ 为材料的泊松比。

短圆筒的临界压力计算公式为：

$$P_{cr} = 2.59E^t \frac{(\delta_e/D_0)^{2.5}}{L/D_0} \tag{3-10}$$

式中，L 为筒体的计算长度。

3.3.2 外压圆筒的设计

由于外压圆筒容易失去稳定性，因此，在计算圆筒的临界压力时首先要确定出圆筒的几何尺寸，这种几何尺寸需要反复的试算，不是直接设定的，只有通过试算找到合适的值。采用其他的办法进行计算都比较麻烦，并且计算过程繁多。截止到目前，国内外采用较多的是比较简单的算图方法，下面将详细地讲述算图方法的计算过程。

算图方法包含了三个过程，分别是许用外压、设计外压容器和外压封头厚度设计方法。

3.3.2.1 算法介绍

理想设计的情况下外压圆筒的边界不存在不圆度，但是在实际生产的过程中会出现一定的不圆度。因此，在进行环保设备的计算式应该考虑到许用压力应该比临界的压力要小，也即是

$$[P] = \frac{P_{cr}}{m} \tag{3-11}$$

式中，$[P]$ 为许用外压，MPa；m 为稳定系数，$m = 3$。

在进行外压容器的设计时，一定要让该容器的临界压力不小于许用压力的 m 倍，才能够保证容器的正常使用。

3.3.2.2 外压圆筒厚度设计

在进行环保设备的设计时，需要通过一系列的计算才能得到设计的厚度，其步骤如下。

① $D_0/\delta_e \geqslant 20$ 的外压圆筒及外压管计算；

② $D_0/\delta_e < 20$ 的外压圆筒及外压管计算；

③ 外压封头厚度设计方法。

3.3.3 加强圈设计

一般来说外压容器的强度可以通过增加筒体的厚度或者减小筒体的长度来获得。在进行环保设备的设计过程中增加厚度的方法经常被舍弃，因为这样做是不经济的。一般都是通过减小筒体的长度来获得外压容器的强度。同时有时还采用加强圈来增强对筒壁的支撑作用，从而提高其抗损坏能力。加强圈一般采用扁钢、角钢等做成，如图 3-5 所示。

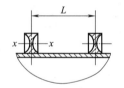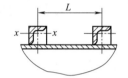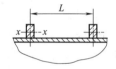

图 3-5　加强圈结构示意图

在外压圆筒上设置了加强圈后，还需要确定出两个加强圈之间的最大间距，从而既能够增强抗压能力，还能够达到经济的效果，其最大间距为：

$$L = \frac{2.59 E D_0 \dfrac{\delta_e}{D_0}}{mP} \tag{3-12}$$

加强圈可设置在容器的内面或外面，其与筒体的连接可用焊接或铆接，使之与筒体紧密贴合。为了保证壳体与加强圈的加强作用，加强圈不能任意削弱或割断。对于设置在筒体外部的加强圈，这比较容易做到，但对设置在内壁的加强圈有时就不能满足这一要求，如水平容器中的加强圈，必须开排液小孔。

3.4 钢制常压容器的设计

钢制常压容器的要求没有压力容器的标准严格，因为常压下容器不会发生爆炸等安全事故，一般只要求符合相关的设计标准即可。对受液柱静压力作用的卧式圆筒形钢制常压容器而言，DN300～4000mm 的碳素钢筒体计算厚度均小于其最小厚度 3mm，而不锈钢筒体的计算厚度均小于其最小厚度 2mm。因此，对于中、小型常压圆筒容器而言，容器的设计厚度与设计压力无关，仅受最小厚度控制。下面主要介绍立式圆筒形储罐和矩形容器的设计。

3.4.1 钢制立式圆筒形储罐的设计

这种类型的容器一般是直接安放在了钢筋混凝土上面，它的类型有多种，可以是敞口的，也可以是密封的。钢制立式圆筒形储罐一般由罐壁、罐底和罐顶（敞口储罐则无罐顶）组成，生活污水、一般工业废水的生化反应器大都是敞口的；反之则必须采用加盖的密闭储罐。罐顶有自支撑锥顶和自支撑拱顶等形式，两种顶盖必要时还可加肋以增加其强度。立式圆筒形储罐的设计压力为 $-500 \sim 2000\text{Pa}$，当罐顶压力超出此范围时，罐体强度和刚性可能不能满足设计值，甚至可能失稳变形。为此，常在罐顶部设置呼吸阀，当罐顶压力超出预设范围时，呼吸阀自动开启，排放罐内气体或吸入大气。其结构示意图如图 3-6 所示。

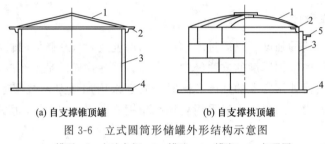

(a) 自支撑锥顶罐　　　　　(b) 自支撑拱顶罐

图 3-6　立式圆筒形储罐外形结构示意图

1—罐顶；2—包边角钢；3—罐壁；4—罐底；5—加强圈

这种类型的储罐的压力不是单独设计的，而是与排气阀有关，其大小一般为排气阀压强的 1.2 倍左右。其顶盖的安装方式有很多种，可以是浮动的，也可以是固定的，选择哪种需要视具体情况而定。无论储罐有无顶盖，一般在罐壁顶端都设置一圈用角钢制成的加强圈，称为包边角钢。这是因为罐壁底端与罐底焊接成一体，不可能发生变形；但罐壁顶端是自由端，在局部外力作用下可能发生变形，所以需要对顶端加强。此外，包边角钢还有便于连接顶盖或栏杆、平台等附件的作用。

其设计主要包含了罐壁板的设计、罐顶板的设计、包边角钢的设计和储罐底部、风载荷作用下的稳定性校准和附件设计。

3.4.1.1 罐壁板的设计

$$\delta = \frac{P_c D_i}{2\sigma^t \phi} \tag{3-13}$$

式中，D_i 为圆筒的内径，mm；P_c 为计算压力，MPa；δ 为罐壁板的计算厚度，mm；σ^t 为设计温度下圆筒材料的许用应力，MPa；ϕ 为焊接接头系数。

3.4.1.2 罐顶板的设计

锥顶板的有效厚度不小于 4.5mm，其计算厚度如下：

$$\delta_t = \frac{2.24 D_i}{\sin\theta} \sqrt{\frac{P_0}{E^t}} \tag{3-14}$$

式中，δ_t 为罐顶板的计算厚度，mm；D_i 为储罐的内直径，mm；E^t 为操作温度下筒体材料的弹性量，MPa；P_0 为灌顶的设计压力，MPa；θ 为灌顶起始角度。

3.4.1.3 包边角钢的设计

罐顶与罐壁上端的连接处应设置包边角钢，包边角钢与罐壁的连接可以是对接或搭接，也可采用相当截面积的钢板组焊而成。确定包边角钢的截面尺寸时，首先需要确定罐顶与罐壁连接处的有效面积 A，该有效面积为边角钢截面积加上与其相连接的罐壁和罐顶板上 16 倍板厚范围内的截面积之和。

$$A \geqslant \frac{PD_i^2}{8\sigma^t \phi \sin\theta} \tag{3-15}$$

式中，P 为灌顶的设计压力，MPa。

3.4.1.4　储罐底部设计

储罐底部一般采用钢板拼接而成，这些钢板的宽度不会超过 2m，从而使得罐内的空间比较大。罐底边缘板沿储罐的半径应该大于 700mm。边缘底板与底层壁板焊接连接的部位应做成平滑的支承面，边缘板对接焊接接头下应加厚度不小于 4mm 的垫板，垫板必须与边缘板紧贴，当边缘板名义厚度小于 6mm 时，可不开坡口，但焊接接头间隙应大于 6mm。厚度大于 6mm 的边缘板应采用 V 形坡口。底层垫板与边缘板之间的连接，应采用两侧连续角焊。在地震设防烈度大于 7 度的地区建罐，角焊接头还应圆滑过渡。

3.4.1.5　风载荷作用下罐壁的稳定性校准

当风吹到罐壁上的时候，会对罐体造成一定的挤压作用，可能会使得罐体倾斜，如果设计时没有考虑到这些问题就可能使得罐体的总量不均等，从而使得罐体可能翻倒。罐壁的稳定性应该满足以下公式：

$$P_{cr} \geqslant 2.25K_z q_0 + P_1 \tag{3-16}$$

式中，K_z 为风压高度变化系数，在近海面、海岛、湖岸及沙漠地区时，取 $K_z = 1.38$，建罐地区为田野、乡村、丛林、丘陵及房屋比较稀疏的中、小城镇和大城市郊区时，取 $K_z = 1.0$，对有密集建筑群的大城市市区 $K_z = 0.71$；q_0 为建罐地区的基本风压值，MPa；P_1 为储罐顶部呼吸阀负压设定压力的 1.2 倍，MPa；P_{cr} 为临界压力，MPa。

3.4.1.6　附件设计

储罐的附件应包括罐壁人孔、罐顶人孔、清扫孔、呼吸阀、量油孔、排水槽、梯子平台等，其附件应根据生产工艺要求设置并按有关规定选用。

3.4.2　大型罐体设计制造中的新技术

目前比较先进的大型罐体设计技术主要是 Lipp 技术，这种技术可以总结为"螺旋、双折边、咬口"。Lipp 罐制作时薄钢板通过一台折边机和一台咬合机进行自动化加工，在折边机上薄钢板上部被折成 h 形而下部被折成 n 形，在咬合机上薄钢板上部与上一层薄钢板的下部被咬合在一起，形成一条截面面积较大的咬合筋（见图 3-7）。

从图 3-7 可知，这种技术在制备相应的罐体过程中，预先放置于咬合口中间的柔性密封填料被延展和压紧，使上下钢板的咬合口形成可靠的密封。通过围绕筒仓外侧形成一条 30～40mm 宽、连续环绕、螺旋上升的凸条，从而形成圆筒形

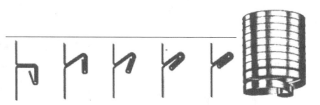

图 3-7　Lipp 技术制罐过程

罐体。采用该技术制成的容器被称为双折边螺旋咬合容器，通常也被称为 Lipp 罐。

我国的污水处理厂在资源的配置、工艺的设计、管理施工和后期处理效果上都不如国外发达国家的工程。如传统钢筋混凝土结构和碳钢结构建造的污水处理工程，手工作业强度

高，建筑材料消耗大，施工周期长（一般 6 个月以上）、投资大，施工质量难以控制，诸多弊端已严重影响我国污水处理事业的快速发展。发达国家工业废水处理工程中的大型反应器大多已采用新设备、新材料和新工艺来设计和建造，如德国利浦（Lipp）公司的双折边螺旋咬合技术和 Farmetic 公司的拼装制罐技术就是其中的代表。这种技术的合成主要是利用加工硬化原理，将 2～4mm 的复合板建成相应的生物反应器。由于是机械化、自动化制作罐体，并采用新型的镀锌钢板（或不锈钢复合板）作为建筑材料，因此具有施工周期短、造价较低、质量高、占地小等优点，其施工周期比传统施工方式缩短 60%，不需保养维修，使用寿命能达 20 年以上。目前在国内的工业污水处理和城市污水处理工程中，已逐步采用这种具有世界先进水平的制罐技术，用于卷制厌氧罐、SBR 池、污泥池、贮气柜等工艺装置，取得了良好的效果。

根据 Lipp 技术的设计原理我们可以知道，这种技术在制备的过程中主要是具有连续性，并且呈现螺旋上升，这就使得咬合起来的钢筋的强度非常高。其咬合筋的厚度相当于壁板厚度的 5 倍，宽度为壁板厚度的 10 多倍，其截面系数与惯性矩均不亚于较大型号的角钢，等于在罐体上添加了若干条横向加强圈，既增加了壁板的环向抗拉强度，又提高了罐体的稳定性。

在环保设备的设计中直接设计和计算罐体的环向拉力较复杂，一般都是通过钢板厚度与罐体直径和水力高度的相关性来进行计算：

$$\delta = KDH \tag{3-17}$$

式中，δ 为所选钢板材料的厚度，mm；D 为需卷制罐体的直径，m；H 为罐体内的水力高度，m；K 为与介质、材料机械性能等有关的综合系数。

从式（3-17）可以看出，在罐体直径（D）和系数（K）不变的情况下，同一罐体在不同的水力高度可以选用不同厚度的钢板。Lipp 制罐技术的另一好处就是欲更换不同厚度的钢板制罐，只需对制罐设备进行简单调整。由于制罐钢板本身较薄，罐体制作完成后无论是在罐体外还是罐体内都不易发现钢板的变化，可以保证罐体美观。

如果所设计的罐体需要具有防腐功能，一般情况下都选用不锈钢复合板，然后通过 Lipp 复合机械技术将其与镀锌钢板结合在一起，如图 3-8 所示。复合钢板卷制的罐体内壁将完全被不锈钢薄膜覆盖，以满足罐体的耐腐蚀要求；而镀锌钢板则能够满足罐体对强度的要求。考虑到两种材料不同的机械性能等因素，复合钢板上的不锈钢薄膜层等距离地被制作出了八字形。

在进行罐体的设计时，如果不采用不锈钢板则不需要考虑腐蚀性，从而其设计的厚度可设定为 2mm 左右，直径较大且高度较高时，可以取 4mm 左右。

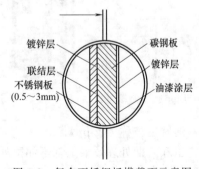

图 3-8　复合不锈钢板横截面示意图

Lipp 技术的底部密封设计是该项技术设计的重点，因为多半的 Lipp 罐都是建造在地上，且底部一般都是埋在地下。这就使得罐体的重力分布需要均匀，且底部的设计需要使得重力能够均等地分摊到地面基础上。因而相对钢筋混凝土池体来讲，Lipp 罐基础底板厚度可以薄得多，只要满足弹性地基圆形板的设计要求即可。针对 Lipp 罐体较薄、相对于基础底板刚度极少、对底板的不均匀变形反应较敏感这一特点，软弱地基和同一平面土质性能相差较大的地基应进行处理。另外，底板设计还应具备一定的整体刚度，以抵抗可能发生的不利因素。Lipp 罐体材质同钢筋混凝土底板完全不同，不能一次性整体连接。因此其与底板搭接处要作特殊的密封设计。

3.5 塔设备的结构强度设计

所谓的塔设备强度设计指的是塔体与支座之间的设计。塔体主要是保证壁厚和封头能够承受相应的负荷强度，而支座的设计主要是使其能够承受住塔体的强度。

3.5.1 塔体强度的计算

塔设备在实际的运行过程中受到多种外力的作用，需要承受自身的压力，还要承受容器外部风力的冲击，还需要承受容器内部质量对塔体的挤压作用。图 3-9 为塔设备承受的负荷图。

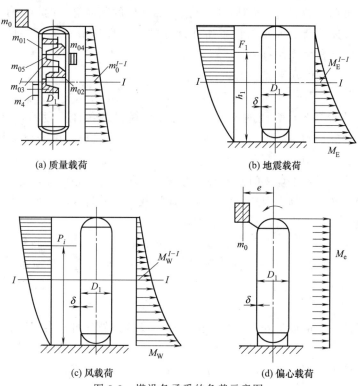

(a) 质量载荷　　(b) 地震载荷

(c) 风载荷　　(d) 偏心载荷

图 3-9　塔设备承受的负载示意图

下面将详细地介绍每种负荷的计算方法。

（1）操作压力　所谓的操作压力主要指的是在设备运行的过程中，由于塔的内部存在一定的内压，从而使得其在塔壁上形成了相应的拉力，值得注意的是操作压力不会对支座起作用。

（2）质量载荷　塔所承受的质量载荷较多，包含了塔自身的质量以及塔在各种情况下的质量状态。

① 塔的操作质量：

$$m_0 = m_1 + m_2 + m_3 + m_4 + m_5 + m_a + m_c \tag{3-18}$$

② 塔的运行最大承受质量：

$$m_{\max}=m_1+m_2+m_3+m_4+m_w+m_a+m_c \tag{3-19}$$

③ 塔的最小承受质量：

$$m_{\min}=m_1+0.2m_2+m_3+m_4+m_a+m_c \tag{3-20}$$

式中，m_0 为塔体和裙座质量，kg；m_1 为操作时塔内物料质量，kg；m_2 为塔内件质量，kg；m_3 为人孔、接管、法兰等塔外附件质量，kg；m_4 为保温材料质量，kg；m_w 为塔的偏心质量，kg；m_a 为平台、扶梯质量，kg；m_c 为塔内充液质量，kg。

（3）风载荷　在进行设计的时候，一定要考虑到风向对塔体本身的影响，如果风向过大，可能会使得塔体发生形变，一旦塔体发生形变，就会使得工艺的效率受到影响，同时可能使得整个塔设备都无法正常运行。吹到塔设备迎风面上的风压值，随设备高度的增加而增加。为计算方便，将风压值按塔设备高度分为几段，假设每段风压值各自均匀分布于塔设备的迎风面上，塔设备的计算截面应选取在其较薄弱的部位，如塔设备的底部截面、裙座上人孔或较大管线引出孔处的截面、塔体与裙座连接焊缝处的截面等。两相邻计算截面区间为计算段，任一计算段风载荷的大小与设备所在地区的基本风压值有关，同时也和塔设备的高度、直径、形状以及自振周期有关。

两相邻计算截面间的水平风力为：

$$P_i=K_iK_{2i}q_0f_iL_iD_{ei}\times10^{-6} \tag{3-21}$$

式中，P_i 为塔设备各计算段的风力，N；D_{ei} 为塔设备各计算段的有效直径，mm；q_0 为基本风压值，kN/m；L_i 为第 i 段计算长度，mm；f_i 为风压高度变化系数；K_i 为体形系数；K_{2i} 为塔设备各计算段的风振系数。

（4）地震载荷　当发生地震时，就必须考虑地震所产生的相应变形力，安装在地震烈度较高的地区时，就必须计算出因地震所产生的地震载荷，并将这种力所产生的效果计算在塔体所能承受的扭力中，地震载荷计算公式为：

$$F_{1k}=\alpha_1\eta_{1k}km_kg \tag{3-22}$$

式中，F_{1k} 为集中质量引起的基本振型水平地震力，N；m_k 为距地面一定高度的集中质量，kg；η_{1k} 为基本振型参与系数；α_1 为周期地震影响系数；k 为综合影响系数，圆通形、直立设备取 0.5。

（5）偏心载荷　在塔设备安装好后，由于在塔设备的外部可能会安装相应的零部件，就会使得原本质量分布均匀的塔体发生了变化。因此，在进行设计的时候需要适当地考虑到由于这些零部件所产生的偏心载荷。塔体的偏心载荷可通过下式进行计算：

$$M_e=m_ege \tag{3-23}$$

式中，m_e 为偏心质量，kg；e 为偏心距，mm。

3.5.2　塔设备的支座以及强度计算

在塔体设计好后，需要根据塔体的具体情况进行相应的裙座设计，裙座主要是用于对塔设备起到支撑的作用，支座的设计需要综合考虑到塔体的质量，以及塔体的高度和宽度。裙座主要是由裙座体、基础环以及地脚灯构件组成。一般来说，裙座的上部与塔体的底部可以通过焊接来进行连接，有时也通过螺栓加上垫片来进行连接。裙座体常常使用强度比较大的材料做成，裙座体的直径一般不超过 800mm，裙座体和塔体的连接处应该和塔体的主体保持一定的距离，主要是为了保证塔体的重力能够得到很好的分散。当塔体的下封头由数块钢板组成时，裙座的上部应该设计相应的缺口，以防止焊接处和封头出现相互交叉的情况，其中缺口的设计形式如图 3-10 所示，螺栓座的构造如图 3-11 所示。

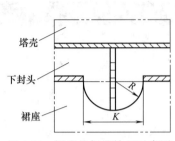

图 3-10　裙座的焊缝缺口示意图

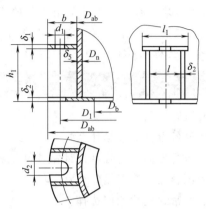

图 3-11　螺栓座的结构示意图

在进行裙座体与塔体的焊接时，需要对焊接缝的结构进行专门的设计，这样才能够使得裙座壳的外径与塔体下封头的外径完全相同，从而使得两者能够完全地焊接在一起，而这种焊接技术使得其能够承受较大的轴向载荷，从而其能够适用于大型的塔设备。而对于塔焊接缝要求裙座内径比塔体外径大的，焊缝承受的为切应力作用，受力的条件比较差，从而使得其只能够适用于小型的塔设备。塔焊接缝结构示意图如图 3-12 所示。

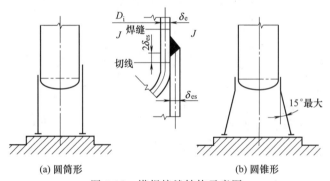

(a) 圆筒形　　　　　　　　　　　(b) 圆锥形

图 3-12　塔焊接缝结构示意图

 ## 案例

Lipp 技术在污水处理工程中的应用

传统的 SBR 反应器采用钢筋混凝土结构，用传统的土建施工方法，手工作业，施工难度大、建设周期长、耗用大量的建筑材料，且工程造价较高，施工质量难以控制。利用 Lipp 制罐技术建造 SBR 系列反应器，并将其应用于污水处理工程越来越受到业内人士的青睐。Lipp 技术具有诸多优点，其在工业废水处理和城市污水处理中均得到了广泛应用。在青岛市某污水处理厂的应用为该污水处理厂总设计日处理污水能力 10 万吨/天。设计进水水质为：$BOD_5 = 400mg/L$，$COD_{Cr} = 800mg/L$，$SS = 400mg/L$，$NH_3 N = 40mg/L$，$TN = 60mg/L$，$TP = 5.0mg/L$。设计出水水质为：$BOD_5 = 30mg/L$，$COD_{Cr} = 120mg/L$，$SS = 30mg/L$，$NH_3 N = 20mg/L$，$TN = 25mg/L$，$TP = 1.0mg/L$。该工艺采用的主体生化处理工艺是 SBR，工程主体关键构筑物 SBR 池引进德国先进的 Lipp 技术建造，选用不锈钢复合板

制作 SBR 反应池。SBR 反应池共有 8 座，直径为 38m，池总高为 6.1m。土建投资为 1157.94 万元，设备投资 1314.26 万元，安装工程投资 198.54 万元，比传统混凝土结构节省约 350 万元（比以往常规工艺节省 1/3 的投资）。施工工期缩短了近 3 个月，且占地面积小，自动化程度较高，运行管理简单，动力消耗小，运行成本低。废水经该工艺处理后，达到《污水综合排放标准》（GB 8978—1996）二级污水处理厂的二级排放标准。

思考与练习

1. 常压容器的分类有哪些？
2. 塔设备设计要求是什么？
3. 内压容器筒体的强度设计主要涉及哪三个方面？
4. 外压容器的特点是什么？
5. 法兰密封垫片如何选择？

第4章 ▶▶ 环境污染控制配套设备技术

本章摘要

本章主要内容有泵的选用及相应基础、水处理系统管道设计、常用风机选型及应用，阐述了环境污染控制中常用配套设备风机、泵的结构及原理，并介绍了常用风机选型。

在环境工程中，配套的设备主要指的是风机、泵、管路以及相应的附属控制设备等。泵和风机主要是用来输入流体，将其运送到相应的位置，从而使得整个工艺流程能够连续地进行；而管道主要是用来承载流体的运动；相应的附属设备主要是用来控制整个工艺流程，使其能够按照预先设定好的流程正常地运行，同时还可能起到一定的预警作用。

4.1 泵的选用及相应基础

在环境工程中一般都是连续流运行的工程，在工艺运行期间经常会出现一定的流体高度差，而这种高度差使得流体不能够正常地流动，从而必须使用泵将其进行运输，由低压设备输送至高压设备，或者克服管道阻力由一个车间输送至另一个车间。为此必须对物料做功以提高其能量，这就需要流体输送机械。泵是流体输送机械的主要组成部分，尤其在水污染控制工程中，泵是整个工艺流程的"心脏"。为了选用既能符合生产要求又经济合理的泵，不仅要熟知被输送流体的性质、工作条件、输送要求，同时还要了解各种类型输送机械的工作原理、结构和特性。

在环保设备中，泵的形式多种多样，但使用最多的主要是离心泵、往复泵、污水污物潜水泵等。下面将着重介绍这几种泵的结构原理和工作原理。

4.1.1 离心泵

4.1.1.1 离心泵的机构及原理

离心泵主要是由旋转的叶轮和固定的泵壳所构成的，如图 4-1 所示。

叶轮是离心泵直接对液体做功的部件，其上带有叶片，工作时叶轮由电机驱动做高速旋转运动，迫使叶片间的液体也随之做旋转运动。同时因离心力的作用，使液体由叶轮中心向外缘做径向运动。液体在流经叶轮的运动过程中获得能量，并以高速离开叶轮外缘进入蜗形泵壳。在泵壳内，由于流道的逐渐扩大而减速，又将部分动能转化为静压能，经扩压管流入压出管道。

（1）叶轮 离心泵的核心就是叶轮，泵的效率与叶轮息息相关，叶轮是安装在一个圆盘

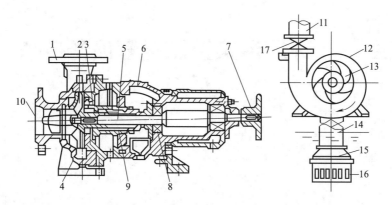

图 4-1 离心泵的结构示意图

1—泵体；2—叶轮；3—轴盖；4—泵盖；5—泵轴；6—托架；7—联轴器；8—轴承；
9—轴封装置；10—吸入口；11—排出管；12—蜗形泵壳；13—叶片；
14—吸入管；15—底阀；16—滤网；17—调节阀

上面的叶片，一台离心泵一般由一个圆盘和多个叶片所构成。根据叶轮是否覆盖有盖板可以将其分为开式、半开式（或称半闭式）、闭式三种，如图 4-2 所示。

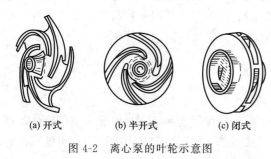

(a) 开式   (b) 半开式   (c) 闭式

图 4-2 离心泵的叶轮示意图

由于闭式叶轮在输送含有固体杂质的液体时容易发生堵塞，故此时多采用开式或半开式叶轮。对于闭式或半闭式叶轮，在输送液体时，由于叶轮的吸入口一侧是负压，而在另一侧是高压，因此在叶轮的两侧存在着压力差，从而存在对叶轮的轴向推力，使叶轮沿轴向向吸入口窜动，造成叶轮与泵壳的接触磨损。随着研究的深入，这种问题已经能够克服，主要是在叶轮的盖板上开很多的小孔，这些小孔起到平衡气流的作用，有时为了增大其效果，可以在同一个轴上安装多个叶片。叶轮作为离心泵的核心，主要是通过吸液进行工作，而吸液的方式分为了单吸式和双吸式两种，如图 4-3 所示。

（2）蜗形泵壳 蜗形泵壳的主要特点是将所有的液体都集中在容器中，然后通过叶轮的转动将液体甩出去，从而达到提升和运输液体或者物料的作用，这是一种典型的动能向压力能的转化过程。图 4-4 为蜗形泵壳与导轮结构示意图。

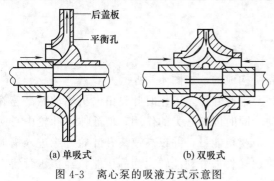

后盖板
平衡孔

(a) 单吸式   (b) 双吸式

图 4-3 离心泵的吸液方式示意图

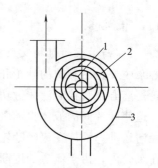

图 4-4 泵壳与导轮结构示意图

1—叶轮；2—导轮；3—蜗形泵壳

（3）轴封装置　由于泵壳固定而泵轴转动，因此在泵轴与泵壳之间存在一定的环形间隙。为了防止泵内液体沿间隙漏出泵外或空气沿相反方向进入泵内，需要采取流体动力密封措施。用来实现泵轴与泵壳之间流体动力密封的装置称为轴封装置，常用的密封方式有填料函密封与机械密封两种（见图 4-5）。近年来，随着磁传动技术的日益成熟，出现了能够实现零泄漏的磁力传动离心泵。

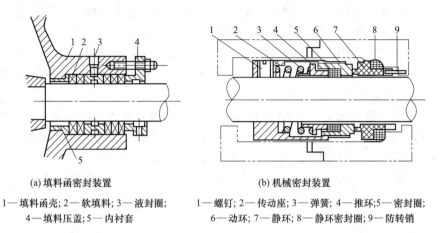

(a) 填料函密封装置

1—填料函壳；2—软填料；3—液封圈；
4—填料压盖；5—内衬套

(b) 机械密封装置

1—螺钉；2—传动座；3—弹簧；4—推环；5—密封圈；
6—动环；7—静环；8—静环密封圈；9—防转销

图 4-5　离心泵常用的两种动密封结构示意图

4.1.1.2　离心泵的工作原理

离心泵的原理主要是将电能转化为动能，然后再转化为势能，通过叶轮的作用来提升水压，从而使得液体被提升。叶轮在实际转运的过程中并不是简单的一种运转方式，它的运转过程非常复杂，我们可以作一种假设来阐述其工作过程。

① 叶轮内叶片的数目无限多，叶片的厚度为无限薄，液体完全沿着叶片的弯曲表面流动，无任何倒流现象；

② 液体为黏度等于零的理想流体，没有流动阻力。

其工作示意图如图 4-6 所示。叶轮带动液体一起做旋转运动时，液体具有一个随叶轮旋转的圆周速度，其运动方向为所处圆周的切线方向；同时，液体又具有沿叶片间通道流动的相对速度，其运动方向为所在处叶片的切线方向；液体在叶片之间任一点的绝对速度为该点的圆周速度与相对速度的向量和。

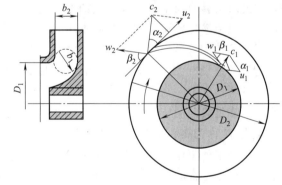

图 4-6　离心泵工作原理示意图

泵的理论压头为：

$$H_\infty = H_P + H_C \frac{P_2 - P_1}{\rho g} + \frac{C_2^2 - C_1^2}{2g} \qquad (4-1)$$

式中，H_∞ 为泵的理论压头，m；H_P 为理想液体经理想叶轮后静压头的增量，m；H_C 为理想液体经理想叶轮后动压头的增量，m；P_1、P_2 分别为液体在进、出口处的压强，Pa。

4.1.1.3　离心泵的性能参数与特性曲线

关于设备的性能，在出厂时设备上都会有相应的说明，这些说明包含了设备的型号、流量、扬程以及功率等。

流量：主要是指设备在单位时间通过单位截面积的体积数。

扬程：又称压头，表示泵能提升液体的高度，通常用"mH_2O"作单位，习惯简称"m"。通常一台泵的扬程是指铭牌上的数值，实际扬程比此值要低，因为沿管路有阻力损失，实际扬程的多少要由管路布置情况来决定。

转速：主要是指在额定电压的条件下，设备在单位时间内转动的圈数。这里所说的转速与实际意义的转速是不一样的。因为，在实际工作时，会有多种因素导致其转速发生变化。

4.1.1.4　离心泵的安装

在离心泵吸入管底部安装带滤网的止逆阀，防止启动前灌入的液体从泵内漏失；滤网防止固体物质进入泵内，工作时吸入管路上的阀门应保持全开。靠近泵出口处的压出管道上装有调节阀，供调节流量时使用。另外，在吸入管路和泵轴填料函处均不应漏气。离心泵吸入口截面高出贮液槽液面的垂直距离为吸上高度。由于离心泵靠贮液槽液面与吸入口之间的压差来完成吸液，当贮液槽液面压力一定时，吸入管路越高，吸上高度越大，吸入口处的压力将越小。

在实际安装的过程中往往还要考虑到叶轮内部的压力与液体的压强之间的关系。同时离心泵在工作时其实际吸上的高度除了与以上因素有关外，还与温度有一定的联系。温度较低，液体的黏性增大，则吸上高度下降；温度较高，液体的黏性下降，则吸上高度将增加。为了不致降低泵的允许吸上高度，在吸入管路中应尽量避免设置不必要的阻尼件，而且吸入管路的直径通常较压出管路为大。在调节流量时，也需注意不要关小入口阀，应只调节出口阀。

为了减小电机在启动时的负荷及防止出口管路发生水力冲击，泵的出口阀应在启动前关闭，但此时运转时间不宜太长（例如不超过 2～3min），以免泵体发热。停泵时，应先关闭出口阀，以免液体倒流。较长时间不用时，应将泵内和管路内的液体放净。

对于给定的管道，离心泵与管道之间存在一定的关系，也就是说最后液体被吸上的高度还与管道的铺设有关。如图 4-7 所示，该曲线的形状只与管路的铺设情况及操作条件有关，而与泵的特性无关。当离心泵安装在指定管路时，流量与压头之间的关系既要满足泵的特性，也要满足管路的特性。反映在特性曲线上，应为泵的特性曲线与管路特性曲线的交点。这个交点 M 称为离心泵在指定管路上的工作点，如图 4-8 所示，泵安装在特定管路中，只能有一个稳定的工作点 M，如果不在 M 点工作，就会出现泵提供给管路的能量与管路需要的能量之间不平衡的现象。

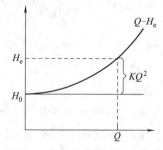

图 4-7　离心泵的管路特性曲线

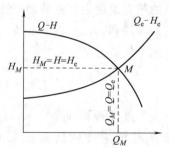

图 4-8　离心泵的工作点

4.1.2　往复泵

这种泵也被称为正位移泵，其工作原理是借助于物体位移移动的周期性来进行设计的。按照运行的方式分为往复式和转动式容积泵。转动式容积泵主要是指齿轮泵、单螺杆泵、双螺杆泵等转子泵。

（1）往复泵的工作原理　这种泵的构造比较简单，工作的原理也比较简单，主要是利用活塞的作用来进行吸气，然后通过向内部挤压活塞产生压强从而达到运送物料或者液体的目的，如图4-9 所示。

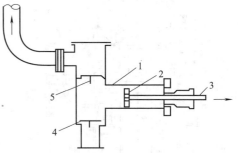

图 4-9　往复泵工作原理图

1—泵缸；2—活塞；3—活塞杆；
4—吸入阀；5—排出阀

往复泵的主要构件有泵缸、活塞（或柱塞）、活塞杆及若干个单向阀，活塞在泵内左右移动的端点叫"死点"，两"死点"之间的距离称为冲程。在活塞往复运动的一个周期里，如果泵的吸液、排液各只有一次，则称为单作用往复泵；如果各有两次，称为双作用往复泵；此外还有三缸单作用往复泵。

（2）往复泵的性能曲线　往复泵的性能曲线与它的流量和管路特性无关。除此之外，密封性等原因均不会对其造成破坏。但是其特性曲线和离心泵一样也是泵特性曲线和管路特性曲线的交点，其压头只取决于管路系统的实际需要而与流量无关，可见，对于往复泵只要泵的机械强度及原动机功率允许，管路系统需要多高的压头即可提供多高的压头。往复泵的功率与效率的计算方法与离心泵相同，但效率比离心泵高。

（3）往复泵的流量调节　和离心泵一样，往复泵也可以自己调节流量，以便达到工艺过程中需要的流量，并且节约经济成本，起到节能作用。其调节方法为改变冲程调节法、改变往复频率调节法、旁路调节法。往复泵的吸上真空高度亦随泵安装地区的大气压强、输送液体的性质和温度而变，所以往复泵的吸上高度也有一定的限制。往复泵的低压是靠工作室的扩张来造成的，所以在启动之前，泵内无须充满液体，即往复泵有自吸作用。

4.1.3　污水污物潜水泵

这种潜水泵是离心泵的一种，但是比较特殊，它可以直接用于污水的排放，不需要使用其他附属设备，操作也比较简单，维护费用较低。目前污水污物潜水泵已越来越受到人们的重视，使用的范围也越来越广，在市政工程、工业、医院、建筑等行业中起着十分重要的作用。与此同时其产业化进程也飞速发展，国内产品 20 世纪 80 年代末最大功率仅 30kW，90年代中期由电压 660V 及以下（功率 315kW 及以下）发展到高压 3kV、6kV、10kV，功率达 1400kW。目前已经形成了较完整的产品系列，主要产品有潜水排污泵、潜水轴流泵/潜水混流泵、潜水渣浆泵、切割式潜水排污泵等。

（1）潜水排污泵　这种泵也是一种无堵塞泵，水泵在整个排污泵的最小段，它在工作的时候需要被淹没在水里，但是其工作效率比较高。其工作原理为从潜污泵吸入口方向看叶轮逆时针方向旋转。潜水排污泵按液体排出方式分为外装式、内装式和半内装式 3 种。外装式的输送介质不通过电动机部分，直接从泵体部分排出；内装式的输送介质从排出管与电动机外壳之间环形流道排出；半内装式的输送介质从与电动机外壳部分连接的排出管中排出。图4-10 为典型的潜水排污泵。

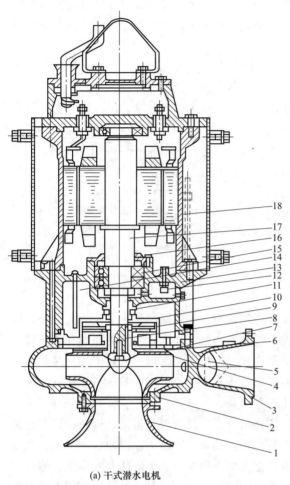
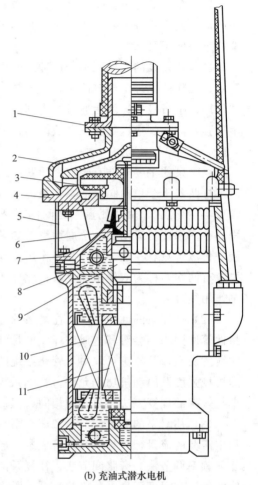

(a) 干式潜水电机　　　　　　　　　　　　(b) 充油式潜水电机

1—喇叭管；2—密封环；3—泵体；4—叶轮；5—手孔盖；　　　1—连接法兰；2—出水口；3—叶轮；4—泵座；
6—内泵盖；7—叶轮压板；8—键；9—副叶轮；　　　　　　　5—滤网；6—密封装置；7—电机封盖子；
10—后泵盖；11—机械密封；12—漏水检测探头；　　　　　8—变压油；9—电机轴；10—定子；11—转子
13—连接座；14—油头探头；15—轴承；
16—轴承压盖；17—轴；18—潜水电机组件

图 4-10　潜水排污泵结构示意图

在内装式潜水排污泵中多选用径向导叶或流道式导叶，叶轮则分为旋流式、半开叶片式、闭式叶片式、单/双流道式、螺旋离心式五种。

(2) 潜水轴流泵/潜水混流泵　这种泵的一个显著特点就是具有较好的密封性，它的电机与泵是完全分开的，不会因为泵的泄漏或者其他因素引起电机的损害。轴流式潜水泵或混流式潜水泵主要由泵体、叶轮、潜水电机等组成。轴流泵的液流沿转轴方向流动，但其设计的基本原理与离心泵基本相同。混流泵内液体的流动介于离心泵与轴流泵之间，液体斜向流出叶轮，即液体的流动方向相对叶轮而言，既有径向速度，也有轴向速度，其特性也介于离心泵与轴流泵之间。国内的同种类型的泵还有很多种形式，如 QHD 系列单级导叶混流式潜水泵、QHL 蜗壳式潜水混流泵、SEZ 型立式混流泵、SNT 型潜水混流泵；国外同类产品有

ABS 国际泵业集团的 AFL 潜水混流泵系列等。

（3）潜水渣浆泵　这种泵的运用比较广泛，它不仅能够运送液态的物料，还能够运送黏度较大的物料。广泛应用于市政、化工等行业输送污水、污泥、粪便、含废料的浓稠介质及有悬浮固体颗粒的渣浆。H 型潜水衬胶泵采用开式或闭式流道叶轮，叶轮由高度耐磨材料制造，泵壳易磨损部分有可调节及更换的橡胶衬里。分 3000 和 5500 两个系列，5500 系列采用大负载的三流道叶轮，由高铬钢或聚氨酯制成。M 型潜水旋涡渣浆泵的特点为带有专门设计的磨碎装置和切断装置，所有固体可碎化为 5mm×15mm 的颗粒。

（4）切割式潜水排污泵　这种泵最突出的优点就是可以直接在污水里面进行工作，它的密封性很好，所有的构件与泵的主体全部结合在一起形成了一个统一的整体。在没有设置或不便设置拦污格栅的场合，小口径潜水排污泵常发生泵和管路被污水中较大杂物堵塞的现象，给用户造成麻烦。为此，相关厂家开发了小口径（50mm、66mm、100mm）的切割式潜水排污泵。

4.2　水处理系统管道设计

管路是一个总称，它由管道、零配件以及相应的阀门等一系列的构件组成。它主要是用来连接设备，从而使得设备之间处于连通的状态。下面我们将详细地介绍组成管道的三个重要部分：管子、管件和阀门。

4.2.1　管子的规格、选择及连接

（1）管子　管子的表示方法一般都是采用"外径×壁厚"来表示，而管子的长度却不等，短则 3m，长则有 15m 左右。在环保设备的水处理中，管子主要分为铸铁管、碳钢管、合金钢管和非金属管等。

① 铸铁管：这类管子主要是被深埋在地下，一般是作为给水总管、煤气管及污水管等，也可以用来输送碱液及浓硫酸等。其优点是价格便宜，但铸铁管性脆、强度低，所以蒸汽管路、气体管路和上水管路等不允许采用。

② 钢管：钢管分为有缝和无缝两种形式，还有一种分类方法是按照材质进行分类，可分为普通钢管和合金钢管两种。给排水工程中常用的无缝钢管有低中压锅炉用无缝钢管、冷轧或冷拔精密无缝钢管、结构用异形无缝钢管、流体输送用不锈钢无缝钢管等。异形钢管是指除了圆环形截面以外其他截面形状的钢管，分为方形钢管、矩形钢管、椭圆形钢管、平椭圆形钢管等，广泛应用于各种结构件和机构零件的生产制造。

③ 有色金属管：有色金属管不是指有颜色的金属管，而是其材质是采用有色金属制造而形成，目前比较普遍的有色金属管主要有铜管、黄铜管、铅管和铝管。

④ 非金属管：非金属管目前在环境工程中的使用也非常普遍。其常见的形式主要有陶瓷管、钢筋混凝土管、塑料管、玻璃钢管、玻璃钢/塑料复合管、橡胶管等。陶瓷管能耐酸碱腐蚀，但性脆、强度低，不耐压，大多数用作埋在地下的水管和输送有腐蚀性物料的管道。钢筋混凝土管多用作埋于地下的污水管路，大直径的钢筋混凝土管可以用作给水输水管。塑料管的特点是质轻，能抗腐蚀，易于加工，但耐热性和耐压性较差。玻璃管的优点是耐腐蚀，表面光滑，管路阻力小，但不耐高温。橡胶管的优点是耐腐蚀，有弹性，可任意弯曲以适应现场操作的需要，故适用于临时性的操作。

（2）管子选择　管道的选择在环境工程设计中具有非常重要的意义，管子的选择需要根据所运输的物料的性质以及压力等情况来确定管子的内径以及壁厚等。

管子内径的计算：

$$d = 18.8\left(\frac{W}{v\rho}\right)^{0.5} \tag{4-2}$$

式中，W 为流体的质量流量；v 为流体的平均流速，m/s；ρ 为流体的密度，kg/m³。

管壁厚度的计算：

$$\delta = \frac{PD}{200\sigma\vartheta + P} + C \tag{4-3}$$

式中，P 为管道内部流体压力，MPa；D 为管道外径，mm；ϑ 为焊缝系数；σ 为管子许用应力，MPa；C 为管子壁厚附加量，mm。

在实际的环境设备设计过程中，对于管道的选择要注意以下两个方面。

① 对于满流且有压输送管道，可以根据管内流体在合理的流速、水头损失下，选择合理的管径；同时也要综合考虑投资与运行费用，一般大管径时投资大，但流体阻力小、输送设备的运行费用低，反之亦然。这个过程常常需要几经反复才能确定。为了避免反复计算以节省时间，可以采用查水力计算表的方法来解决。

② 由于在污水管道中一般都不会形成满流，因此，在进行管道的选择时要注意考虑到管道的流量、流速以及接头处的损失等因素。

4.2.2　管件

（1）铸铁类管件　它主要是用来改变方向，常用的有三通、四通和异径管等，使用时主要采用承插式连接、法兰连接和混合连接等。在给排水工程领域典型的有柔性接口球墨铸铁管件、排水用灰口铸铁管件、柔性抗振排水铸铁管件、卡箍式离心铸铁管件四大类。图4-11为常见的普通铸铁管件。

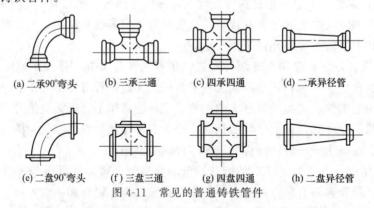

(a) 二承90°弯头　(b) 三承三通　(c) 四承四通　(d) 二承异径管

(e) 二盘90°弯头　(f) 三盘三通　(g) 四盘四通　(h) 二盘异径管

图 4-11　常见的普通铸铁管件

（2）金属管用特殊接头　这一类管件主要是用来做一些特殊的连接，如穿过墙壁或者快速防漏等接头。其主要包括了曲挠橡胶接头和弯头、松套伸缩接头、限位伸缩接头、传力接头、开式伸缩接头、填料函式伸缩接头、球形接头等。其他一些金属管用特殊接头还有管道快速堵漏装置、管道三通快速装置、柔性管接头、柔性补偿器、柔性过墙套管等。

（3）波纹金属软管与波纹补偿器　这种管件是一种强度不大的管件，一般由不锈钢波纹管、网丝管和接头件组成，正是由于其具有一定的柔性，从而使得其能够作为一种位移的补偿。波纹金属管分为法兰式和接头式两大类，前者包括两端平焊法兰连接、一端平焊一端松套法兰连接、两端翻边松套法兰连接 3 种规格，后者包括两端球头外套螺母连接、一端球头一端内锥接头连接、两端活接头连接 3 种规格。在泵或压缩机与阀门、仪器仪表所构成的管路系统中，常因振动损坏仪器仪表、缩短元器件的使用寿命，影响系统的正常工作。故在泵或压缩机等设备的进出口处安装泵用波纹金属软管，以减振降噪，保护系统正常工作。

4.2.3　阀门

阀门是水处理过程中最常见的零部件之一，任何物料的控制或者条件的控制都与阀门息息相关。阀门的分类很多，在此处我们主要介绍截止阀、闸阀、蝶阀、止回阀、闸门和启闭机、速闭阀和调节阀等。

（1）截止阀　截止阀是利用阀瓣沿着阀座通道的中心移动来控制管路启闭的一种闭路阀，适用于在各种压力及各种温度下输送各种液体和气体。分为手动截止阀、液动角式截止阀、气动衬胶角式截止阀等。

（2）闸阀　闸阀是一种升降运动的阀门，它的作用主要是起到关闭和开启的作用，其广泛用于给排水、供热和蒸气管道系统作调流、切断和截流之用，介质为水、蒸气和油类，按照操作方式可分为手动和电动两种。典型类型有明（暗）杆楔式镶铜铸铁圆闸阀、明杆楔式镶铜铸铁方闸阀、明杆平行式单闸板闸阀、橡胶闸阀、平行双闸板闸阀、蜗轮传动暗杆楔式闸阀等。图 4-12 为常见的闸阀结构和相应的外形尺寸。

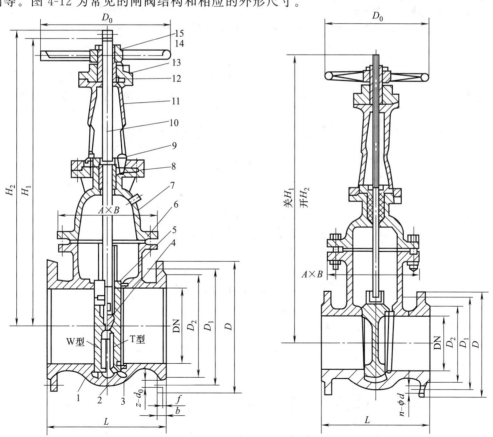

图 4-12　典型的闸阀结构示意图和外形尺寸

1—阀体；2—闸板密封圈；3—阀体密封圈；4—顶楔；5—闸板；6—垫片；7—阀盖；8—填料；9—填料压盖；
10—阀杆；11—立柱；12—阀杆螺母；13—螺母轴承盖；14—手轮；15—螺母

（3）蝶阀　蝶阀主要是被安装在管道的直径方向，它具有结构简单、体积较小等优点，同时还能够快速开启，可以安装在任意的位置，不会受到管道或者地形的限制。在使用蝶阀时需要注意调节阀座以便使其能够适用于不同的流体。

（4）止回阀　止回阀顾名思义就是为了防止因为压力或者其他原因使得经提升的物料或者液体回流。它的结构有悬起式、对夹式以及微阻缓闭式等。而底阀是能够防止水介质倒流，保持水位的设备，它的形式多样。图 4-13 为具有缓冲作用的止回阀的结构及外形尺寸。

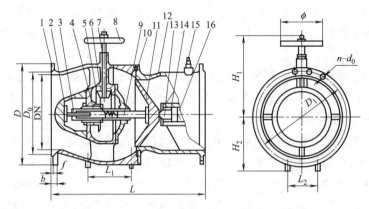

图 4-13　缓冲止回阀结构及外形尺寸示意图

1—阀体；2—导向键；3—丝杆套；4—螺母；5—大伞齿轮；6—小伞齿轮；7—手轮轴；

8—手轮；9—导向杆；10—密封圈；11—阀瓣；12—缓冲座；13—缓冲缸活塞；

14—调节阀；15—缓冲缸；16—缓冲缸弹簧

（5）闸门与启闭机　闸门被广泛地用于液体的输送，它需要续电电池、引水渠以及泵站等结合在一起，从而实现流量和液面的控制。闸门与启闭机的联合布置示意图如图 4-14 所示。

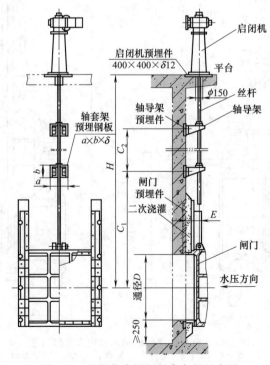

图 4-14　闸门与启闭机联合布置示意图

（6）速闭阀　这种阀门是污水处理厂常用的类型之一，它被设置在污水厂的进口渠道和管道上。目的是当污水厂突然停电或污水厂发生事故时，速闭阀即刻关阀，切断污水流。此时如果采用大口径电动阀门，则关阀时间较长，大量污水仍会继续进入污水厂，因此采用速闭阀立即关闭，使污水流入旁路溢流排走。典型产品有日本玖保田速闭阀、美国 Water Man 速闭阀等。

（7）调节阀　这种类型的阀门主要是用于调节水位和流量，它被安装在沉淀池、沉砂池的进口处，用于控制进水的流量。调节堰门工作与闸门相反，为向下开启，门体提至最高处，则孔口关闭，如密封要求高，应采用镶铜面密封。TYX 型堰门的布置如图 4-15 所示。

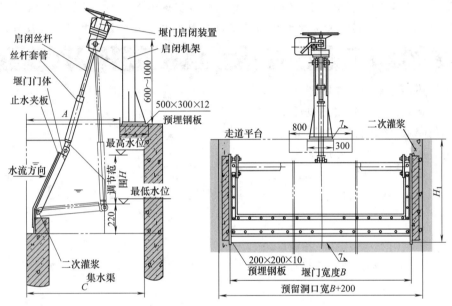

图 4-15　TYX 型堰门的布置示意图

（8）水锤消除设备　水锤的目的主要是用于消除长距离运输所引起的巨大压力冲击力。这种消除设备分为压力外泄型、分阶段关闭型、阀门电动装置三类，其中压力外泄型包括下井式水锤消除器、自闭式水锤消除器、爆破膜式消除器，分阶段关闭型包括缓闭止回阀、双速自闭闸阀、液控蝶阀、液控锥形阀，相应的阀门电动装置包括气轮、气水接触式空气罐、气囊式空气罐。

 **案例**

城镇中小型污水处理厂的风机选型

在城镇中小型污水处理厂工艺设计中，活性污泥法具有处理效率高、运行经验成熟、产泥量少等特点而被广泛使用，其曝气系统通常采用鼓风曝气的方式。目前在我国城市污水处理系统中，曝气风机的能耗占整个污水处理系统能耗的 60% 以上，因此在项目设计阶段，建设方和设计方均高度重视鼓风机的选型。

对于日处理量 3 万～10 万吨的城镇中型污水处理厂，随着污水处理厂设计规模的增加，价格因素不再是决定因素，要综合考虑风机性能、效率以及调控方式的选择，因此多级低速离心鼓风机在各类风机中具有较高的性价比优势。选用多级低速离心风机在初期投资费用上虽较罗茨风机稍高，但较单级高速风机节省很多，在流量变化的情况下相比其他类别风机可以维持较高效率。由于其结构简单，技术含量适中，操作简便，日常维护量小，能够有效降低运行维护成本。因整机使用寿命长，运行成本低，缩短了设备投资回收期。

对恒液位系统，多级低速离心鼓风机能够充分满足设计和运行要求，在出口压头变化不大的情况下，运行安全可靠，可以提高整机运行效率，达到节约能耗的目的，运行过程中噪声很小，不用采取其他辅助降噪措施。对变液位曝气系统，为避免变压头过程中多级低速离心鼓风机风量产生较大变化甚至因选型不当造成鼓风机发生喘振，在鼓风机选型时，必须仔细审核生产厂家提供的鼓风机性能曲线，以保证鼓风机在高液位和低液位时都能在正常的工作区域运行。通过变频调速，随着压头的变化平滑调整出口流量，可有效避免喘振的发生。由于城镇中型污水处理厂采用变液位曝气系统的工程实例不多，而采用恒液位系统的工程占主要地位，因此多级低速离心鼓风机仍旧是城镇中型污水处理厂首选鼓风曝气设备。

思考与练习

1. 请简述离心泵的工作原理。
2. 叶片式泵与风机的损失包括几种？
3. 如何降低叶轮圆盘的摩擦损失？
4. 请简述压缩机的工作原理。

第二篇 ▶▶
水污染处理设备

第5章 ▶▶ 不溶态污染物去除设备设计原理与应用

本章摘要

本章结合水环境污染治理工程的特点，比较全面、系统地介绍了水污染处理设备的基本知识，常用水处理构筑物及常用设备的结构组成、设计计算及应用维护等知识，包括格栅、混凝设备、排砂设备、气浮设备、滤池的形式与选择和沉淀池六部分。

5.1 格栅

5.1.1 格栅的类型及应用

机械格栅是污水处理厂中污水处理的第一道工序——预处理的主要设备，对后道工序有着举足轻重的作用，在排水工程的水处理构筑物中，其重要性日益被人们所认识。实践证明，格栅选择得是否合适，直接影响整个水处理设施的运行。格栅是一种最简单的过滤设备，是由一组平行的金属栅条制成的金属框架，斜置在废水流经的渠道上或泵站集水池的进口处，用以截阻大块的呈悬浮或漂浮状态的固体污染物，以免堵塞水泵和沉淀池的排泥管。截留效果取决于缝隙宽度和水的性质。尽管格栅并非水处理流程中的主体设备，但因其位处咽喉，故显得很重要。

根据污物的清除方式，分人工清除格栅和机械清除格栅两类。人工清除格栅主要利用人工及时清除截留在格栅上的污物，防止栅条间隙堵塞。在中小型污水处理站，一般所需要截留的污染物量较少，均设置人工清理格栅。这类格栅用直钢条制成，按 50°～60°倾角安放，这样有效格栅面积可增加 40%～80%，而且便于清洗，减少水头损失。

在比较大型的污水处理厂均设置机械清除格栅，格栅一般与水面按 60°～70°、有时按 90°安置。格栅除污机的传动系统有电力传动、液压传动及水力传动三种。在工程应用上，电力传动格栅最为普遍。机械格栅除污机的类型很多，总的可分为前清式（或前置式）、后清式（或后置式）、自清式三大类。前清式机械格栅除污机的除污齿耙设在格栅前（迎水面）以清除栅渣，市场上该种形式居多，如三索式、高链式等；后清式机械格栅除污机的除污齿耙设在格栅后面，耙齿向格栅前伸出清除栅渣，如背耙式、阶梯式等；自清式机械格栅除污机无除污齿耙，但能从结构设计上自行将污物卸除，同时辅以橡胶刷或压力清水冲洗。

按照格栅栅条间距大小，通常将格栅分为粗格栅和细格栅两种基本类型。粗格栅一般设置在泵站集水池中，而细格栅则设置在沉砂池前，依据水处理工艺流程，格栅一般按照先粗后细的原则进行设置,格栅栅条间距依据原废水水质来确定。

5.1.2　格栅的设计原理

(1) 格栅的栅条间距　格栅的栅条间距是有一定的规定的,其结构和形状如图 5-1 所示。

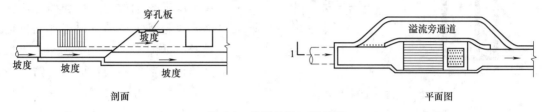

图 5-1　格栅的平、剖面图

若格栅设于水处理系统之前,则采用机械除污时的栅条间距为 10~25mm,采用人工除污时的栅条间距为 25~40mm。当格栅设于水泵前时,如泵前格栅间距不大于 25mm 时,污水处理系统前可不再设置格栅。当不分设粗、细格栅时,可选用较小的栅条间距。

(2) 格栅栅条断面形状　圆形断面栅条水力条件好、水流阻力小,但刚度差,一般多采用矩形断面栅条。

(3) 格栅的安装倾角　格栅倾角安放可以增加有效格栅面积 40%~80%,而且便于清洗和防止因堵塞而造成过高的水头损失。安装倾角 45°~75°,人工清除栅渣时取 45°~60°;若采用机械清除一般采用 60°~75°,特殊类型可达 90°。格栅高度一般应使其顶部高出栅前最高水位 0.3m 以上;当格栅井较深时,格栅井的上部可采用混凝土胸墙或钢挡板满封,以减小格栅的高度。

格栅设有栅顶工作台,台面应高出栅前最高设计水位 0.5m,工作台应安装安全和冲洗设施,工作台两侧过道宽度不小于 0.7m;工作台正面过道宽度按清渣方式确定,人工清渣时不应小于 1.2m,机械清栅时不应小于 1.5m。

(4) 水流通过格栅的流速　栅前渠道内的水流速度一般取 0.4~0.9m/s,污水通过格栅的流速可取 0.6~1.0m/s,过栅流速太大和太小都会直接影响截污效果和栅前泥沙的沉积。可以据此来计算格栅的有效面积,格栅的总宽度不应小于进水渠有效断面宽度的 1.2 倍,如与滤网串联使用,则可按 1.8 倍左右考虑。

(5) 清渣方式　栅渣的清除方法一般按所需的清渣量而定,一般选用人工除污格栅;当栅渣量大于 0.2m³/d 时应采用机械格栅除污机;一些小型污水处理厂为了改善劳动条件,也采用机械格栅除污机。机械格栅除污机的台数不宜少于 2 台,如为 1 台时则应设人工除污格栅以供备用。在给水工程中有时还将格栅除污机和滤网串联使用,前者去除大的杂质,后者去除较小的杂质。

5.2　混凝设备

5.2.1　混凝剂及投加设备

混凝剂的投配分干法和湿法。干投法是将经过破碎易于溶解的药剂直接投放到被处理的水中。干投法占地面积小，但对药剂的粒度要求较严，投加量较难控制，对机械设备的要求较高，劳动条件较差，目前较少采用。湿投法是将药剂配制成一定浓度的溶液，再按处理水量大小定量投加。

混凝剂是在溶药池中进行溶解。溶药池应有搅拌装置，搅拌的目的是加速药剂的溶解。搅拌的方法常有水泵搅拌、压缩空气搅拌和机械搅拌。如图 5-2～图 5-4 所示。无机盐类混凝剂的溶药池应考虑防护措施和用防腐材料。

药剂溶解完全后，将浓药液送入溶液池，用清水稀释到一定程度备用。

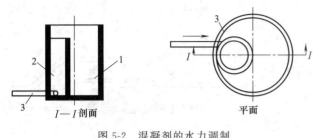

图 5-2　混凝剂的水力调制

1—溶液池；2—溶药池；3—压力水管

备用。无机混凝剂的浓度一般为 $10\%～20\%$，有机则为 $0.5\%～1.0\%$。一般投药量小时用水力搅拌，投药量大时用机械搅拌。溶药池体积一般为溶液池体积的 $0.2～0.3$ 倍。

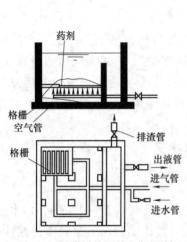

图 5-3　混凝剂的压缩空气调制

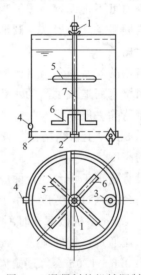

图 5-4　混凝剂的机械调制

1,2—轴承；3—异径管箍；4—出管；5—桨叶；
6—剧齿角钢桨叶；7—立轴；8—底板

溶液池应采用两个交替使用。其体积可按下式计算：

$$W=\frac{24\times1000aQ}{1000\times1000bn} \tag{5-1}$$

式中，a 为混凝剂最大用量，mg/L；Q 为处理水量，m^3/h；b 为溶液浓度，以药剂固体质量分数计算，一般取 $10～20$；n 为每昼夜配制溶液的次数，一般为 $2～6$ 次，手工操作时不宜多于 3 次，设备及管道应考虑防腐。

投药设备包括投加和计量两部分。

（1）投加方式及设备

① 高位溶液池重力投加装置：依靠药液的高位水头直接将混凝剂溶液投入管道内。

② 虹吸定量投加装置：利用变更虹吸管进、出口高度差（H）控制投配量，见图 5-5。

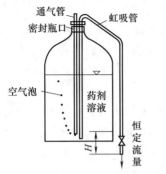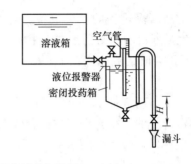

图 5-5　虹吸定量投加装置

③ 水射器投加装置：该系统设备简单，使用方便，工作可靠。常用于向压力管内投加药液和药液的提升，如图 5-6 所示。

④ 水泵投加：可用耐酸泵与转子流量计配合使用，也可采用计量泵，不另设计量设备。

（2）计量设备

① 孔口计量装置见图 5-7 及图 5-8。

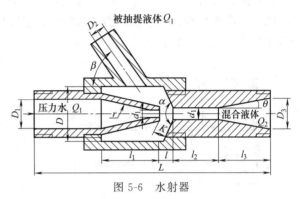

图 5-6　水射器

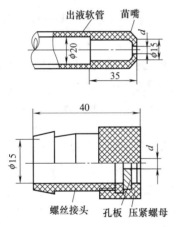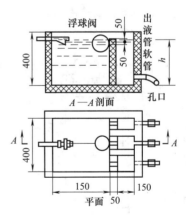

图 5-7　孔口计量装置

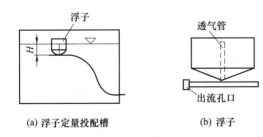

图 5-8　浮子定量控制装置

利用苗嘴和孔板等装置使恒定水位水射器孔口自由出流时的流量为稳定流量。可改变孔口断面来控制流量。

② 浮子或浮球阀定量控制装置见图 5-8。

因溶液出口处水头（H）不变，流量也不变，可通过变更孔口尺寸来控制投配量。

③ 转子流量计：根据水量大小选择成套转子流量计的产品进行计算。

5.2.2 混合设备与反应设备

混合设备是完成凝聚过程的重要设备。它能保证在较短的时间内将药剂扩散到整个水体，并使水体产生强烈紊动，为药剂在水中的水解和聚合创造了良好的条件。一般混合时间约为 2min 左右，混合时的流速应在 1.5m/s 以上。常用的混合方式有水泵混合、隔板混合和机械混合。

（1）水泵混合 将药剂加于水泵的吸水管或吸水喇叭口处，利用水泵叶轮的高速转动达到快速而剧烈的混合目的，得到良好的混合效果，不需另建混合设备，但需在水泵内侧、吸入管和排放管内壁衬以耐酸、耐腐材料。当泵房远离处理构筑物时不宜采用，因已形成的絮体在管道出口一经破碎难以重新聚结，不利于以后的絮凝。

（2）隔板混合 图 5-9 为分流隔板式混合槽，图 5-10 为多孔隔板式混合槽。槽内设隔板，药剂于隔板前投入，水在隔板通道间流动过程中与药剂充分混合，混合效果比较好，但占地面积大，水头损失大。

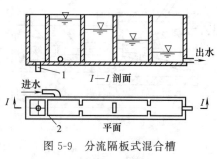

图 5-9 分流隔板式混合槽
1—溢流管；2—溢流堰

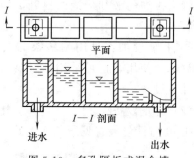

图 5-10 多孔隔板式混合槽

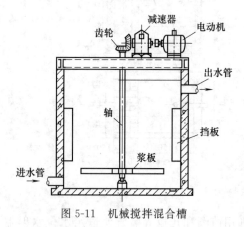

图 5-11 机械搅拌混合槽

（3）机械混合 多采用结构简单、加工制造容易的桨板式机械搅拌混合槽，如图 5-11 所示。混合槽可采用圆形或方形水池，高（H）3～5m，叶片转动圆周速度 1.5m/s 以上，停留时间 10～15s。

机械搅拌混合槽的主要优点是混合效果好且不受水量变化的影响，适用于各种规模的处理厂，缺点是增加了机械设备，相应增加了维修工作量。反应设备根据其搅拌方式可分为水力搅拌反应池和机械搅拌反应池两大类。水力搅拌反应池有平流式或竖流式隔板反应池、回转式隔板反应池、涡流式反应池等形式。各种不同类型反应池的优、缺点以及适用条件列于表 5-1 中。

表 5-1 隔板反应池

反应池形式	优点	缺点	适用条件
往复式隔板反应池	反应效果好，构造简单，施工方便	容积较大，水头损失大	水量大于 10000m³/h 且水量变化较小
回转式隔板反应池	反应效果良好，水头损失较小，构造简单，管理方便	池较深	水量大于 10000m³/h 且水量变化较小，改建或扩建旧有设备

反应池形式	优点	缺点	适用条件
涡流式反应池	反应时间短，容积小造价低	池较深，截头圆锥形池底难以施工	水量小于 $10000m^3/h$
机械搅拌反应池	反应效果好，水头损失小，可适应水质水量的变化	部分设施处于水下，维护不便	大小水量均适用

隔板反应池主要有往复式和回转式两种，见图 5-12 及图 5-13。往复式隔板反应池是在一个矩形水池内设置许多隔板，水流沿两隔板之间的廊道往复前进。隔板间距（廊道宽度）自进水端至出水端逐渐增加，从而使水流速度逐渐减小，以避免逐渐增大的絮体在水流剪力下破碎。通过水流在廊道间往返流动，造成颗粒碰撞聚集，水流的能量消耗来自反应池内的水位差。

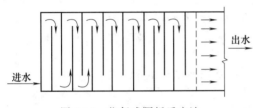

图 5-12　往复式隔板反应池

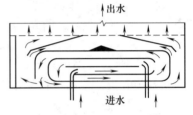

图 5-13　回转式隔板反应池

往复式隔板反应池在水流转角处能量消耗大，但对絮体成长并不有利。在 180° 的急剧转弯下，虽会增加颗粒碰撞概率，但也易使絮体破碎。为减少不必要的能量消耗，将 180° 转弯改为 90° 转弯，形成回转式反应池。为便于与沉淀池配合，水流自反应池中央进入，逐渐转向外侧。廊道内水流断面自中央至外侧逐渐增大，原理与往复式相同。

目前在隔板反应池的基础上还发展了折板反应池，通过将平直隔板改变成间距较小的、具有一定角度的折板以产生更多的微涡旋，增加絮凝体颗粒碰撞的机会。

涡流式反应池如图 5-14 所示，涡流式反应池的下半部为圆锥形，水从锥底部流入，形成涡流，边扩散边上升；锥体面积逐渐扩大，上升速度逐渐由大变小，有利于絮凝体的形成。

设计参数及要点如下。

① 池数不少于 2 座，底部锥角呈 30°～45°，超高取 0.3m，时间 6～10min；

② 入口处流速取 0.7m/s，上侧圆柱部分上升流速取 4～6cm/s；

③ 可在周边设集水槽收集处理水，也可采用淹没式穿孔管收集处理水；

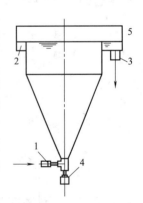

图 5-14　涡流式反应池

1—进水管；2—圆周集水槽；

3—出水管；4—放水管；

5—格栅

④ 每米工作高度的水头损失控制在 0.02～0.05m。

桨板式机械搅拌反应池根据转轴的位置可分为水平轴式和垂直轴式两种，分别如图 5-15、图 5-16 所示。由于水平轴操作和维修不方便，目前应

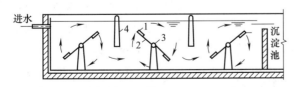

图 5-15　水平轴式反应池

1—桨板；2—叶轮；3—旋转轴；4—隔墙

用较少。

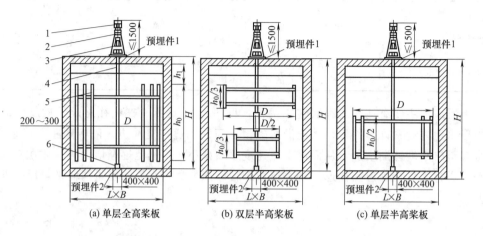

图 5-16　垂直轴式机械搅拌反应池结构示意图
1—电动机；2—减速器；3—支座；4—搅拌轴；5—9 板；6—水下支座

机械搅拌反应池的搅拌设备除桨板式以外，国外尚有轴流桨式和涡轮式。

5.3　排砂设备

常用的排砂方式主要有重力排砂与机械排砂两类。重力排砂的优点是排砂含水率低，排砂量容易计算，缺点是沉砂池需要高架或挖小车通道。机械排砂设备可分为桥式吸砂机（也称行车吸砂机）、链斗式刮砂机、链板式刮砂机、旋转刮砂机、砂水分离及输送设备等。

（1）桥式吸砂机　桥式吸砂机主要由行走装置、主梁、吸砂系统等组成。吸砂机在沉砂池面的钢轨上来回行走，吸砂系统将池底的砂水混合物吸出，排入砂水分离器进行砂水分离。另外，吸砂机还可以根据用户要求设置撇渣把，将水面上的浮渣刮至池末端的渣槽中，适用于平流式曝气沉砂池中沉砂的排除。当顺水行驶时，撇渣把下降刮集浮渣并送至池末端的渣槽；反向行驶时，撇渣把提升，离开液面以防浮渣逆行。也可根据工艺要求，反向撇渣。

SXS 系列行车双沟泵吸式吸砂机的结构如图 5-17 所示。

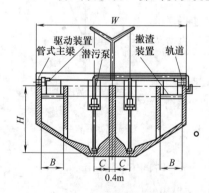

图 5-17　双沟泵吸式吸砂机结构

（2）链斗式刮砂机　该机由传动系统、传动轴、托架、刮斗导向架、牵引链等组成，由链条拖动砂斗，用于平流式沉砂池的排砂和提升，其结构如图 5-18 所示。LDG800-2000 型链斗式刮砂机刮斗间距为 1800mm，刮斗线速度为 2.6m/min，池底宽度为 800～2000mm。

（3）链板式刮砂机　链板式刮砂机主要由机座、减速机、主动链轮、驱动轴、转动链轮、刮板等组成，减速机经主动链轮和套筒滚子链带动驱动轴，轴上装有链轮，经传动轴、传动链带动刮板运行，刮集沉于池底的泥砂。SG 系列链板式刮砂机的结构和技术参数如图

5-19 与表 5-2 所示，适用于平流式沉砂池的排砂。

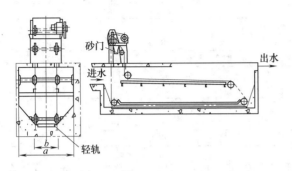

图 5-18 LDG800-2000 型链斗式刮砂机

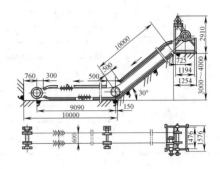

图 5-19 链板式刮砂机

表 5-2 SG 系列链板式刮砂机主要技术参数

型号	刮板宽度 /mm	水平槽长 /mm	斜槽长度 /mm	斜槽角度 /℃	刮板速度 /(m/min)	电动机功率 /kW	质量 /kg
SG-600	600	10	10	30	0.6	0.37	2500
SG-1200	1200	10	10	30	0.6	0.75	2800

（4）旋转刮砂机　旋转刮砂机主要由钢制工作桥、电动减速装置、传动立轴、刮板及水下轴承等部件组成。工作时电动机和减速装置带动传动立轴旋转，呈对数螺旋线状的刮板在传动立轴的带动下以 3m/min 的速度逆时针旋转，将池底的砂粒由池中心刮向池周的排砂口，卸入螺旋输砂机提升和脱水。

CSG 型沉砂池刮砂机（旋转刮砂机）主要技术参数如表 5-3 所示，按处理水量可选择直径 3~6m 的不同规格，一般按二台对称布置为宜，沉砂池的池底不设坡度。

表 5-3 CSG 型沉砂池刮砂机主要技术参数

型号	刮砂直径/m	池深/mm	刮板线速/(m/min)	电机功率/kW
CSG-3	3		3	0.37
CSG-4	4	按设计需要	3	0.37
CSG-5	5		3	0.37
CSG-6	6		3	0.55

（5）砂水分离及输送设备

① 螺旋式砂水分离器　主要由无轴螺旋、尼龙衬、U 形槽、水箱、导流板和驱动装置等组成。工作时，砂水混合液从分离器一端顶部输入水箱，混合液中质量较大的砂粒等将沉积于 U 形槽底部。在螺旋叶片的推动下，砂粒沿斜置的 U 形槽底提升，离开液面后继续推移一段距离，在砂粒充分脱水后经排砂口卸至盛砂桶；而与砂分离后的水则从溢流口排出并流往厂内进水池。

另外，砂水分离器进水口处还可设置一圆筒式旋流预分离器，污水沿圆筒切线方向进入，涡流使砂粒沉下进入螺旋分离器，溢流液回沉砂池或格栅井，起到预沉砂及调节水量的作用。

LSSF 系列螺旋式砂水分离器的技术参数如表 5-4 所示。可以自带不锈钢水箱，也可以采用混凝土结构的水箱。

表 5-4　LSSF 系列螺旋式砂水分离器主要技术参数

型　号	LSSF-260	LSSF-320	LSSF-355	LSSF-420
处理水量/(L/s)	12	20	27	35
电动机功率/kW	0.25	0.37	0.75	
L/mm	3840	4380	5980	6290
机体最大宽度/mm	1170	1420		1720
H/mm	1500	1700	2150	
H_1/mm	1550	1750	2400	2550
H_2/mm	2100	2350	3050	3250
L_1/mm	3000		4000	
L_2/mm	1000	1500	2000	2500

② 旋流除砂器　当水流在一定的压力下从除砂进水口以切向进入设备后，产生强烈的旋转运动，由于砂和水密度不同，在离心力、向心力、浮力和流体拽力的共同作用下，使密度低的水上升，由出水口排出，密度大的砂粒由设备底部的排污口排出，从而达到除砂的目的，具有除砂率高、节省安装空间、对个别微小固体的漏捕率低、工作状态稳定等优点。美国 US Filter 公司下属 Envirex 所产旋流除砂器的结构如图 5-20 所示。

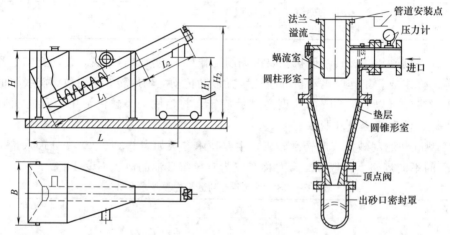

图 5-20　旋流除砂器结构图

③ 螺旋式输砂器　螺旋式输砂机是使沉砂池内的沙砾提升脱水的机械，主要由电动机、减速器、螺旋体、上下轴承座等部件组成，螺旋体的安装角度不超过 30°。输送机下部的螺旋叶片应位于沉砂池排砂口的下方，以利于接砂及输送。工作时，通过电动机和减速器带动螺旋体作缓慢旋转，将进入输送槽的沉砂由螺旋叶片向上输送，当输送的砂脱离槽内液位时，污水在叶片与螺旋槽的间隙处流回槽内，进行砂水分离，达到输砂与脱水的目的。经螺旋输砂机提升后的沉砂含水率低于 60%，有利于砂的外运和处置。

5.4　气浮设备

气浮是使悬浮物附着气泡而上升到水面，从而分离水和悬浮物的水处理方法。也有使水中表面活性剂附着在气泡表面上浮，从而与水分离，称为泡沫气浮法。气浮法使用的设备包括完成分离过程的气浮池和产生气泡的附属设备。水处理中，气浮法可用于沉淀法不适用的场合，以分离相对密度接近于水和难以沉淀的悬浮物，例如油脂、纤维、藻类等，也可用以浓缩活性污泥。

气浮主要依靠悬浮物表面有亲水和憎水之分。憎水性颗粒表面容易附着气泡,因而可用气浮法。亲水性颗粒用适当的化学药品处理后可以转为憎水性。水处理中的气浮法,常用混凝剂使胶体颗粒结成为絮体,絮体具有网络结构,容易截留气泡,从而提高气浮效率。再者,水中如有表面活性剂(如洗涤剂)可形成泡沫,也有附着悬浮颗粒一起上升的作用。

根据微细气泡产生方式的不同,可以将气浮设备分为分散空气气浮(或布气气浮)设备、溶解空气气浮(即溶气气浮)设备、电解气浮设备、生化气浮设备、离子气浮设备等。

5.4.1　分散空气气浮设备

分散空气气浮是利用机械剪切力,将混合于水中的空气粉碎成微细气泡,从而进行气浮的方法。按粉碎气泡方法的不同,分散空气气浮又分为水泵吸水管吸气气浮、射流气浮、扩散板曝气气浮以及叶轮气浮四种。布气气浮的优点是整个系统操作简单,无需另加制备溶气的系统。但其主要缺点是空气被粉碎得不够充分,形成的气泡较大,一般都不小于 0.1mm,有时甚至大于 1mm,使得布气气浮达不到高效的去除效果,同时形成的浮渣含固率亦相当低。

(1) 射流气浮设备　射流气浮设备主要包括射流器和气浮池(罐)。射流器的结构如图5-21 所示,利用喷嘴将水以高速喷出时在吸引室所形成的负压,从吸气管吸入空气;当气水混合流体进入喉管段后,进行激烈的能量交换,空气被粉碎成微小气泡;然后进入扩散段,将动能转化成势能,进一步压缩气泡,增大了空气在水中的溶解度;最后进入气浮池(罐)中进行分离。喷射气浮法的优点是设备比较简单,投资少;缺点是动力损耗大、效率低,喷嘴及喉管处较易被油污堵塞。射流器亦可以与加压泵联合供气,构成加压溶气气浮设备。

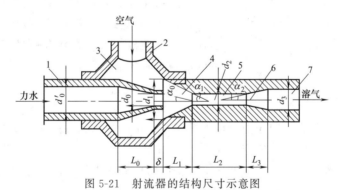

图 5-21　射流器的结构尺寸示意图

1—喷嘴;2—吸气管;3—吸气室;4—收缩管;5—混合管(喉管);6—扩散管;7—尾管

(2) 叶轮扩散气浮　叶轮气浮是水处理过程中气浮法的一种,其充气是靠叶轮高速旋转时在固定的盖板下形成负压,从进气管中吸入空气的。进入水中的空气与循环水流被叶轮充分搅拌,成为细小的气泡甩出导向叶片,经过整流板消能后气泡垂直上升。悬浮杂质随气泡上升至表面形成浮渣,由旋转刮板慢慢刮出槽外。其结构示意图如图 5-22 所示。

固定盖板与叶轮间距为 10mm,在盖板上叶轮叶片中间部位开设循环进水孔。叶轮是带有 6 个放射形叶片的圆盘。固定盖板下的 12～18 片导向叶片与直径成 60°角,以减小水流阻力;叶轮叶片与导向叶片间的间距也能影响吸气量的大小,一般不超过 8mm,否则将使进

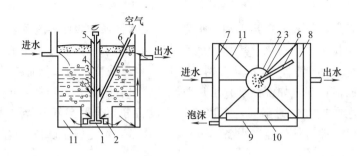

图 5-22 叶轮气浮结构示意图

1—叶轮；2—固定盖板；3—转轴；4—轴套；5—轴承；6—进气管；7—进水槽；

8—出水槽；9—泡沫板；10—挂沫板；11—整流板

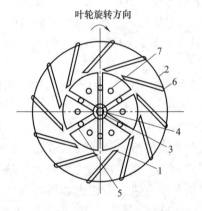

图 5-23 叶轮与固定盖板顶示意图

1—叶轮；2—固定盖板；3—转轴；4—轴套；

5—叶轮叶片；6—导向叶片；7—循环进水孔

气量大大降低。而叶轮与固定盖板顶的示意图如图 5-23 所示。

（3）扩散板（或罩）曝气气浮设备　这是一种微气泡曝气气浮设备，主要由气浮池（罐）、空气压缩机、扩散板或微孔板组成。压缩空气通过具有微细孔隙的扩散板或微孔管，使空气以微小气泡的形式进入水中，进行气浮。该方法简单方便，但缺点较多，如空气扩散装置的微孔易于堵塞，气泡较大，气浮效果不好等。

（4）水泵吸水管吸气气浮　该方法设备简单，但由于受水泵工作特性限制，吸入空气量一般不能大于吸水量的 10%（按体积计），否则将会破坏水泵吸水管负压工作。此外，气泡在水泵内破碎不够完全，形成的气泡粒度较大，气浮效果不好。

5.4.2　溶气气浮设备

溶气气浮是使空气在一定压力环境下溶解于水中，并达到过饱和的状态；然后设法使溶解在水中的空气以微小气泡（气泡直径为 $20\sim1000\mu m$）的形式从水中析出，并带着黏附在一起的固体杂质粒子上浮。根据气泡从水中析出时所处压力的不同，溶气气浮又可分为加压溶气气浮（dissolved air flotation，DAF）和溶气真空气浮两种类型。

（1）加压溶气气浮　加压溶气气浮在国内外应用最为广泛，该法是将原水加压至 $0.30\sim0.40MPa$，同时使空气溶解于水并达到相应压力状态下的饱和值，然后骤然减至常压，溶解于水的空气以微小气泡形式从水中释放出来，气泡直径为 $20\sim100\mu m$。目前的基本流程有全部进水加压溶气气浮、部分进水加压溶气气浮、部分处理水回流加压溶气气浮三种，都由加压泵、溶气罐、释放器和气浮池等基本设备组成。

如图 5-24 所示，全部进水加压溶气气浮是将全部废水用水泵加压，在泵前或泵后注入空气。在溶气罐内，空气溶解于废水中，然后通过减压阀将废水送入气浮池。浮渣由刮渣机定期刮入气浮池尾（首）的浮渣槽排出，处理水则由设于池尾的溢流堰和集水槽或靠近池底的穿孔集水管排出池外。由于全部废水经过压力泵,所需的压力泵和溶气罐均较其他两种流程大,因此投资和运转动力消耗较大,絮凝体容易在加压和溶气过程中破碎,水中的悬浮粒子容易在溶气罐填料上沉积和堵塞释放器;对于含油废水而言,增加了其乳化程度,因此目前已较少采用。

部分进水加压溶气气浮是取部分废水(占总量的10%~30%)加压和溶气,其余废水直接进入气浮池并在气浮池中与溶气废水混合。其特点为:①较全流程溶气气浮法所需的压力泵小,故动力消耗低;②气浮池的大小与全流程溶气气浮法相同,但较部分回流溶气气浮法小;③对于含油废水而言,压力泵所造成的乳化油量较全流程溶气气浮法低。这种流程的气浮池常与隔板混凝反应池合建。它虽然避免了絮凝体容易破碎的缺点,但仍有溶气罐填料和释放器易被堵塞的问题,因而也较少采用。

部分处理水回流加压溶气气浮目前使用最为广泛,其工艺流程如图 5-25 所示。该法将部分处理出水(25%~50%)回流,送往压力溶气罐,使空气充分溶于水中,然后经过释放器后与絮凝后的原水混合进入气浮池。该法处理效果稳定,并能大量节约能耗,在污水处理工艺中应用最多。

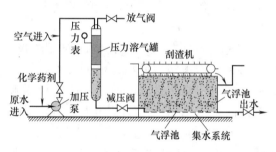

图 5-24　全部进水加压溶气气浮工艺流程示意图　　　图 5-25　回流加压溶气气浮工艺流程示意图

与其他方法相比,压力溶气气浮具有如下优点:①在加压条件下,空气的溶解度大,供气浮用的气泡数量多,能够确保气浮效果;②溶入的气体经骤然减压,产生的气泡不仅细微、粒度均匀、密集度大,而且上浮稳定,对液体扰动小,因此特别适用于对疏松絮凝体、细小颗粒的固液分离;③工艺过程及设备相对较为简单,便于管理、维护;④特别是部分回流式,处理效果显著、稳定,并能较大地节约能耗。

(2)溶气真空气浮设备　该法的主要特点是空气在水中的溶解可在常压下进行,也可在加压下进行;气浮池则在负压(真空)状态下运行,溶解在水中的空气也在此状态下析出。析出的空气量取决于水中的溶解空气量和真空度。

溶气真空气浮池是一个密闭的池子,平面多为圆形,池面压力为0.03~0.04MPa(真空度),污水在池内停留时间为5~20min。图 5-26 为一真空气浮装置的示意图,污水经入流调节器后进入机械曝气设备,预曝气一段时间后使污水中的溶气量接近于常压下的饱和值;然后进入消气

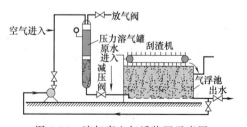

图 5-26　溶气真空气浮装置示意图

井,使混杂在污水中的小气泡从水中脱除,再进入气浮分离池;从气浮分离池中抽气,使其呈真空状态,溶气水中的空气就以非常细小的气泡逸出,污水中的悬浮颗粒与水中逸出的细

小气泡相黏附而产生上浮作用，浮升至浮渣层。旋转的刮渣板把浮渣刮至集渣槽，最后进入出渣室；处理后的出水经环形出水槽收集后排出。

在溶气真空气浮设备中，空气溶解所需压力比加压溶气气浮低，动力设备和电能消耗较少。但气浮过程在负压下进行，除渣、刮泥等设备都要密封在气浮池内，因此气浮池构造复杂，运行与维护困难。此外，可能受所能达到真空度的限制，可逸出的微细气泡数量很有限，只适用于处理污染物浓度不高的废水。目前已逐渐被加压溶气气浮设备所替代。

5.4.3 电解气浮设备

电解气浮（electrolytic flotation）设备是将正负相同的多组不溶性电极安装在污水中，当通过直流电时，会产生电解、颗粒的极化、电泳、氧化还原以及电解产物间和污水间的相互作用。当采用可溶电极（一般为铝铁）作为阳极进行电解时，阳极的金属将溶解出铝和铁的阳离子，并与水中的氢氧根离子结合，形成吸附性很强的铝、铁氢氧化物以吸附、凝聚水中的杂质颗粒，从而形成絮粒。这种絮粒与阴极上产生的微气泡（氢气）黏附，得以实现气浮分离。

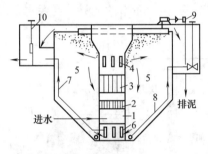

图 5-27　竖流式电解气浮装置示意图
1—入流室；2—整流栅；3—电极组；
4—出流孔；5—分离室；6—集水孔；
7—出水管；8—排泥管；
9—刮泥机；10—水位调节器

为了产生气泡，最初使用铝或钢制的损耗电极，目前一般使用各种复合电极，使用寿命大大提高。电解气浮装置所需的电能是将交流电经过变压器和整流器后，向电极提供 $5\sim10\mathrm{V}$ 的低压直流电源，所需电能的多少主要取决于溶液的导电率和极板之间的距离。

电解气浮装置可分为竖流式和平流式两种，分别如图 5-27、图 5-28 所示。电解气浮池的设计包括确定装置总容积、电极室容积、气浮分离室容积、结构尺寸及电气参数等。

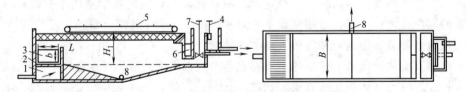

图 5-28　双室平流式电解气浮装置示意图
1—入流室；2—整流栅；3—电极组；4—出口水位调节器；5—刮渣机；6—浮渣室；7—排渣室；8—污泥出口

电解气浮产生的气泡尺寸比分散空气气浮和溶气气浮所产生的气泡尺寸都小得多，同时电极上产生的微细气泡在上升过程中不引起紊流；去除的污染物范围广，除了可降解有机废水中的 BOD 外，还有氧化、脱色和杀菌作用；对污水负荷变化的适应性强，产生污泥量少，占地少，不产生噪声。由于电能消耗、电极消耗量大以及操作运行管理要求高，电解气浮设备主要用于处理水量不大的工业废水，表面负荷通常低于 $4\mathrm{m}^3/(\mathrm{m}^2\cdot\mathrm{h})$。

生物气浮法依靠微生物在新陈代谢过程放出的气体与絮粒黏附后浮出水面；化学气浮法是在水中投加某种化学药剂，借助于化学反应生成的氧、氯、二氧化碳等气体而促使絮粒上浮。这两种气浮法因受各种条件的限制，因而处理的稳定可靠程度较差，应用也不多。

5.5　滤池的形式与选择

过滤一直是给水处理中为获得优质水而经常采用的关键净化工序，但在废水处理中却迟迟未能得到应用。20 世纪 60 年代开始了废水过滤技术的研究开发，目前已经在一些场合得到了实际应用。废水进行过滤处理的主要目的有 3 个：①用于化学混凝和生物处理后的最终处理，如去除二沉池未曾去除的细小生物絮体或混凝沉淀池未曾去除的细小化学絮体；②提高 SS、浊度、BOD、COD、磷、重金属、细菌和病毒等的去除率；③用于活性炭吸附和离子交换等深度处理过程之前的预处理，为后续处理工序创造良好的水质条件。

过滤属于固液分离操作，根据所用过滤介质的不同，可分为格筛过滤（粗滤）、微孔过滤、膜滤、深层过滤。格筛过滤的过滤介质为栅条或滤网，用以去除粗大的悬浮物，所被截留物体的尺寸在 100mm 以上，前面已作讲述；微孔过滤是以更小的筛网（如微滤机）、多孔材料（如陶瓷滤芯）或在支承结构上形成的滤饼，以截留 0.1～100mm 尺寸的杂质颗粒。膜滤是用人工合成的不同孔径的滤膜来截留水中的细小杂质，被截留的杂质尺寸因膜滤孔径不同而异。

5.5.1　微孔过滤（微滤机）

微滤机主要由水平转鼓和金属滤网组成，转鼓和滤网安装在水池内，水池内还设有隔板。转鼓转动的圆周速度一般为 30m/min，2/3 的转鼓浸入池水中。滤网用含钼的不锈钢丝 R6 制成，孔径有 23μm、35μm、60μm、100μm 等几种。如图 5-29 所示，污水从转鼓的空心轴管通过金属网孔过滤后流入水池。截留在网上的悬浮物，随着转鼓转动到上面时，被冲洗水冲下，收集在转鼓内的集渣斗槽中，随同冲洗水一起从空心轴管出口排出。微滤机的过滤操作及冲洗过程均为自动进行。

微滤机的优点是设备结构紧凑，处理污水量大，操作方便，占地较小。缺点是滤网的编织比较困难。

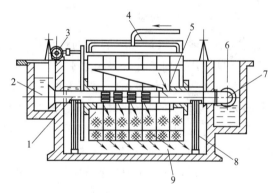

图 5-29　微滤机的结构示意图
1—空心轴管；2—进水渠；3—电动机；4—反冲洗设备；
5—集渣斗槽；6—集水渠；7—反冲洗排水管；
8—支承轴承；9—滤水池

5.5.2　表面过滤

表面过滤就是利用过滤介质上微孔的筛将颗粒物截留在过滤介质的表面，从而使之由水中除去。表面过滤的介质种类很多，一种为用金属丝或非金属丝缠绕或编织的筒状或平板过滤器；另一种为非编织的毡、纤维素纸、玻璃砂纸、滤板等；还有一种为烧结的陶瓷和粗陶瓷制品，以及烧结的金属制品；此外，还有一种是于工作时在上述过滤介质表面用很细的粉末或纤维再形成一层孔隙很小的滤层，可筛除水中更细微的颗粒。上述几种表面过滤介质所筛除颗粒物的最小粒径如表 5-5 所列。

表 5-5　表面过滤介质及其最小截留粒径

类型	举例	截留的最小粒径/μm	类型	举例	截留的最小粒径/μm
边缘过滤器	金属丝缠绕管	5	滤筒(滤芯)	纱绕线筒	2
刚性多孔介质	陶瓷和粗陶瓷制品	1		毡	10
金属板	烧结金属制品	3	非编织纤维板	纤维素纸	5
	多孔板	100		玻璃砂纸	2
	金属丝编织板	5		滤板	0.5
多孔塑料	塑料板、片等	3	预涂层	纤维预涂层	亚微米级
编织布	天然和人造纤维布	10		粉末预涂层	亚微米级

硅藻土过滤器是一种预涂层过滤器。过滤器上部有一个隔板，其上安装多根滤柱，滤柱上有具有一定尺寸的微孔，这些也常称为滤元。隔板下部为原水室，上部为清水室。硅藻土过滤器的运行分为预涂膜、过滤及冲洗 3 个阶段。预涂膜是指在滤元表面预先形成厚 2～3mm 的滤层，每平方米滤元需 0.5～1.0kg 硅藻土，用涂膜泵将涂膜箱中糊状的硅藻土液送入过滤器下部原水室里，由滤元自外向内过滤流入清水室，再回到涂膜箱中。上述循环进行约 20min 后，滤元表面就会形成滤层，并开始发挥过滤作用，使循环水变得清澈。此时可以切断涂膜进水，立即接入浑水进行过滤。浑水中可投入 10～100mg/L 的硅藻土，称为助滤剂。滤元外面由助滤剂和浑水中的悬浮物掺杂形成滤渣层。过滤中，由于滤渣层逐渐加厚，水头损失不断增加，当水头损失达到预定值后，即须停止过滤，进行冲洗。冲洗也可以采用类似普通滤池反冲洗的方法。

5.5.3　快滤池的设计

普通快滤池 (rapid filter) 指的是传统的快滤池布置形式，滤料一般为单层细砂级配滤料或煤、砂双层滤料，冲洗采用单水冲洗，冲洗水由水塔（箱）或水泵供给。

普通快速滤池站的设施，主要由以下几个部分组成：①滤池本体，它主要包括进水管渠、排水槽、过滤介质（滤料层）、过滤介质承托层（垫料层）和配（排）水系统。②管廊，它主要设置有五种管（渠），即浑水进水管、清水出水管、冲洗进水管、冲洗排水管及初滤排水管，以及阀门、一次监测表设施等。③冲洗设施，它包括冲洗水泵、水塔及辅助冲洗设施等。④控制室，它是值班人员进行操作管理和巡视的工作现场，室内设有控制台、取样器及二次监测指示仪表等。

（1）普通快速滤池的设计要点和主要参数

① 滤池数量的布置不得少于 2 个，滤池个数少于 5 个时宜采用单行排列，反之可用双行排列，单个滤池面积大于 50m² 时，管廊中可设置中央集水渠。

② 单个滤池的面积一般不大于 100m²，长宽比大多数在 1.25：1～1.5：1，小于 30m² 时可用 1：1，当采用旋转式表面冲洗时可采用 1：1、2：1、3：1。

③ 滤池的设计工作周期一般在 12～24h，冲洗前的水头损失一般为 2.0～2.5m。

④ 对于单层石英砂滤料滤池，饮用水的设计滤速一般采用 8～10m/h，当要求滤后水浊度为 1 度时，单层砂滤层设计滤速在 4～6m/h，煤砂双层滤层的设计滤速在 6～8m/h。

⑤ 滤层上面水深，一般为 1.5～2.0m，滤池的超高一般采用 0.3m。

⑥ 单层滤料过滤的冲洗强度一般采用 12～15L/(s·m²)，双层滤料过滤冲洗强度在 12～16L/(s·m²)。

⑦ 单层滤料过滤的冲洗时间在 5～7min，双层滤料过滤冲洗时间在 6～8min。

（2）普通快速滤池在建造设计中注意的问题

① 配水系统干管末端应装有排气管；

② 滤池底部应设有排空管；

③ 滤池闸阀的起闭一般采用水力或电力，但当池数少且阀门直径等于小于 300mm 时，也可采用手动；

④ 每个池应装上水头损失计和取样设备；

⑤ 池内与滤料接触的壁面应拉毛，以避免短流造成出水水质不好；

⑥ 池底坡度约为 0.005，坡向排空；

⑦ 各种密封渠道上应设人孔，以便检修。

（3）普通快速滤池的优缺点　单层滤料优点：①运行管理可靠，有成熟的运行经验；②池深较浅。缺点：①阀门比较多；②一般大阻力冲洗，需要设有冲洗设备。双层滤料优点：①滤速比单层的高；②含污能力较大（为单层滤料的 1.5～2.0 倍），工作周期较长；③无烟煤作滤料易取得，成本低。缺点：①滤料径粒选择较严格；②冲洗时要求高，常因煤粒不符合规格发生跑煤现象；③煤砂之间易积泥。

5.5.4　深层过滤装置

18 世纪末至 19 世纪初，世界上普遍采用了慢滤（slow sand filtration）技术。慢滤池主要利用滤池顶部的滤膜截留悬浮固体，同时发挥微生物对水质的净化作用。这种滤池生产水量少、滤速慢 [$0.001～0.01m^3/(m^2 \cdot min)$]、占地大；污泥黏而易碎，很快就会在滤料表面出现泥封；而当加大过滤水头时，则容易发生污染物穿透现象。目前慢滤池在水处理特别是污水处理中应用较少。

1885 年在美国研究发明了快滤池（rapid filter），并从逐步取代了慢滤池。目前通常所说的深层过滤用滤池是指快滤池，滤速较快 [高达 $0.04～0.3m^3/(m^2 \cdot min)$]。由于滤料表面通常带负电，要使也带负电的悬浮颗粒附着在滤料表面，必须对滤前水进行预处理，通常是化学混凝处理，以改变悬浮颗粒所带电荷的性质。因此，快滤池可以定义为：利用滤层中粒状材料所提供的表面积截留水中已经过混凝处理的悬浮固体的设备。

5.6　沉淀池

5.6.1　沉淀类型

沉淀池的作用主要是去除悬浮污水中可以沉淀的固体悬浮物，在不同的工艺中，所分离的固体悬浮物也有所不同。沉淀池按其构造可分为平流式沉淀池、辐流式沉淀池、竖流式沉淀池，另外还有斜板（管）式沉淀池和迷宫沉淀池。在污水处理中，按照其在工艺的位置可分为初次沉淀池和二沉池。

5.6.2　平流式沉淀池

平流式沉淀池是沉淀池的一种类型。池体平面为矩形，进口和出口分设在池长的两端。池的长宽比不小于 4，有效水深一般不超过 3m。平流式沉淀池沉淀效果好，使用较广泛，但占地面积大。常用于处理水量大于 15000m³/d 的污水处理厂。利用悬浮颗粒的重力作用来分离固体颗粒的设备称为沉淀池。平流沉淀池是一个底面为长方形的钢筋混凝土或是砖砌的、用以进行混凝反应和沉淀处理的水池。其特点是构造简单、造价较低、操作方便和净水效果稳定。

为使入流污水均匀与稳定地进入沉淀池，进水区应有整流措施。入流处的挡板，一般高出池水水面 0.1～0.15m，挡板的浸没深度应不少于 0.25m，一般用 0.5～1.0m，挡板距进水口 0.5～1.0m。出水堰不仅可控制沉淀池内的水面高度，而且对沉淀池内水流的均匀分布有直接影响。沉淀池沿整个出流堰的单位长度溢流量应相等，对于初沉池一般为 250m³/(m·d)，二沉池为 130～250m³/(m·d)。锯齿形三角堰应用最普遍，水面宜位于齿高的 1/2 处。为适应水流的变化或构筑物的不均匀沉降，在堰口处需要设置能使堰板上下移动的调节装置，使出口堰口尽可能水平。堰前应设置挡板，以阻拦漂浮物，或设置浮渣收集和排除装置。挡板应当高出水面 0.1～0.15m，浸没在水面下 0.3～0.4m，距出水口处 0.25～0.5m。

进水区也是平流沉淀池的混合反应区，原水与混凝剂在此混合并起反应，形成絮凝体，然后进入沉淀池，此外由于断面突然扩大，流速骤降，絮凝体借自重而不断沉降。进水区就是为了防止水流干扰，使进水均匀地分布在沉淀池的整个断面，并使流速不致太大，以免矾花破碎。沉淀区的作用是使悬浮物沉降，沉淀后的水应从出水区均匀，不能跑矾花。存泥区是为存积下沉的泥，另一作用是供排泥用。为了排泥，沉淀池底部可采用斗形底，可采取穿孔排泥和机械虹吸排泥等形式。如图 5-30 所示。

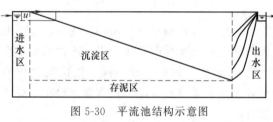

图 5-30　平流池结构示意图
u—进水流速

多斗式沉淀池，可以不设置机械刮泥设备。每个贮泥斗单独设置排泥管，各自独立排泥，互不干扰，保证沉泥的浓度。在池的宽度方向污泥斗一般不多于两排。

平流式沉淀池优点是：①处理水量大小不限，沉淀效果好。②对水量和温度变化的适应能力强。③平面布置紧凑，施工方便，造价低。缺点是：①进、出水配水不易均匀。②多斗排泥时，每个斗均需设置排泥管（阀），手动操作，工作繁杂，采用机械刮泥时容易锈蚀。

5.6.3　竖流式沉淀池

竖流式沉淀池的平面可以为圆形、正方形或多角形。为使池内配水均匀，池径不宜过大，一般采用 4～7m，不大于 10m。为了降低池的总高度，污泥区可采用多斗排泥方式。竖流式沉淀池的直径与有效水深之比一般不大于 3。废水由设在沉淀池中心的进水管自上而下排入池中，进水的出口下设伞形挡板，使废水在池中均匀分布，然后沿池的整个断面缓慢上升。悬浮物在重力作用下沉降入池底锥形污泥斗中，澄清水从池上端周围的溢流堰中排出。溢流堰前也可设浮渣槽和挡板，保证出水水质。这种池占地面积小，但深度大，池底为锥形，施工较困难。竖流式沉淀池又称立式沉淀池，是池中废水竖向流动的沉淀池。水由设在池中心的进水管自上而下进入池内（管中流速应小于 30mm/s），管下设伞形挡板使废水在池中均匀分布后沿整个过水断面缓慢上升（对于生活污水一般为 0.5～0.7mm/s，沉淀时间采用 1～1.5h），悬浮物沉降进入池底锥形沉泥斗中，澄清水从池四周沿周边溢流堰流出。堰前设挡板及浮渣槽以截留浮渣保证出水水质。池的一边靠池壁设排泥管（直径大于 200mm），靠静水压将泥定期排出。

竖流式沉淀池的优点是占地面积小，排泥容易，缺点是深度大，施工困难，造价高。常用于处理水量小于 20000m³/d 的污水处理厂。理论依据：竖流式沉淀池中，水流方向与颗粒沉淀方向相反，其截留速度与水流上升速度相等，上升速度等于沉降速度的颗粒将悬浮在混合液中形成一层悬浮层，对上升的颗粒进行拦截和过滤。因而竖流式沉淀池的效率比平流式沉淀池要高。

5.6.4　辐流式沉淀池

辐流式沉淀池，池体平面圆形为多，也有方形的。废水自池中心进水管进入池，沿半径方向向池周缓缓流动。悬浮物在流动中沉降，并沿池底坡度进入污泥斗，澄清水从池周溢流出水渠。辐流式沉淀池多采用回转式刮泥机收集污泥，刮泥机刮板将沉至池底的污泥刮至池中心的污泥斗，再借重力或污泥泵排走。为了刮泥机的排泥要求，辐流式沉淀池的池底坡度平缓。

辐流式沉淀池半桥式周边传动刮泥活性污泥法处理污水工艺过程中沉淀池的理想配套设备适用于一沉池或二沉池，主要功能是为去除沉淀池中沉淀的污泥以及水面表层的漂浮物。一般适用于大中池径沉淀池。周边传动，传动力矩大，而且相对节能；中心支座与旋转桁架以铰接的形式连接，刮泥时产生的扭矩作用于中心支座时即转化为中心旋转轴承的圆周摩擦力，因而受力条件较好；中心进水、排泥，周边出水，对水体的搅动力小，有利于污泥的去除。优点是采用机械排泥，运行较好，设备较简单，排泥设备已有定型产品，沉淀效果好，日处理量大，对水体搅动小，有利于悬浮物的去除。缺点是池水水流速度不稳定，受进水影响较大；底部刮泥、排泥设备复杂，对施工单位的要求高，占地面积较其他沉淀池大，一般适用于大、中型污水处理厂。

5.6.5　斜板式沉淀池

近年设计成的新型斜板或斜管沉淀池，主要就是在池中加设斜板或斜管，可以大大提高沉淀效率，缩短沉淀时间，减小沉淀池体积。但有斜板、斜管易结垢，长生物膜，产生浮渣，维修工作量大，管材、板材寿命低等缺点。正在研究试验的还有周边进水沉淀池、回转配水沉淀池以及中途排水沉淀池等。

沉淀池有各种不同的用途。如在曝气池前设初次沉淀池可以降低污水中悬浮物含量，减轻生物处理负荷，在曝气池后设二次沉淀池可以截流活性污泥。此外，还有在二级处理后设置的化学沉淀池，即在沉淀池中投加混凝剂，用以提高难以生物降解的有机物、能被氧化的物质和产色物质等的去除效率。

 案例

双鸭山净水厂 V 形滤池设计

V 形滤池采用了较粗、较厚的均匀颗粒的石英砂滤层；采用了不使滤层膨胀的气、水同时反冲洗方式兼有待滤水的表面扫洗；采用了气垫分布空气和专用的长柄滤头进行气、水分配等工艺。它具有出水水质好、滤速高、运行周期长、反冲洗效果好、节能和便于自动化管理等特点。因此 20 世纪 70 年代已在欧洲大陆广泛使用。80 年代后期，我国南京、西安、重庆等地开始引进使用。90 年代后，我国新建的大、中型净水厂差不多都采用了 V 形滤池这种滤水工艺。

双鸭山净水厂的生产能力为 80000m³/d，采用滤池对称放置共六组，廊道在中间，在设计之前法国方面虽然给了工艺导图，但是许多方面值得推敲。在这里，根据本工程的实际情况，以及与建成的水厂作比较，谈谈在设计该水厂，尤其是滤池部分的一些心得。

首先是对反冲洗废水排水管的设计。按照法国方面的建议，开始时候的排水管采用每一组单独出户，但这样一来，造成了三个方面的不便。首先是净水间要留出 6 个预留孔洞，结构上出力不便。其次是排水管在净水间内埋深比较浅，与其他的管线相碰的机会较多，其他的管线要绕过排水管线，这样管线的水利条件大大降低，施工安装时处理也比较麻烦。第三个不便利是因为如果这样布置，在净水间外的外网的长度会增加，整体埋深会增加一米多。改动的主要内容是将反冲洗废水集水池用 DN1000 低碳钢管相连接，然后接入流程上方的总管，这样就有一个总出水口，与其他管线只有一次交叉，外网的长度也相应地减小了。改动之后，节省工程费用 10 万余元，并且方便了施工安装。

滤池施工安装的好坏直接关系到滤池竣工投产后能否满足工艺设计要求而正常运行。V形滤池对施工安装的要求更是有严格的规定：滤板的水平误差不得大于 ±2mm；各滤池间的水平误差不得大于 ±5mm；梁中心和锚固筋之间距离误差为 ±2mm；板尺寸制作误差为 ±2mm；它要求中央排水渠堰顶的水平度误差不能大于 ±2mm；滤池所有内边尺寸都要求严格控制。因此，要保证滤池的施工安装质量要求，除对全池土建施工的严格管理控制外，最关键还得严格控制滤板滤梁的制作及安装，滤板、滤梁平整了，滤头实质上也就平整了。

在设计中感觉到根据流体的流动特性，为了保证反冲洗时滤池平面气、水分配的均匀，滤池平面尺寸的长宽比稍大一些为好。一般为：长：宽＝4：1～3.5：1（宽度不包括中央气水分配槽，中央气水分配槽宽度一般为 0.7～0.9m）。一般情况下，池的长度最好不要小于 11m。滤池中央气水分配槽将滤池宽度分成两半，每半的宽度都不宜超 4m。

为了确保反冲洗时滤板下面任何一点的压力均等，并使滤板下压入的空气可以尽快形成一个气垫层，滤板与池底之间应有一个高度适当的空间。

表面扫洗是通过由 V 形槽底部小孔喷出的射流来实现的。根据射流的性质，要使表面扫洗效果最佳，此射流最好为半淹没射流。因此，V 形槽底部小孔中心标高的确定就显得非常关键。根据我们的经验，小孔中心标高比反冲洗水位低 0.8～1.2cm 为最佳。

思考与练习

1. 气浮设备主要有哪几种类型？试比较其优缺点及使用范围。加压溶气气浮设备中溶气释放器的作用如何？有哪些类型的溶气释放器？

2. 斜板与斜管沉淀池的优点或优势是什么？

3. 格栅的运行与维护方法有哪些？

4. 废水进行过滤处理的主要目的有什么？

本章摘要

　　本章介绍了生物膜法处理污水的原理和设备特点，着重介绍了污水厌氧处理设备和膜分离设备在污水处理中的应用情况，并介绍了电渗析设备、反渗透设备、超滤设备的原理及应用。

6.1　生物膜法污水处理原理

　　污水的生物膜处理法是与活性污泥法并列的一种污水好氧生物处理技术。这种处理法的实质是使细菌和菌类一类的微生物和原生动物、后生动物一类的微型动物附着在滤料或某些载体上生长繁殖，并在其上形成膜状生物污泥——生物膜。污水与生物膜接触，污水中的有机污染物质作为营养物质，为生物膜上的微生物所摄取，污水得到净化，微生物自身也得到繁衍增殖。

　　生物膜法净化污水机理是：①依靠固定于载体表面上的微生物膜来降解有机物。由于微生物细胞几乎能在水环境中的任何适宜的载体表面牢固地附着、生长和繁殖，由细胞内向外伸展的胞外多聚物使微生物细胞形成纤维状的缠结结构，因此生物膜通常具有孔状结构，并具有很强的吸附性能。②生物膜附着在载体的表面，是高度亲水的物质，在污水不断流动的条件下，其外侧总是存在着一层附着水层。生物膜又是微生物高度密集的物质，在膜的表面上和一侧深度的内部生长繁殖着大量的微生物及微型动物，形成由有机污染物→细菌→原生动物（后生动物）组成的食物链。

6.1.1　普通生物滤池

普通生物滤池，又名滴滤池，是第一代生物滤池。

6.1.1.1　普通生物滤池的构造

普通生物滤池由池体、滤料、布水装置和排水系统四部分组成。

　　（1）池体　池壁有孔和无孔之分；高出滤池 1.5～0.9m。

　　（2）滤料　质坚，稳定性好；适于生物膜附着；适于污水的流动；有较高的比表面积；有较大的孔隙比；就地取材；粒径较大（25～50mm）。

　　（3）布水装置　生物滤池的布水装置的首要任务是向滤池表面均匀地散布污水。此外，还应具有适应水量的变化；不易堵塞和易于清通以及不受风、雪的影响等特征。

　　（4）排水系统　生物滤池的排水系统设于池的底部，它的作用有二：一是排出处理后的污水；二为保证滤池的良好通风。排水体统包括渗水装置、汇水沟和总排水沟等。底部空间的高度不应小于 0.6m。

6.1.1.2　普通生物滤池的主要设计参数

①工作层填料的粒径为 25～40mm，厚度为 1.3～1.8m；承托层填料的粒径为 70～100mm，厚度为 0.2m。②在正常气温条件下，处理城市废水时，表面水力负荷为 1～3m³/(m²·d)，BOD_5 容积负荷为 0.15～0.30kg/(m³·d)，BOD_5 的去除率一般为 85%～95%。③池壁四周通风口的面积不应小于滤池表面积的 1%。④滤池数不应小于 2 座。

6.1.1.3　普通生物滤池的适用范围与优缺点

普通生物滤池一般适用于处理每日污水量不高于 1000m³ 的小城镇污水或有机性工业废水。其主要优点是：①处理效果好，BOD_5 的去除率可达 95% 以上；②运行稳定、易于管理、节省能源。主要缺点是：①占地面积大、不适于处理量大的污水；②滤料易于堵塞，当预处理不够充分或生物膜季节性大规模脱落时，都可能使滤料堵塞；③产生滤池蝇，恶化环境卫生；④喷嘴喷洒污水，散发臭味。正是因为普通生物滤池具有以上这几项的实际缺点，它在应用上受到不利影响，近年来已很少新建了，有日渐被淘汰的趋势。

6.1.2　高负荷生物滤池

6.1.2.1　高负荷生物滤池的构造

基本与普通生物滤池相同，特殊之处：用轻质、高强、耐腐蚀的滤料，滤层高一般为 2.0m，多使用旋转布水器。

6.1.2.2　高负荷生物滤池的特征

高负荷生物滤池是生物滤池的第二代工艺，它是在解决、改善普通生物滤池在净化功能和运行中存在的实际弊端的基础上而开创的。

首先，大幅度地提高了滤池的负荷率，其 BOD 容积负荷率高于普通生物滤池 6～8 倍，水力负荷率则高达 10 倍。高负荷生物滤池的高滤率是通过限制进水 BOD_5 值和在运行上采取处理水回流等技术措施而达到的。进入高负荷生物滤池的 BOD_5 值必须低于 200mg/L，否则用处理水回流加以稀释。处理水回流可以产生以下各项效应：均化与稳定进水水质；加大水力负荷，及时冲刷过厚和老化的生物膜，加速生物膜更新，抑制厌氧层发育，使生物膜经常保持较高的活性；抑制滤池蝇的过度滋长；减轻散发的臭味。

6.1.2.3　高负荷生物滤池主要设计参数

① 以碎石为滤料时，工作层滤料的粒径应为 40～70mm，厚度不大于 1.8m，承托层的粒径为 70～100mm，厚度为 0.2m；当以塑料为滤料时，滤床高度可达 4m。

② 正常气温下，处理城市废水时，表面水力负荷为 10～30m³/(m²·d)，BOD_5 容积负荷不大于 1.2kg/(m³·d)，单级滤池的 BOD_5 的去除率一般为 75%～85%；两级串联时，BOD_5 的去除率一般为 90%～95%。

③ 池壁四周通风口的面积不应小于滤池表面积的 2%。

④ 滤池数不应小于 2 座。

6.1.3　塔式生物滤池

在生物滤池的基础上，参照化学工业中的填料塔方式，建造了直径与高度比为 1∶6～1∶8，高达 8～24m 的滤池。由于它的直径小、高度大、形状如塔，因此称为塔式生物滤池，简称为"塔滤"（biotower）。塔式生物滤池也是利用好氧微生物处理污水的一种构筑物，是生物膜法处理生活污水和有机工业污水的一种基本方法，目前已在石油化工、焦化、化纤、造纸、冶金等行业的污水处理方面得到了应用。通过近几年的实践表明，塔式滤池对处理含氰、酚、腈、醛等有毒污水效果较好，处理出水能符合要求。由于它具有一系列优点，故而得到了比较广泛的应用。

6.1.3.1 塔式生物滤池的主要特征

① 塔式生物滤池水力负荷比高负荷生物滤池高 2～10 倍，达 30～200kg/(m³·d)，BOD 负荷高达 2000～3000kg/(m³·d)。进水 BOD_5 浓度可以提高到 500mg/L。

② 塔式滤池高 8～24m，直径 1～3.5m，直径与高度比为 1∶6～1∶8，这使滤池内部形成较强烈的拔风状态，因此通风良好。此外，由于高度大，水力负荷高，使滤池内水流紊流强烈，污水与空气及生物膜的接触非常充分，很高的 BOD 负荷使生物膜生长迅速，但较高的水力负荷又使生物膜受到强烈的水力冲刷，从而使生物膜不断脱落、更新。以上这些特征都有助于微生物的代谢、繁殖，有利于有机污染物的降解。

6.1.3.2 塔式生物滤池的构造

塔式生物滤池采用增加滤层的高度来提高滤池的处理能力。一般滤层高度在 8～16m，甚至大于 16m。在平面上，一般呈矩形或圆形，它的主要部分包括塔体、滤料、布水设备、通风装置和排水系统。

① 塔身：塔身起围挡滤料的作用。可用砖结构、钢结构、钢筋混凝土结构或钢框架和塑料板面的混合结构。在整个塔体上，沿高度方向用格栅分成数层，以支承滤料和生物膜的重量。每层滤料充填高度以不大于 2m 为宜，以免压碎滤料。

② 滤料：滤料的种类、强度、耐腐蚀等的要求与普通生物滤池基本相同。但塔滤由于塔身高，滤料如果很重，塔体必须增加加固承重结构，不但增加了造价，而且施工安装比较复杂，因此还要求滤料的容重要小。另外塔滤的负荷很高，生物膜增长快，需氧量大，因此对滤料除要求有大的表面积外，还要求有大的空隙率，以利于通风和排出脱落的生物膜。目前国内外发展一种玻璃布蜂窝填料和大孔径波纹塑料板滤料，兼具上面两个优点，获得了广泛应用。

目前国内塔式滤池试验中采用的几种滤料见表 6-1。

表 6-1 塔式滤池试验中所采用的几种滤料及一些参数

名称	规格 /mm	容重 /(kg/m³)	比表面积 /(m²/g)	强度 /(kg/m²)	孔隙率 /%	参考价格 /(元/m³)
纸蜂窝	孔径 10	20～25	217.5	6～9	95.8	120
玻璃布蜂窝	孔径 25	—	—	—	—	360
聚氯乙烯斜交错波纹板	45°交角，波距 40	140	148	—	92.7	—
焦炭	粒径 30～50	—	—	—	—	60
瓷环	25′25 50′50	450～600	110 200	—	—	1000
炉渣	50′80	673	100	—	—	—
陶粒	30′50	—	—	—	—	—
石棉瓦	波形瓦	—	168.5	—	—	—

6.1.3.3 塔式生物滤池的优缺点

优点如下。

① 塔身高 8~24m，占地小，构造主要部分包括塔体、滤料、布水设备、通风装置、回流及排水系统。

② 滤料一般选用环氧玻璃布料制成的蜂窝结构（或尼龙花瓣型软性滤料），其单位体积表面可达 $80~220m^2/m^3$。可排列组合成多层结构，这种蜂窝结构，空气畅通，可按气水比 2~5：1（生活类废水）的要求选择风机。

③ 属于高负荷生物滤池，水力负荷高达 $80~200gCOD/(m^3 \cdot d)$；有机负荷可达 $2000~3000gCOD/(m^3 \cdot d)$［普通滤池 $0.8~1.2gCOD/(m^3 \cdot d)$］。

④ 高落差，使用旋转布水器，废水淋洗的冲力使老化的生物膜脱落更新快。

⑤ 塔的高度使塔内生长不同种的微生物群。

缺点如下。

① 废水在塔内停留时间短，降解效率低。

② 供氧不如曝气池充足，易产生厌氧。

6.1.4 生物转盘

由水槽和部分浸没于污水中的旋转盘体组成的生物处理构筑物。盘体表面上生长的微生物膜反复地接触槽中污水和空气中的氧，使污水获得净化。生物转盘工艺是生物膜法污水生物处理技术的一种，是污水灌溉和土地处理的人工强化，这种处理法使细菌和菌类的微生物、原生动物一类的微型动物在生物转盘填料载体上生长繁育，形成膜状生物性污泥——生物膜。污水经沉淀池初级处理后与生物膜接触，生物膜上的微生物摄取污水中的有机污染物作为营养，使污水得到净化。在气动生物转盘中，微生物代谢所需的溶解氧通过设在生物转盘下侧的曝气管供给。转盘表面覆有空气罩，从曝气管中释放出的压缩空气驱动空气罩使转盘转动，当转盘离开污水时，转盘表面上形成一层薄薄的水层，水层也从空气中吸收溶解氧。生物转盘作为一种好氧处理废水的生物反应器，可以说是随着塑料的普及而出现的。反应器由水槽和一组圆盘构成：数十片、近百片塑料或玻璃钢圆盘用轴贯串，平放在一个断面呈半圆形的条形槽的槽面上。盘径一般不超过 4m，槽径约大几厘米，由电动机和减速装置转动盘轴，转速 1.5~3r/min，取决于盘径，盘的周边线速度在 15m/min 左右。废水从槽的一端流向另一端，盘轴高出水面，盘面约 40% 浸在水中，约 60% 暴露在空气中。盘轴转动时，盘面交替与废水和空气接触。盘面由微生物生长形成的膜状物所覆盖，生物膜交替地与废水和空气充分接触，不断地得到污染物和氧气，净化废水。膜和盘面之间因转动而产生切应力，随着膜厚度的增加而增大，到一定程度，膜从盘面脱落，随水流走。生物转盘一般用于水量不大时。同生物滤池相比，生物转盘法中废水和生物膜的接触时间比较长，而且有一定的可控性。水槽常分段，转盘常分组，既可防止短流，又有助于负荷率和出水水质的提高，因负荷率是逐级下降的。生物转盘如果产生臭味，可以加盖。一体化废水处理装置是一种以旋转生物处理单元——生物转盘为核心的高效废水处理装置。

6.1.5 生物接触氧化池

（1）构造 结构包括池体、填料、布水装置、曝气装置。工作原理为：在曝气池中设置填料，将其作为生物膜的载体。待处理的废水经充氧后以一定流速流经填料，与生物膜接触，生物膜与悬浮的活性污泥共同作用，达到净化废水的作用。

（2）设计参数

① 生物接触氧化池每个（格）平面形状宜采用矩形，沿水流方向池长不宜大于 10m。其长宽比宜采用 1∶2～1∶1。

② 生物接触氧化池由下至上应包括构造层、填料层、稳水层和超高。其中，构造层宜采用 0.6～1.2m，填料层高宜采用 2.5～3.5m，稳水层高宜采用 0.4～0.5m，超高不宜小于 0.5m。

③ 生物接触氧化池进水端宜设导流槽，其宽度不宜小于 0.8m。导流槽与生物接触氧化池应采用导流墙分隔。导流墙下缘至填料底面的距离宜为 0.3～0.5m，至池底的距离宜不小于 0.4m。

④ 生物接触氧化池应在填料下方满平面均匀曝气。

⑤ 当采用穿孔管曝气时，每根穿孔管的水平长度不宜大于 5m，水平误差每根不宜大于 ±2mm，全池不宜大于 ±3mm，且应有调节气量和方便维修的设施。

⑥ 生物接触氧化池应设集水槽均匀出水。集水槽过堰负荷宜为 2～3L/(s·m)。

⑦ 生物接触氧化池底部应有放空设施。

⑧ 当生物接触氧化池水面可能产生大量泡沫时，应有消除泡沫措施，比如使用消泡剂或者喷淋方式。

⑨ 生物接触氧化池应有检测溶解氧的设施。

（3）填料

① 生物接触氧化池的填料应采用对微生物无毒害、易挂膜、比表面积较大、空隙率较高、氧转移性能好、机械强度大、经久耐用、价格低廉的材料。

② 当采用炉渣等粒状填料时，填料层下部 0.5m 高度范围内的填料粒径宜采用 50～80mm，其上部填料粒径宜采用 20～50mm。

③ 当采用蜂窝填料时，孔径宜采用 25～30mm。材料宜为玻璃钢、聚氯乙烯等。

④ 不同类型的填料可组合应用。

⑤ 推荐填料上的污泥浓度与负荷，如表 6-2 所示。

表 6-2　填料选择与污泥浓度负荷

填料种类	填料上污泥浓度/(kg/m³)	填料层有机负荷/[kg/(m³·d)]
软性填料	0.5～1.5	2.0～3.0
半软性填料	1.5～2.0	1.5～2.0
纤维束组合填料	0.5～2.5	2.0～2.5
弹性立体填料	2.5～3.0	1.5～2.0
悬浮填料	3.5～5.5	6.5～9.5

6.2　污水厌氧处理设备

在不与空气接触的条件下，依赖兼性厌氧菌和专性厌氧菌的生物化学作用，对有机物进行生化降解的过程，称为厌氧生物处理法或厌氧消化法。若有机物的降解产物主要是有机酸，则此过程称为不完全厌氧消化，简称为酸发酵或酸化；若进一步将有机酸转化为以甲烷为主的生物气，此全过程称为完全厌氧消化，简称为甲烷发酵或沼气发酵。按照厌氧微生物载体的不同，也可分为厌氧活性污泥法和厌氧生物膜法，其中厌氧活性污泥是由兼性厌氧菌和专性厌氧菌与废水中有机杂质形成的污泥颗粒。

与好氧生物处理工艺相比，厌氧生物处理工艺的主要优点如下：①无需充氧，运行能耗大大降低，而且能将有机污染物转化成沼气加以利用；②污泥产量很少，剩余污泥处理费用低；③适于处理难降解的有机废水，或者作为高难降解有机废水的预处理工艺，以提高废水可生化性和后续好氧处理工艺的处理效果；④厌氧过程和好氧过程的串联配合使用，还可以起到脱氮除磷的作用。

6.2.1 厌氧生物滤池

高效厌氧处理系统必须满足两个条件：一是系统内能够保持大量的活性厌氧污泥，二是反应器进水应与污泥保持良好的接触。依据这一原则，自 20 世纪 60 年代末至 80 年代中期，陆续出现了厌氧滤池（anaerobic filter，AF）、上流式厌氧污泥床（upflow anaerobic sludge blanket，UASB）、厌氧固定膜膨胀床反应器、厌氧生物转盘和厌氧挡板反应器（或称厌氧垂直折流式反应器）。为了进一步提高厌氧反应器的处理效果，1984 年由加拿大学者提出了上流式厌氧污泥床和上流式厌氧滤池结合型新工艺，即上流式厌氧污泥床过滤器工艺。

按废水在其中的流向，厌氧生物滤池分为升流式、降流式和升流式混合型三种，如图 6-1 所示。升流式厌氧生物滤池的布水系统设于池底，废水由布水系统引入滤池后均匀地向上流动，通过滤料层与其上的生物膜接触，净化后的出水从池顶部引出池外，池顶部还设有沼气收集管。目前正在运行的大多数厌氧生物滤池都是升流式厌氧滤池，断面形状呈圆形，直径为 6～26m，高度为 3～13m。因结构上的原因，底部易于堵塞而且污泥沿深度分布均匀。

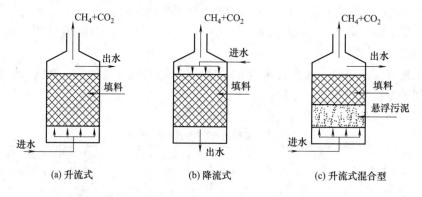

图 6-1　几种厌氧生物滤池的结构示意图

降流式厌氧生物滤池的水流方向正好相反，其布水系统设于滤料层上部，出水排放系统则设于滤池底部，其沼气收集系统则与升流式厌氧生物滤池无异。因布水装置在滤料上部而相对不易堵塞。

升流式混合型厌氧生物滤池的特点是减小了滤池层的厚度，在滤池布水系统与滤料层之间留出了一定的空间，以便悬浮状态的颗粒污泥能够在其中生长、累积。当进水依次通过悬浮的颗粒污泥层及滤料层时，其中有机物将与颗粒污泥及生物膜上的微生物接触并得到稳定。试验及运行结果均表明，升流式混合型厌氧生物滤池具有以下优点：与升流式厌氧生物滤池相比，减小了滤料层的高度；与升流式厌氧污泥床相比，可不设三相分离器，因此可节省基建费用；可增加反应器中总的生物固体量，并减小滤池被堵塞的可能性。升流式混合型厌氧生物滤池中滤料层高度与滤池总高度相比，以采用 2/3 为宜。

6.2.2　厌氧接触法

普通消化池用于处理高浓度有机废水时，为了强化有机物与池内厌氧污泥的充分接触，必须连续搅拌；同时为了提高处理效率，必须改间断进水、排水为连续进水、排水。但这样会造成厌氧污泥大量流失，为此可在消化池后串联一个沉淀池，将沉下的污泥又送回消化池，进而组成了厌氧接触系统。从图 6-2 所示的工艺流程可看出，出水厌氧接触法工艺是对污泥消化池的改进，最大的特点是污泥回流使消化池的 HRT 与 SRT 得以分离。由于厌氧生物处理工艺中厌氧细菌生长缓慢，基本上不从系统中排放剩余污泥，故为了满足中温条件产下甲烷菌的生长繁殖，SRT 宜为 20～30d，其 HRT 也为 20～30d。

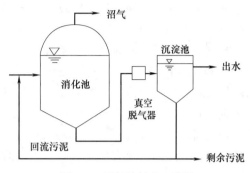

图 6-2　厌氧接触法工艺图

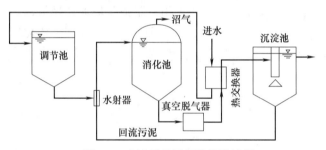

图 6-3　改进后的厌氧接触法流程

厌氧接触法工艺中的主要问题是污泥沉淀，厌氧污泥上附着的小气泡使污泥易于上浮，而且二沉池中的污泥仍具活性继续产生沼气，可能导致已下沉的污泥上浮。因此必须采用有效的改进措施（见图 6-3）：①在反应器（消化池）和沉淀池之间增设真空脱气设备（真空度为 500mmHg，1mmHg = 133.28Pa）；②在反应器（消化池）和沉淀池之间增设热交换器冷却污泥，暂时抑制厌氧污泥的活性。

6.2.3　升流式厌氧污泥床法（UASB）

1971 年，荷兰 Wagningen 大学 Lettinga 教授利用重力场对不同密度物质作用的差异，发明了三相分离器。通过使活性污泥停留时间与废水停留时间分离，形成了上流式厌氧污泥床（uonow anaerobic sludge blanket，UASB）反应器的雏形。1974 年，荷兰 CSM 公司在用 6m³ 反应器处理甜菜制糖废水时，发现了活性污泥自身固定化机制形成的生物聚体结构，即颗粒污泥。颗粒污泥的出现，直接促进了以 UASB 为代表的第二代厌氧反应器的应用和发展。UASB 的最大特点是反应器内颗粒污泥浓度保证了高浓度的厌氧污泥，从此厌氧技术在主要发达国家得到了广泛的应用，直到今天世界上仍主要采用以 UASB 为代表的第二代厌氧技术。如图 6-4 所示，UASB 反应器主要包括进水配水系统、反应区、三相分离器、出水系统、气室、浮渣收集系统、排泥系统等部分。反应

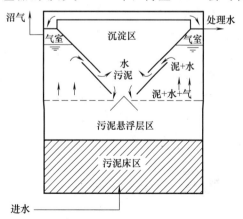

图 6-4　UASB 反应器的工作原理示意图

器的上部设置气、液、固三相分离器，下部为污泥悬浮区和污泥床区。废水从反应器底部流入，向上升流至反应器顶部流出；污泥床区可以保持很高的污泥浓度，废水中的大部分有机污染物在此被转化分解为 CH_4 和 CO_2。因为沼气搅动和气泡对污泥的吸附作用，在污泥床区上方形成了一个污泥悬浮层。反应器上部的三相分离器完成气、液、固三相分离，被分离后的沼气从上部导出，污泥自动滑落到悬浮污泥层，处理出水从澄清区流出反应器。

与厌氧接触反应器和厌氧生物滤池相比，UASB 反应器具有以下特点：①污泥的颗粒化使反应器内的平均污泥浓度达 50g/L 以上，污泥龄可达 30d 以上；②反应器的水力停留时间较短，容积负荷较高；③集生物反应和沉淀分离于一体，结构紧凑，操作运行方便；④无需设置填料，容积利用率高、费用低；⑤上升水流和沼气气流能起到搅拌作用，一般无需设置搅拌设备；⑥温度在 30～35℃，COD 去除率达 70%～90%，BOD 去除率＞85%，适合处理高、中浓度的工业有机废水和低浓度的城市污水。

6.2.4　两相厌氧反应器

以厌氧接触法为产酸相、UASB 反应器为产甲烷相的工艺流程如图 6-5 所示。荷兰酵母发酵废水处理用两相厌氧流化床的流程如图 6-6 所示，流化床采用树脂强化玻璃和聚氯乙烯衬里，两个流化床用循环泵调节上升速度，将废水独立用泵打入产酸相厌氧流化床，流化床上部分设三相分离器，载体用 0.1～0.3mm 的石英砂，流化速度为 3～20m/h，产气量为 500m³/t，相当于 425m³ 天然气的发热量。

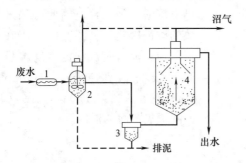

图 6-5　厌氧接触法——升流式污泥床
两相厌氧消化工艺流程图

1—热交换器；2—水解产酸罐；3—沉淀分离罐；4—产甲烷罐

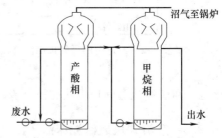

图 6-6　荷兰酵母发酵废水处理
用两相厌氧流化床流程

两相厌氧法工艺最本质的特征是相分离，即在产酸菌相中保持产酸细菌的优势，在产甲烷相中保持产甲烷菌的优势，实现产酸相和产甲烷相分离的方法主要有化学法（投加抑制剂或调整氧化还原电位）、物理法（利用选择性半透膜控制基质浓度）和动力学控制法（控制两个反应器的水力停留时间）三种，其中应用最多的是动力学控制法。

与单相厌氧工艺相比，两相厌氧法工艺的主要特点是：①有机负荷高，运行稳定，耐冲击负荷的能力较强；②能够为两相微生物创造各自最佳的生长条件，使反应速率、处理效率和产气量都得到提高；③减弱废水中抑制物质对产甲烷菌的影响。

6.3　膜分离设备

利用隔膜使溶剂（通常是水）同溶质或微粒分离的方法称为膜分离法。用隔膜分离溶液时，使溶质通过膜的方法称为渗析，使溶剂通过膜的方法称为渗透。根据溶质或溶剂透过膜的推动力不同，膜分离法可分为 3 类：①以电动势为推动力的方法有电渗析和电渗透；②以浓度差为推动力的方法有扩散渗析和自然渗透；③以压力差为推动力的方法有压渗析和反渗透、超滤、微孔过滤。其中常用的是电渗析、反渗透和超滤，其次是扩散渗析和微孔过滤。

膜分离法的主要特点如下。

① 无相变，能耗低，装置规模根据处理量的要求可大可小，而且设备简单，操作方便安全，启动快，运行可靠性高，不污染环境，投资少，用途广。

② 在常温和低压下进行分离与浓缩，因而能耗低，从而使设备的运行费用低。

③ 设备体积小、结构简单，故投资费用低。

④ 膜分离过程只是简单地加压输送液体，工艺流程简单，易于操作管理。

⑤ 膜作为过滤介质是由高分子材料制成的均匀连续体，纯物理方法过滤，物质在分离过程中不发生质的变化（即不影响物料的分子结构）。

6.3.1　电渗析设备

利用半透膜的选择透过性来分离不同的溶质粒子（如离子）的方法称为渗析。在电场作用下进行渗析时，溶液中的带电的溶质粒子（如离子）通过膜而迁移的现象称为电渗析。利用电渗析进行提纯和分离物质的技术称为电渗析法，它是 20 世纪 50 年代发展起来的一种新技术，最初用于海水淡化，现在广泛用于化工、轻工、冶金、造纸、医药工业，尤以制备纯水和在环境保护中处理三废最受重视，例如用于酸碱回收、电镀废液处理以及从工业废水中回收有用物质等。

目前电渗析器应用范围广泛，它用于水的淡化除盐、海水浓缩制盐、精制乳制品、果汁脱酸精和提纯、制取化工产品等方面，还可以用于食品、轻工等行业制取纯水，电子、医药等工业制取高纯水的前处理，锅炉给水的初级软化脱盐，将苦咸水淡化为饮用水。电渗析器适用于电子、医药、化工、火力发电、食品、啤酒、饮料、印染及涂装等行业的给水处理，也可用于物料的浓缩、提纯、分离等物理化学过程。电渗析还可以用于废水、废液的处理与贵重金属的回收，如从电镀废液中回收镍。

电渗析基本性能如下。

① 操作压力为 $0.5 \sim 3.0 \text{kgf/cm}^2$（$1\text{kgf} \approx 9.8\text{N}$）；

② 操作电压、电流分别为 $100 \sim 250\text{V}$、$1 \sim 3\text{A}$；

③ 本体耗电量每吨淡水 $0.2 \sim 2.0 \text{kW} \cdot \text{h}$。

电渗析特点如下。

① 可以同时对电解质水溶液起淡化、浓缩、分离、提纯作用；

② 可以用于蔗糖等非电解质的提纯，以除去其中的电解质；

③ 在原理上，电渗析器是一个带有隔膜的电解池，可以利用电极上的氧化还原，效率高。

在电渗析过程中，也进行以下次要过程。

① 相同离子的迁移，离子交换膜的选择透过性往往不可能是百分之百的，因此总会有少量的相反离子透过交换膜；

② 离子的浓差扩散，由于浓缩室和淡化室中的溶液中存在着浓度差，总会有少量的离子由浓缩室向淡化室扩散迁移，从而降低了渗析效率；

③ 水的渗透，尽管交换膜是不允许溶剂分子透过的，但是由于淡化室与浓缩室之间存在浓度差，就会使部分溶剂分子（水）向浓缩室渗透；

④ 水的电渗析，由于离子的水合作用和形成双电层，在直流电场作用下，水分子也可从淡化室向浓缩室迁移；

⑤ 水的极化电离，有时由于工作条件不良，会强迫水电离为氢离子和氢氧根离子，它们可透过交换膜进入浓缩室；

⑥ 水的压渗，由于浓缩室和淡化室之间存在流体压力的差别，迫使水分子由压力大的一侧向压力小的一侧渗透。

显然，这些次要过程对电渗析是不利因素，但是它们都可以通过改变操作条件予以避免或控制。

6.3.2　反渗透设备

反渗透是一种借助于选择透过（半透过）性膜的功能以压力为推动力的膜分离技术，当系统中所加的压力大于进水溶液渗透压时，水分子不断地透过膜，经过产水流道流入中心管，然后在一端流出水中的杂质，如离子、有机物、细菌、病毒等，被截留在膜的进水侧，然后在浓水出水端流出，从而达到分离净化目的。反渗透设备是将原水经过精细过滤器、颗粒活性炭过滤器、压缩活性炭过滤器等，再通过泵加压，利用孔径为 $1/10000\mu m$（相当于大肠杆菌大小的 $1/6000$，病毒的 $1/300$）的反渗透膜（RO 膜），使较高浓度的水变为低浓度水，同时将工业污染物、重金属、细菌、病毒等大量混入水中的杂质全部隔离，从而达到饮用规定的理化指标及卫生标准，产出至清至纯的水，是人体及时补充优质水分的最佳选择。由于 RO 反渗透技术生产的水纯净度是目前人类掌握的一切制水技术中最高的，洁净度几乎达到 100%，所以人们称这种产水机器为反渗透纯净水机。

反渗透是一种现代新型的纯净水处理技术。通过反渗透元件来提高水质的纯净度，清除水中含有的杂质和盐。我们日常所饮用的纯净水都是经过反渗透设备处理的，水质清澈。

（1）反渗透膜　反渗透膜是为了实现水溶液的反渗透现象，采用特殊工艺人工合成的一种半透膜。反渗透膜的孔径为 $0.0001\mu m$，只有水分子才能通过，而其溶质不能通过反渗透膜。在纯水机的净水系统中，反渗透膜专指成形的反渗透膜滤芯。反渗透膜滤芯是纯水机净水系统的核心部件，只有使用了反渗透膜，才能称为纯水机。RO 膜可以去除水中的重金属、化学物质、颗粒物、细菌病毒、放射性物质等对人体有害的物质。

（2）系统组成

① 预处理：一般包括原水泵、加药装置、石英砂过滤器、活性炭过滤器、精密过滤器等。其主要作用是降低原水的污染指数和余氯等其他杂质，达到反渗透的进水要求。预处理系统的设备配置应该根据原水的具体情况而定。

② 反渗透：主要包括多级高压泵、反渗透膜元件、膜壳（压力容器）、支架等。其主要作用是去除水中的杂质，使出水满足使用要求。

③ 后处理：是在反渗透不能满足出水要求的情况下增加的配置。主要包括阴床、阳床、混床、杀菌、超滤、EDI 等其中的一种或者多种设备。后处理系统能把反渗透的出水水质更好地提高，使之满足使用要求。

④ 清洗：主要由清洗水箱、清洗水泵、精密过滤器组成。当反渗透系统受到污染，出水指标不能满足要求时，需要对反渗透设备进行清洗使之恢复功效。

⑤ 电气控制：是用来控制整个反渗透系统正常运行的，包括仪表盘、控制盘、各种电器保护、电气控制柜等。

（3）清洗方法　反渗透技术因具有特殊的优越性而得到日益广泛的应用。反渗透净水设备的清洗问题可能使许多技术力量不强的用户遭受损失，所以要作好反渗透设备的管理，就可以避免出现严重的问题。

① 低压冲洗反渗透设备：定期对反渗透设备进行大流量、低压力、低 pH 值的冲洗有利于剥除附着在膜表面上的污垢，维持膜性能，或当反渗透设备进水 SDI 突然升高超过 5.5 以上时，应进行低压冲洗，待 SDI 值调至合格后再开机。

② 反渗透设备停运保护：由于生产的波动，反渗透设备不可避免地要经常停运，短期或长期停用时必须采取保护措施，不适当地处理会导致膜性能下降且不可恢复。短期保存适用于停运 15d 以下的系统，可采用每 1～3d 低压冲洗的方法来保护反渗透设备。实践发现，水温 20℃以上时，反渗透设备中的水存放 3d 就会发臭变质，有大量细菌繁殖。因此，建议水温高于 20℃时，每 2d 或 1d 低压冲洗一次，水温低于 20℃时，可以每 3d 低压冲洗一次，每次冲洗完后需关闭净水设备反渗透装置上所有进出口阀门。长期停用保护适用于停运 15d 以上的系统，这时必须用保护液（杀菌剂）充入净水设备反渗透装置进行保护。常用杀菌剂配方（复合膜）为甲醛 10%（质量分数）、异噻唑啉酮 20mg/L、亚硫酸氢钠 1%（质量分数）。

③ 反渗透膜化学清洗：在正常运行条件下，反渗透膜也可能被无机污垢、胶体、微生物、金属氧化物等污染，这些物质沉积在膜表面上会引起净水设备反渗透装置出力下降或脱盐率下降、压差升高，甚至对膜造成不可恢复的损伤，因此，为了恢复良好的透水和除盐性能，需要对膜进行化学清洗。一般 3～12 个月清洗一次，如果每个月不得不清洗一次，这说明应该改善预处理系统，调整运行参数。如果 1～3 个月需要清洗一次，则需要提高设备的运行水平，是否需要改进预处理系统较难判断。

（4）主要用途

① 制取电子工业生产如显像管玻壳、显像管、液晶显示器、线路板、计算机硬盘、集成电路芯片、单晶硅半导体等工艺所需的纯水、高纯水；

② 制取热力、火力发电锅炉，厂矿企业中、低压锅炉给水所需软化水、除盐纯水；

③ 制取医药工业所需的医用大输液、注射剂、药剂、生化制品纯水、医用无菌水及人工肾透析用纯水等；

④ 制取饮料（含酒类）行业的饮用纯净水、蒸馏水、矿泉水，酒类酿造水和勾兑用纯水；

⑤ 海水、苦咸水制取生活用水及饮用水；

⑥ 制取电镀工艺用去离子水，电池（蓄电池）生产工艺的纯水，汽车、家用电器、建材产品表面涂装、清洗纯水，镀膜玻璃用纯水，纺织印染工艺所需的除硬除盐水；

⑦ 石油化工业如化工反应冷却水，化学药剂、化肥及精细化工、化妆品制造过程用工艺纯水；

⑧ 宾馆、楼宇、社区及场房产物业的优质供水网络系统及游泳池水质净化；

⑨ 线路板、电镀、电子工业废水处理及回用。

6.3.3　超滤设备

超滤（Ultra-filtration，UF）是一种能将溶液进行净化和分离的膜分离技术。超滤膜系统是以超滤膜丝为过滤介质，膜两侧的压力差为驱动力的溶液分离装置。超滤膜只允许溶液中的溶剂（如水分子）、无机盐及小分子有机物透过，而将溶液中的悬浮物、胶体、蛋白质和微生物等大分子物质截留，从而达到净化和分离的目的。超滤膜被大量用于水处理工程。超滤技术在反渗透预处理、饮用水处理、中水回用等领域发挥着越来越重要的作用。超滤技术在酒类和饮料的除菌与除浊、药品的除热源以及食品及制药物浓缩过程中均起到关键作用。

超滤过滤孔径和截留分子量的范围一直以来定义较为模糊，一般认为超滤膜的过滤孔径为 $0.001\sim0.1\mu m$，截留分子量（molecular weigh cut-off，MWCO）为 1000~1000000 道尔顿。严格意义上来说超滤膜的过滤孔径为 $0.001\sim0.01\mu m$，截留分子量为 1000~300000 道尔顿。若过滤孔径大于 $0.01\mu m$，或截留分子量大于 300000 道尔顿的微孔膜就应该定义为微滤膜或精滤膜。一般用于水处理的超滤膜标称截留分子量为 30000~300000 道尔顿，而截留分子量为 6000~30000 道尔顿的超滤膜大多用于物料的分离、浓缩、除菌和除热源等领域。超滤膜的形式可以分为板式和管式两种。管式超滤膜根据其管径的不同又分为中空纤维、毛细管和管式。市场上用于水处理的超滤膜基本上以毛细管式为主，个别工程中使用的中空纤维（内径 0.1~0.5mm）聚乙烯或聚丙烯微孔膜实际上应属于微滤膜。将超滤膜丝组合成可与超滤系统连接的组件称为超滤膜组件。超滤膜组件分为内压式、外压式和浸没式三种。其中浸没式超滤膜过滤的推动力是膜管内部的真空与大气压之间的压力差。

（1）超滤设备工作原理　超滤是一种以筛分为分离原理，以压力为推动力的膜分离过程，过滤精度在 $0.005\sim0.01\mu m$，可有效去除水中的微粒、胶体、细菌、热源及高分子有机物质。可广泛应用于物质的分离、浓缩、提纯。超滤过程无相转化，常温下操作，对热敏性物质的分离尤为适宜，并具有良好的耐温、耐酸碱和耐氧化性能，能在 60℃ 以下、pH 为 2~11 的条件下长期连续使用。

（2）超滤膜的分类　超滤膜按结构形式分为板框式（板式）、中空纤维式、纳米膜表超滤膜、管式、卷式等多种结构。其中，中空纤维超滤膜是超滤技术中最为成熟与先进的一种形式。中空纤维外径 0.4~2.0mm，内径 0.3~1.4mm，中空纤维管壁上布满微孔，孔径以能截留物质的分子量表达，截留分子量可达几千至几十万。原水在中空纤维外侧或内腔加压流动，分别构成外压式与内压式中空超滤膜。超滤是动态过滤过程，被截留物质可随浓缩液排除不致堵塞膜表面，可长期连续运行。

（3）超滤技术的应用　早期的工业超滤应用于废水和污水处理。30 多年来，随着超滤技术的发展，如今超滤膜技术的应用领域已经很广，主要包括食品工业、饮料工业、乳品工业、生物发酵、生物医药、医药化工、生物制剂、中药制剂、临床医学、印染废水、食品工业废水处理、资源回收以及环境工程等。

（4）超滤设备的优点

① 优质的有机膜元件，确保截留性能和膜通量。

② 系统回收率高，所得产品品质优良，可实现物料的高效分离、纯化及高倍数浓缩。

③ 处理过程无相变，对物料中组成成分无任何不良影响，且分离、纯化、浓缩过程中始终处于常温状态，特别适用于热敏性物质的处理，完全避免了高温对生物活性物质破坏这一弊端，有效保留了原物料体系中的生物活性物质及营养成分。

④ 系统能耗低，生产周期短，与传统工艺设备相比，设备运行费用低，能有效降低生产成本，提高企业经济效益。

⑤ 系统工艺设计先进，集成化程度高，结构紧凑，占地面积少，操作与维护简便，工人劳动强度低。

⑥ 系统制作材质采用卫生级管阀，现场清洁卫生，满足 GMP 或 FDA 生产规范要求。

⑦ 控制系统可根据用户具体使用要求进行个性化设计，结合先进的控制软件，现场在线集中监控重要工艺操作参数，避免人工误操作，多方位确保系统长期稳定运行。

(5) 超滤设备用途

① 污水、废水的回收利用：一些西方国家曾经利用一些方法处理污水，但是处理之后的效果不佳，没有从根本上进行彻底的处理。此外，超滤设备价格比较低为废水回收再利用提供了有利的条件。其实，从城市污水处理厂和工厂中排出的废水经过处理之后完全可以再利用，然而此类做法在西方用户那里难以得到信赖。Windhoek 曾经将污水处理厂的出水采用膜技术回用为饮用水。

② 地表水处理：超滤设备大多数是利用在地表水处理之上的，处理后的水用于浇灌或作为反渗透的进水，来制备工业用水。这类工厂在荷兰等地的数量逐步上升。这种技术使人们不用再购置越来越贵的饮用水就能就近取用地表水。

③ 生活饮用水处理：因为生活水平的提高，人们对饮用水的质量要求也就越来越高，水处理公司关注控制供水管网中存在的微生物的量。为了避免昂贵、频繁的水质检验，需在供水终端设置防止细菌和病毒进入的藩篱。采用 UF 系统，可以很方便地建成较多的藩篱。超滤膜对细菌的去除率可以达到 60%，对病毒的往除率达到 40%，水厂和用水者都不用再担心细菌和病毒。因为饮用水的质量自身就很高，所以此时的膜系统可以采用很高的膜通量，可以达到 $135L/(m^2 \cdot h)$。同时由于高的进水，所以反冲频率和化学加强反洗的频率都可以很低，产水量可以达到 99%。假如需要还可以设立二级超滤设备，将第一级的反洗水进一步回用。

④ 用来进行海水淡化：中东地区是水资源缺乏最严重的地方。为解决这个问题，最早人们都是采用蒸馏技术。从 19 世纪 60 年代，膜技术被用于解决这些国家的缺水问题。可是，很多反渗透海水淡化（例如：利用半透过膜为海水脱盐出产海水、利用海水脱盐出产海水）系统面临着膜污染严重的问题。这主要因为反渗透系统的传统的预处理方法无法供给可靠的进水水质。小型淡化装置的研究表明，超滤系统可以控制海水的水质，为反渗透系统供给高质量的进水。耐久实验也表明，超滤系统的出水 SDI 值可以很好地控制在 2 以下。这些测试在超滤系统（又称为超滤设备）前不用任何预处理，而且适用于各类海水水质。

 案例

组合式生物膜 SBR 工艺在医院污水处理工程的应用

由于医院的污水处理方法较为传统，而且部分医院污水没有经过处理就排放出来，对环境造成了严重的污染。因此，采用组合式生物膜 SBR 工艺来处理医院的污水，可以更合理地将医院的污水进行处理，同时还能使医院排放的污水达到国家规定的相应标准，从而减少对环境的污染。

① 试验阶段。使用组合式生物膜 SBR 工艺需要运行四个阶段，这四个阶段是进水曝气、沉淀、滗水、闲置。在工作中需要把这四个阶段不断地重复循环，每个循环周期大概为 5 小时左右。其大体步骤是：将超声波液位探测器安置在调节池内，当调节池里的污水达到

设定的数值，提升泵就会自动运行将污水提升至污水处理的工艺池，然后鼓风机开始自动曝气，系统随之便进入了进水曝气阶段。大约 10 分钟以后，系统会将混合液体分别进行碳化、硝化、反硝化和生物反应。当调节池内的液位到达最低设定值时，系统会自动进入沉淀阶段。在沉淀 1 小时后系统会自动进入滗水运行阶段，滗水结束后系统进入闲置阶段。

② 试验结果。经过一段时间的试验运行以及对出水水质的检测，发现组合式生物膜 SBR 工艺对医院污水的处理完全达到了国家规定水平，达到了很好的效果。但是，系统在运行过程中还存在一些问题，比如加药量不稳定或者阻塞等，都需要按照相关的操作及时修正。

③ 实际应用及结论。组合式生物膜 SBR 工艺是以生物膜法为主，将生物膜法和活性污泥活法结合在一起的处理方法。这个处理方法可以从实际出发，随时切换和调整运行设备及时间，还可以控制药剂的使用量，降低污水的处理成本。

思考与练习

1. 生物滤池运行中异常问题及其处理措施是什么？
2. 生物转盘的异常问题及其预防措施是什么？
3. 物接触氧化处理装置中对填料的要求是什么？
4. 生物接触氧化处理装置的特点是什么？

第7章 ▶▶ 污泥处理设备

本章摘要

近 10 年来，随着污水处理项目在城镇的广泛建设及国家对污泥处理、污泥处置的重视并加大扶持力度，污泥处理和处置的多项技术标准得以颁布实施，相关的污泥处理设备得到快速的发展，设备国产化率有了很大的提高。本章介绍了污泥处理处置的技术、工艺和设备及其应用情况，具体包括：污泥机械脱水设备、国内外典型污泥机械脱水设备、污泥热干化与焚烧设备、污泥输送设备、污泥浓缩设备、污泥消化稳定设备的相关研究六部分。

7.1 污泥机械脱水设备

污泥经过浓缩、消化后，尚有 95%～97% 的含水率，体积仍然很大，难以达到污泥的减量化、稳定化、无害化、资源化的要求，并带来环境的二次污染和供排水、污水处理正常运行的困难，需要对其进行干化或脱水处理。污泥脱水主要通过将污泥颗粒间的毛细水和颗粒表面的吸附水分离出来，将污泥的含固率增加到 20%～40%，其体积也大幅度减少，有利于运输和后续处理。为了改善污泥脱水性能，提高机械脱水效果与处理能力，需要通过调质来改变污泥的理化性质，减小胶体颗粒与水的亲和力。调质的方法包括：投加有机或无机化学药剂、淘洗法、热调质处理（可升高压力）、冷冻融化调质、生物絮凝调质等。在发达国家，经过脱水处理的污泥量占全部污泥量的比例普遍较高，欧洲的大部分国家达 70% 以上，日本则高达 80% 以上。污泥脱水可分为自然脱水和机械脱水两大类。污泥干化床、真空干化床、袋装脱水等都属于自然脱水的范畴，其机理是自然蒸发与渗透。一般经过自然干化处理后的污泥含水率可达到 65% 左右，但自然干化床的占地面积较大，不适于大规模的污水处理厂。机械脱水的方法有真空过滤法、压滤法、离心法、螺旋压榨法等，相应的脱水设备主要有转鼓真空过滤机、板框压滤机（plate and frame press）、带式压滤机（belt filter press）、离心脱水机、螺压式脱水机（screw press）、滚压式脱水机（rotary press）等。

7.1.1 机械脱水的理论基础

（1）滤饼过滤　污泥机械过滤脱水属于滤饼过滤的范围。滤饼过滤又称为表层过滤（surface filtration）。是以过滤介质（如滤布等）两边的压力差为推动力，使污泥中的水分强制通过过滤介质成为滤液，固体颗粒被截留在介质上形成滤饼（或称泥饼），达到固液分离的目的。滤饼过滤刚开始进行时，特别小的颗粒可能会通过过滤介质，得到的滤液呈浑浊状；但随着过滤过程的进行，大于或相近于过滤介质孔隙的固体颗粒会在过滤介质的表面形成"架桥"现象（见图 7-1），形成初始滤饼层；初始滤饼层的孔隙通道比一般过滤介质的孔隙小，从而成为主要的"过滤介质"，使通过滤饼层的液体变为清液，固体颗粒得到有效分离。

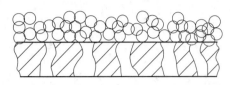

图 7-1　滤饼过滤及其中的架桥现象示意图

在过滤操作中，滤饼是指液体通过过滤器后保留在滤器上的原液所含的固体物质，滤液通过滤饼层（包括颗粒饼层和过滤介质）的流动与流体在管内的流动有相似之处，但又有其自身特点，由于构成饼层的颗粒尺寸通常很小，形成的滤液通道不仅细小曲折，而且互相交联，形成不规则的网状结构。随着过滤操作的进行，滤饼厚度不断增加而使流动阻力逐渐加大，因而过滤属于不稳定操作。细小而密集的颗粒层提供了很大的液固接触表面，对滤液的流动产生很大阻力，流速很小，滤液通过饼层的流动多属于层流流动的范围。滤饼过滤通常用于对浓度较高的悬浮液进行浓缩及回收固体，因为浓度过低的悬浮液容易使过滤介质堵塞而大大增加过滤阻力。

（2）过滤速率　过滤速率是指过滤设备单位时间所能获得的滤液体积，表明了过滤设备的生产能力；过滤速度是指单位时间单位过滤面积所能获得的滤液体积，表明了过滤设备的生产强度，即设备性能的优劣。过滤速率与过滤推动力成正比，与过滤阻力成反比。污泥机械脱水主要是利用过滤介质两面的压力差作为推动力，强制性地使污泥中的水分通过过滤介质形成滤液，而固体颗粒被截留在过滤介质上。在压差过滤中，推动力就是压差，阻力则与滤饼的结构、厚度以及滤液的性质等诸多因素有关，造成压差推动力的方法有四种：①依靠污泥本身厚度的静压力；②在过滤介质的一面造成负压（如真空脱水）；③加压污泥把水分压过过滤介质（如压滤脱水）；④造成离心力（如离心脱水）。

过滤的操作方式有两种，即恒压过滤和恒速过滤。有时为了避免过滤初期因压力差过高而引起滤液浑浊或滤布堵塞，可采用先恒速后恒压的复合操作方式，过滤开始时以较低的恒定速度操作，当表压升至给定数值后，再转入恒压操作。当然，工业上也有既非恒速亦非恒压的过滤操作，如用离心泵向压滤机送浆即属此例。

7.1.2　污泥脱水用真空过滤机

真空过滤是早期使用的一种机械脱水方法，主要用于初沉池污泥和消化污泥的脱水。真空过滤机可以分为外滤面和内滤面两大类。外滤面真空过滤机常用的有转鼓式、圆盘式和折带式；内滤面真空过滤机常用的是转鼓式。按其卸料方式有刮刀卸料式、折带式、辊子卸料式等，通常采用刮刀卸料的外滤面转鼓真空过滤机。

（1）转鼓真空过滤机的结构与脱水过程
转鼓真空过滤机依靠真空系统造成的转鼓内外压差进行过滤，其工艺流程和结构分别如图
7-2、图 7-3 所示。

空心转鼓 1 安装在中空的转轴上，其长径比为 1/2～2。转鼓的圆柱形表面上有一层金属网，网上覆以滤布；转鼓的下部浸没在污泥贮槽 2 中，浸没面积占整个转鼓表面积的
30%～40%；转鼓转速为 0.1～3r/min，转动

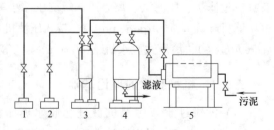

图 7-2　转鼓真空过滤机的工艺流程示意图
1—空压机；2—真空泵；3—空气；
4—气水分离器；5—真空过滤机

过程中过滤介质覆盖在空心转鼓的表面。转鼓被径向隔板分隔成若干个互不相通的扇形间格 3，每个间格有单独的连通管与分配头 4 相连。分配头 4 由转动部件 5 和固定部件 6 组成，固定部件 6 有缝 7 与真空管路 13 相通、孔 8 与压缩空气管路 14 相通；转动部件 5 随着转鼓一起旋转，其上有许多孔 9，并通过连通管与各扇形间格相连。

转鼓转动时，由于真空作用而将污泥吸附在过滤介质上，液体通过过滤介质沿真空管路流到气水分离罐。吸附在转鼓上的滤饼转出污泥槽的污泥面后，若扇形间格的连通管落在固定部件 6 的缝 7 范围内，则处于滤饼形成区与吸干区，继续吸干水分。当转动部件 5 的孔 9 与固定部件 6 的孔 8 相通时，与压缩空气相通，便进入反吹区，滤饼被反吹松动，然后用刮刀 10 剥落经皮带输送器 12 运走。之后进入休止区，实现正压与负压转换时的缓冲作用，这样便完成了一个工作周期。

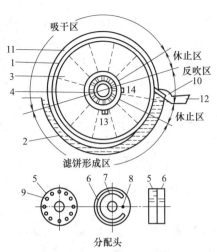

图 7-3　转鼓真空过滤机的结构示意图
1—空心转鼓；2—污泥贮槽；3—扇形间格；
4—分配头；5—转动部件；6—固定部件；
7—与真空泵通的缝；8—与压缩空气管路相通的孔；
9—与各扇形间格相通的孔；10—刮刀；
11—泥饼；12—皮带输送器；13—真空管路；
14—压缩空气管路

（2）水平真空带式过滤机　水平真空带式过滤机具有水平过滤面积大、上部加料和卸料方便等特点，是近年来发展最快的一种真空过滤设备，主要形式有橡胶带式、往复盘式、固定盘式和连续移动室四种。吸滤过程中，加到滤布上的污泥受到真空盒的吸引过滤，滤渣留在滤布上形成滤饼，滤液则经过滤布排除。如表 7-1 所示为各污泥的情况。

表 7-1　真空带式过滤机的性能

物料名称	固液比	泥饼含水率/%	生产能力(干)/[kg/(m²·h)]
活性污泥	10:1	42	12～30
消化污泥	10:1	45	30～70
烟煤灰水	10:1	18	1000
硫酸污泥	2:1	37	780

（3）污泥脱水用压滤机　压滤法与真空过滤法的基本理论相同，只是前者的推动力为正压而后者为负压。压滤法的压力可达 $0.4\sim0.8MPa$，故推动力远大于真空过滤法。常用的压滤机有板框压滤机、隔膜厢式压滤机、带式压滤机。

7.1.3　板框压滤机

板框压滤机是最早应用于污泥脱水的机械，适用于各种污泥。利用板框压滤机进行污泥脱水的工艺流程如图 7-4 所示。

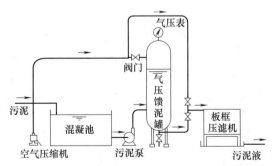

图 7-4　板框压滤机的工艺流程示意图

工作时用污泥泵把污泥输入气压馈泥罐，同时开启罐上的出泥阀，使污泥流进压滤机内。一般进料压力不大于 0.45MPa，进料采用先自流后加压的方法。待气压馈泥罐中的泥面达到一定高度后，停止输泥，随即缓缓开启罐上的压缩空气阀，让空气流入罐内，使泥面上的气压渐渐加到 0.5~1.5MPa，并维持 1~3h（通常为 2h 左右），污泥由滤框上角的孔道并行进入各个滤框，滤液分别穿过滤框两侧的滤布，沿滤板板面的沟道至滤液出口排出。固体物则积存于滤框内形成滤饼，直到整个框的空间都被填满，关闭罐上压缩空气和出泥阀，停止过滤。板框压滤机主要由过滤机构、压紧机构、机架三部分组成。

板框式压滤机因动力消耗大、产量低、操作不连续等在污水处理厂中已逐渐不采用，在工业废水处理中使用量仍较大，目前已有塑料板框、加压脱水等新技术推广使用。

7.1.4　厢式压滤机

厢式压滤机属于间歇操作的过滤设备，可有效过滤固相粒径 51nm 以上、固相浓度 0.11%~60% 的悬浮液，以及粒度大或呈胶体状的难过滤物料。它与板框压滤机的区别在于滤饼形成的空间：板框压滤机的由两块滤板的内凹面形成，而厢式压滤机的料浆进口设在滤板的中间或中间附近，进料口径大，不易发生堵塞，所以其使用性能较好。

厢式压滤机可分为有压榨隔膜（membrane filter presses）和无压榨隔膜两类，当需配置压榨隔膜时，一组滤板由隔膜板和侧板组成。隔膜板的基板两侧包覆着橡胶隔膜，隔膜外边包覆着滤布，侧板即普通的滤板。一般带压榨隔膜的设备由于压榨力较过滤压力高，故滤饼的含水率较低，也较稳定，设备的操作弹性好。

厢式压滤机的选用主要根据污泥量、压滤机的过滤能力确定所需面积和压滤机台数，再进行设备布置。

7.1.5　带式压滤机

带式压滤机脱水可以连续工作、设备简单、操作管理容易、附属设备较少（无需设置高压泵或空压机），污泥絮凝情况可以目视观察加以调质，运行情况仅取决于滤布的速度和张紧力，即使运行中负荷发生变化也能稳定脱水，耗电量在各种形式的脱水机中最低。近年来为了提高滤带的强度和补集性能，开始采用一层半和双层网。上层由丝径较细、结构较为紧密的材料构成，主要起捕集作用，下层由丝径较粗、强度高的材料构成，主要起过滤和增加强度的作用。

7.2　国内外典型污泥机械脱水设备

污泥机械脱水是以多孔性物质为过滤介质，在过滤介质两侧的压力差作为推动力，污泥中的水分被强制通过过滤介质，以滤液的形式排出，固体颗粒被截留在过滤介质上，成为脱水后的滤饼（有时称泥饼），从而实现污泥脱水的目的。国内常用机械污泥脱水的方法有以下三种：①采用加压或抽真空将污泥内水分用空气或蒸汽排除的通气脱水法，比较常见的是真空过滤法；②依靠机械压缩作用的压榨过滤法，一般对高浓度污泥采用压滤法，常用方法是连续脱水的带式压滤法和间歇脱水的板框压滤法；③利用离心力作为动力除去污泥中水分的离心脱水法，常用的是转筒离心法。这些设备都已有一定的使用历史，但具体使用情况存在很大差别。早期建设污水处理厂，大多采用真空过滤脱水机，但由于其泥饼含水率较高、噪声大、占地也大，而其构造及性能本身又无较大的改进，20 世纪 80 年代以来，已很少采用。

国外带式压滤机的典型产品有法国 PressDY 型、德国 Huber-DB/BS 弧形、英国 Simon-Hartley 公司的 KlampressⅡ型、韩国裕泉集团 NP 型重载、日本三菱重工带式压滤机等。

德国人于 1902 年首次将一台类似于目前有筛孔转鼓的过滤式离心机用于污泥脱水，但脱水效果不理想。后来改进成无孔转鼓，1903 年在城市污水处理厂中应用，分离效果较好，排出泥饼中的固体含量达 29%。自 20 世纪 60 年代以来，离化脱水机广泛应用于市政和工业废水治理工艺中的污泥脱水，具有结构紧凑、自动化程度高、单机生产能力大、使用寿命长、密闭运行二次污染少、对污泥适应性强、脱水效果好等优点。近年来欧洲各国、日本等采用离心机脱水越来越多，有些原用板框压滤机、带式压滤机等设备的污水处理厂，正逐渐改用离心机进行污泥脱水。图 7-5 为滤带带式压滤机工艺流程图。

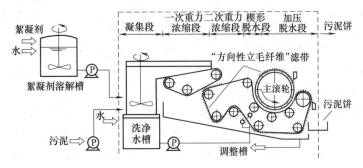

图 7-5 "方向性立毛纤维"滤带带式压滤机工艺流程及其压榨脱水机构示意图

当今国际上已普遍使用全封闭、连续运行的卧式螺旋卸料沉降离心机（简称离心机）作为污泥脱水的主机，以避免传统工艺采用带式压滤机存在的种种弊端。与其他污泥脱水工艺相比，具有安装简单、占地空间小、土建费用低、系统简单、全自动控制、全封闭式操作等优点。但普通卧螺沉降离心机的缺点是脱水污泥的含湿量比带式压滤机要高，为进一步提高分离效率，强化脱水效果，降低污泥的含湿量，国内外厂家进行了大量理论和实验研究。研究表明，可以从提高分离因数、增加机械挤压和延长停留时间三个方面采取措施改善卧式螺旋沉降离心机的脱水性能。目前国内外采用最多的强化脱水措施是，通过开发低速大长径比螺旋离心机机型，增加机械挤压和延长停留时间。此外，污泥浓缩与脱水时的转差以 2～5r/min 为宜（转差占转鼓转速的 0.2%～3%）。

（1）HTS 型高干度离心脱水机 图 7-6 所示为 HTS 型高干度离心脱水机，由德国 Flottweg 高速卧式离心机发展而来。该设备由中心进料装置、转筒、锥柱形螺旋推进器组成；大多数情况下，需在进料管前方加入絮凝剂。高速旋转的转筒使固液分离后形成同心液

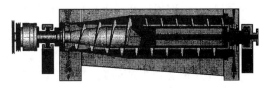

图 7-6 HTS 型高干度离心脱水机结构示意图

柱，沉降在转筒壁上的固体由与转筒在较小转速差状况下运转的螺旋推进器推至锥形筒端部，从固体排料口排出，澄清后的液体反向流出排液口。

瑞典 Ah Laval 公司是世界上螺旋卸料离心机的最大生产制造厂商，目前有 2 万多台机器在世界各行业运行，尤其在给排水领域使用更为广泛。该公司所生产的 ALDEC 高效卧螺式离心机有：ALDEC400 系列、ALDEC500 系列、ALDEC550 系列、ALDEC600 系列、ALDEC700 系列、ALDEC1000 系列，处理能力在 3～25m³/h。可以单独使用，也可与 ALDRUM 浓缩机组合使用。以 ALDEC506 型为例，转鼓直径 450mm、长 1910mm，转鼓内液池容量的大小取决于液池深度或液体半径 R 值（R 值是转鼓中心轴线到溢流板上堰的距离）。转鼓大端均匀布置 4 个 ϕ92mm 的溢流孔，溢流孔外设有溢流板。转鼓的转速可调，最高转速为 3250r/min，

其分离因数高达 2657，转鼓半锥角设计为 8.5。总有效沉降面积为 4126m²。螺旋输送器采用单头螺旋叶片（厚度 6mm），倾角与中心线垂直，螺距 1mm×140mm，配套的进料管长 1150mm，进料区外半径 117mm，螺旋输送器在转鼓内同心安装，同向旋转。

（2）日本产压榨卧螺离心机　日本 Tsukishima Kikai（TSK）公司生产的 CENTRIACE 压榨卧螺离心机（也称 CENTRIACE 高效离心脱水机）主要由机座、高速旋转的圆锥-圆柱形转鼓、与转鼓转向相同但转速较其略低的螺旋输送器、使转鼓和螺旋之间形成一定转速差的差速器四部分组成。由于离心机的差速较小，整个系统推料过程非常慢，螺旋之间的污泥越积越多，当螺旋锥段的叶片全充满时，就形成了双向挤压的状态，这时污泥被挤得非常干，当污泥越积越多，达到半堵塞状态时，自动反馈装置将差速自动加大，推料功率增加，将挤干的污泥从出渣口排出转鼓。分离后的清液，通过转鼓大端溢流出转鼓。与原有的固液型压榨机相比，泥饼含水率降低 3%～4%，与带式压滤机相比，含水率也降低 2%～3%。日本三菱重工新型高效离心脱水机，其结构上的最大特点在于采用圆柱形滚筒，从加入部分到排出部分形成厚厚的污泥层，全部污泥层都处于长时间的最大离心力作用之下；通过滚筒内的密封、挤压作用，将脱水程度最高的污泥传送到压榨部分，经过强力的压榨进一步脱水。该机的技术指标如表 7-2 所示，其工作特点如下：①脱水性能大为提高，与历来的高效型脱水机使用同等的絮凝剂，可以提高 3% 的脱水率；②减低了絮凝剂的用量，在相同的脱水率下，用药量比历来机型减少 30% 以上，一年的药品使用量减少到原来的 2/3；③采用圆柱滚筒把容量使用效率扩展到最大，本体小型化，比历来的机型可减少 30% 左右的耗电量。

表 7-2　螺旋压榨式脱水机的典型工作性能数据

污泥名称	浓度/%	有机聚合体	药剂含量/%	泥饼含水率/%	过滤速度(6300)/(kg/h)	行业
浮渣	9～10	阳离子	0.3	45	60～75	油脂厂
污水厂	4.5～5.5	阳离子	0.7	74	75～90	汽车
碱性污泥	3～3.5	阳离子	0.4	65	35～40	炼钢厂
工业废水	3～3.5	阳离子	2.5	3	45～55	工业废水
养殖场污泥	2～2.5	阳离子	1.8	77	25～30	养殖
纸浆污泥	8～11	阳离子	0.4	66	30～40	纸厂
凝结污泥	6～9	阳离子	0.2	70	140～160	油脂厂
无机絮凝污泥	13～17	阳离子	1.7	83	0～13	医学

污泥脱水用螺旋压榨脱水机脱泥过程中的剪切挤压作用来达到脱水的目的。根据螺旋输送器安放位置的不同，可分为卧式和倾斜式两种。卧式螺旋压榨机的代表性产品为日本石垣环境机械 ISGK 螺旋压榨机、日本 FMC 公司的螺旋压榨机，倾斜式螺旋压榨机的典型代表为德国 HUBER 公司生产的 ROTAMAT®Screw Press RoS3/RoS3-Q 型螺压脱水机，其流程如图 7-7 所示。

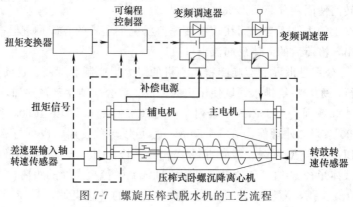

图 7-7　螺旋压榨式脱水机的工艺流程

7.3　污泥热干化与焚烧设备

7.3.1　污泥热干化与焚烧设备设计原理

机械脱水污泥中含有的有机污染物、病原菌、寄生虫卵等仍非常丰富，具有极强的污染能力，结合水、间隙水、胶态表面吸附水、细胞内部水和分子水等也仍然大量存在，遇水后形状恢复迅速，二次污染的危险性进一步增大。污泥经过自然干化后的含水率为70%~80%，而经过热干化处理后的含水率为10%~40%。污泥热干化系统的温度通常超过70℃，根据细菌去除程度的需要，在干燥器内停留30min或更长时间。热干化系统含氧率一般应控制在低于10%，通常还会充加惰性气体进行保护，防止粉尘爆炸。按照热介质与污泥接触的方式，污泥热干化设备可分为直接加热式、间接加热式、"直接-间接"联合式三种。如图7-8所示，直接加热式是将燃烧室产生的热气与污泥直接进行接触混合，使污泥得以加热，水分得以蒸发并最终得到干污泥产品，是对流干化技术的应用。属于直接加热干燥器的有转鼓干燥器、闪蒸干燥器、流化床式直接干燥器、带式直接干燥器。间接加热式是将燃烧炉产生的热气通过蒸汽、热油介质传递给加热器壁，从而使器壁另一侧的湿污泥受热、水分蒸发而加以去除，是传导干化技术的应用。属于间接干燥器的有多层流化床间接干燥器、转鼓间接干燥器及带式间接干燥器等。"直接-间接"联合式干燥，即为"对流-传导技术"的结合。

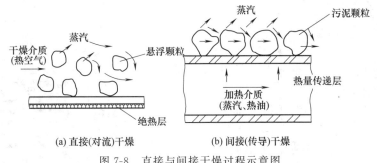

图 7-8　直接与间接干燥过程示意图

按污泥与干化工质的相对流动方向，污泥热干化设备可分为并流、顺流和错流三种形式，以并流和错流较为常见。按热干化设备的进料方式和产品形态大致可分为两类，一类是采用干料返混系统，湿污泥在进料前与一定比例的干泥混合，然后才进入干燥器，产品为球状颗粒，是干化、造粒结合为一体的工艺；另一类是湿污泥直接进料，产品多为粉末状。

近年来，由于采用了合适的预处理工艺和焚烧手段，焚烧法达到了污泥热能的自持，并能满足越来越严格的环境要求。对于大城市，因远离填埋场造成运输费用较高时，使用焚烧法处置可能是经济有效的。人口稠密的沿海及岛屿国家（如日本、新加坡等），由于污泥的农田利用和土地填埋受到限制，加之近年来海洋排放受到强烈反对，所以十分注重污泥焚烧技术的研究和开发。1995年，日本有近50%的污泥采用了焚烧方法进行处理。影响污泥焚烧的因素有焚烧温度、焚烧时间、空气量、污泥组分、泥气混合比等。焚烧方法具体可分为完全焚烧和湿式氧化（即不完全焚烧）两大类。

7.3.2 完全焚烧及其设备

（1）液体喷射式焚烧炉 如图 7-9 所示，液体喷射式焚烧炉是在耐火内衬燃烧室内安装有雾化装置（或雾化器）而构成的简单单元。雾化的目的是把液体废物或燃料分散为大量的细小液滴，使其具有较大的液体表面积，以利于热量和质量的传递，并减少所需要的停留时间。雾化器还可以把空气混入废物流，从而使液滴周围形成富氧区。

液体喷射式焚烧炉的优点包括：停留时间短，温度对废物-燃料组成以及流速变化的影响较快，灰分产生量小，没有活动部件，运行成本低，技术上成熟可行。最主要的缺点是仅适用于处理可以雾化的废物。

（2）多段焚烧炉 如图 7-10 所示，立体多段焚烧炉（multi-pie hearth）采用一个内衬耐火材料的钢制圆筒，一般分为 6～12 层。各层都从一根中心旋转轴向四周辐射分布，并有用耐高温铬钢制成的旋转齿耙。泥饼被加入到最上面的炉体中，然后在齿耙的作用下自上向下逐层下落，顶部温度在 5000℃ 以上，为干燥段；中部温度在 1000℃ 左右，为焚烧段；底部为污泥冷却和空气预热段，温度在 300℃ 左右。废气则由处理单元顶部排出，灰分残渣也是从单元底部清除。

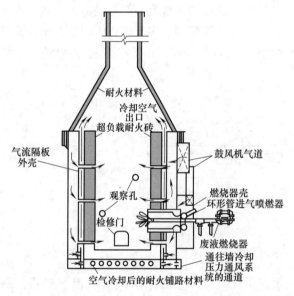

图 7-9 液体喷射式焚烧炉的构造示意图

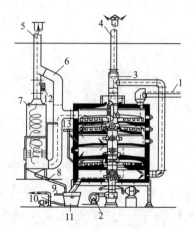

图 7-10 立体多段焚烧炉的构造示意图

1—污泥液；2—脱水后的污泥；3—混合后的进料；
4—干燥产物；5—合格的颗粒产品；6—再循环的
已干燥物质；7—干燥器尾气；8—再循环的干燥介质；
9—干净的干燥介质；10—燃料；11—燃烧产物；
12—燃气；13—冷却水

（3）回转窑式焚烧炉 如图 7-11 所示，回转窑式焚烧炉的结构与回转圆筒热干化器相似，是一种具有耐火内衬的长圆筒，稍微向下倾斜，炉体沿着其水平轴线缓慢旋转。废物和辅助燃料从圆筒的顶部加入；空气从废物给料口附近的圆筒顶部注入，也可以沿着圆筒用几个喷射嘴注入；气态排放物和灰分在圆筒的底部加以收集。通过控制圆筒的旋转速率和倾斜角度使废物与空气混合，并使其以一定速度向灰分和残渣收集系统移动。窑筒的末端可以安装一个挡板以增加固体的停留时间，有时还在窑壁上悬挂链状物以防止废物结块。在窑式燃烧室后面的排放气流处还有一个类似于液体喷射单元的复燃烧器。回转窑中的热量传递主要是依靠辐射作用和窑壁的传导。因此，在注入废物之前，需要用辅助燃料将窑壁加热至运行温度。此外，常常让固体废物与燃料或液体废物共同燃烧，以保证足够的燃烧温度。

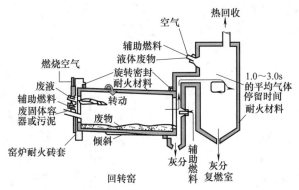

图 7-11　回转窑式焚烧炉的构造示意图

（4）流化床焚烧炉　流化床燃烧是固体燃料颗粒在炉床内经气体流化后进行燃烧的技术，已经广泛应用于国民经济的许多方面。流化床焚烧炉是具有耐火内衬的燃烧室，燃烧室内含有砂子等惰性颗粒状物质，颗粒状物质可以在从燃烧室底部吹入的空气推动下发生流动和扩散，从而有利于反应器内物料的湍流混合，并为辐射型和传导型的热传递提供大的表面积。注入焚烧炉的废物和空气与流化态材料混合并被它加热，从而促进废物的有效燃烧。大的废物颗粒会一直在流化态材料中保持悬浮状态，直至完全燃烧。灰分和废气一起从单元的顶部排出。需要使用辅助燃料对惰性流化床材料和耐火内衬进行预加热。反应器底部的空气分配系统在燃烧过程中形成一层 1～2m 的空气床。废物从反应器上部加入或直接加入流化床。

7.4　污泥输送设备

污泥的输送问题是对于生活污水或工业废水处理厂而言的，是无论是在污水处理过程中还是后续的污泥处理均会涉及的问题。脱水后的污泥饼一般可以直接通过链式刮板输送机等传送到转运车辆上，送往后续处理或处置设施，而脱水前含水率较高的污泥输送问题相对较为复杂。

污泥输送的主要方法有管道（压力管道和重力管道）、卡车、驳船以及它们的组合，具体采用何种方法主要取决于污泥的数量和性质、污泥处理的方案、输送距离与费用、最终处置与利用方式等。而无论采取何种输送方法，都需要污泥泵或渣泵和提升设备。实际上，从 20 世纪 50 年代开始，在市政污泥处理中开始采用污泥泵，由于具有全封闭无臭、空间利用率高、安全性好、易维护等优点，污泥泵送系统得到了越来越多的应用。输送污泥的污泥泵，在构造上必须满足不易被堵塞与磨损、不易受腐蚀等基本条件。当含固量超过 6% 时，污泥的可泵性很差，用离心泵输送困难。目前能够被有效地用于进行污泥泵送提升的设备有螺旋输送设备（螺旋排泥机、螺旋泵）、容积式输送泵（单螺杆泵、旋转凸轮泵、污泥活塞泵）、螺旋离心泵等。

7.4.1 螺旋输送设备

(1) 螺旋排泥机　螺旋排泥机是一种无挠性牵引的排泥设备，在输送过程中可对泥砂起搅拌和浓缩作用。如图7-12、图7-13所示，螺旋排泥机适用于中小型沉淀池、沉砂池（矩形和圆形）的排泥除砂，对各种斜管（板）沉淀池、沉砂池更为适宜。螺旋排泥机可单独使用，也可与行车式刮泥机、链条刮泥机等配合使用。

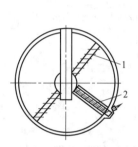

图7-12　圆池用螺旋排泥机的结构示意图
1—刮泥机；2—螺旋排泥机

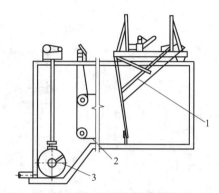

图7-13　矩形池用螺旋排泥机的结构示意图
1—行车式刮泥机；2—链板式刮泥机；3—螺旋排泥机

螺旋排泥机的常用形式为有轴式和无轴式两类。无轴螺旋输送机除了用于输送含水污泥之外，还可用于脱水后污泥的输送。有轴螺旋排泥机通常由螺旋轴、首轴承座、尾轴承座、穿墙密封装置、导槽、驱动装置等部件组成。螺旋轴以空心轴上焊螺旋形叶片而成；螺旋轴由首、尾轴承座和悬挂轴承支承，首轴承座安装在池外，悬挂轴承安装在水下，尾轴承座安装在水下或池外；当螺旋轴与池外的驱动装置连接时，需经过穿墙管，并采用填料密封；导槽一般由钢板或钢板和混凝土制造，下半部呈半圆形，设有排泥口，倾斜布置时设有进泥口；驱动装置由电动机、减速器、联轴器及皮带传动等部件组成，螺旋转速为定速。

(2) 螺旋泵　早期的螺旋泵（screw pump）主要应用在矿山排水和农业灌溉，也用于雨水排放系统中。在污水处厂中，螺旋泵主要用于沉淀池的排泥和污泥回流，比较典型的应用是从脱水机接料传输到指定位置、提升污泥到指定位置、从储料仓中卸出污泥以及把污泥输送到泵送设备中。如图7-14所示，螺旋泵的结构比较简单，一般由驱动装置、工作螺旋、下部轴承（潜水轴承）、上部轴承等部分组成，其中工作螺旋和潜水轴承是关键部件。潜水轴承多采用油脂密封，应特别注意防止污泥中砂粒的侵入。

螺旋泵属于无挠性牵引的排泥设备，可以用于输送含有小颗粒砂粒的污泥，但不适宜输送含有长纤维和黏性过高的污泥。可以水平放置或倾斜放置，不同厂家对其产品在不同布置时的输送距离都有相应的要求。螺旋泵的扬程和效率较低、体积大，特别是由于在污泥输送时会发生剧烈搅拌，引起的气水混合作用可以提高回流污泥中的溶解氧，故在有厌氧或缺氧工况的工艺中应慎重选用。目前亚洲最大的螺旋泵安装在江西省南昌市青山湖污水处理厂，该螺旋泵为污水处理厂进水泵房螺旋泵，直径为2.85m、长17m，每个螺旋泵重达20余吨。

7.4.2 容积式输送泵

7.4.2.1 单螺杆泵

单螺杆泵是一种回转式容积泵，法国人Moineau于1930年左右根据对阿基米德螺旋泵

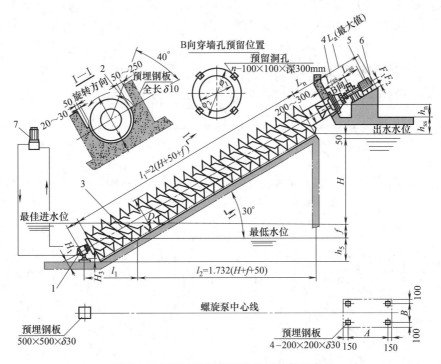

图 7-14　LXBF 型螺旋泵的外形结构示意图

1—下支座；2—挡水板；3—泵体；4—上支座；5—传动机构；6—滑轨；7—润滑泵

的研究设计了单头单螺杆泵，因而单螺杆泵也被称为 Moineau 泵。虽然单螺杆泵同双螺杆泵、三螺杆泵、五螺杆泵等一起属于螺杆式水力机械，但其工作机理及适用场合有很大不同。

基本结构与工作原理：单螺杆泵只有一根螺杆，主要零件构成是一个钢制螺杆（转子）和一个具有内螺旋表面的橡胶衬套（定子）。螺杆转子一般采用单头螺纹，其截面为圆形，截面中心位于螺纹线上，与螺杆的轴心线偏离一偏心距 e，如图 7-15 所示。定子的内螺纹的旋向与转子的外螺纹的旋向相同，转子表面与定子表面之间过盈配合形成一个个可封闭的工作室，当螺杆转动时，靠近吸入室的第一个工作室容积逐渐增大形成负压，在吸入室压差的作用下进入吸入工作室，随着转子继续转动，直到转过 180°，这个工作室开始封闭，将介质沿轴向推向排出室，与此同时上下两个工作室交替循环地吸入和排出介质。

从单螺杆泵的工作原理可以看出其具有如下特点：①排出压力高，输送距离可达 200m；②自吸性能好，吸入可靠，可吸入高黏度的介质；③定子为橡胶件，富有弹性，非常适用于输送含固体颗粒的浆料及高黏度介质，输送介质最大黏度可达 $0.27m^2/s$；④能够连续地均匀输送介质，没有湍流、搅动和脉动现象；⑤零件少，且容易更换，转子、定子使用寿命长，维修费用低。图 7-16 为 NEMO 型单螺杆泵的基本结构示意图，其输送介质动力黏度可达 50000MPa•s，

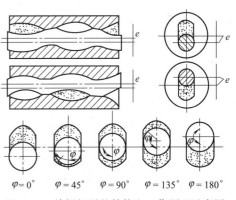

图 7-15　单螺杆泵的结构和工作原理示意图

含固量可达 60%（在污水处理厂使用时，污泥含固率一般不超过 8%）；由于流量和转速成正比，因此可以借助调速器实现流量的自动调节。图 7-17 为 NEMO 型单螺杆泵的性能曲线。

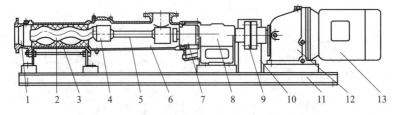

图 7-16　NEMO 型单螺杆泵的基本结构示意图

1—排出体；2—转子；3—定子；4—联轴节；5—联轴杆；6—吸入室；7—轴封；8—轴承架；9—联轴器；
10—联轴器罩；11—底座；12—减速器；13—电动机

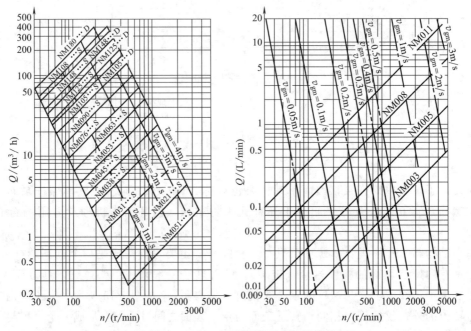

图 7-17　NEMO 型单螺杆泵的性能曲线

　　单螺杆泵的定子为橡胶制品，也是单螺杆泵的一个易损件，要考虑橡胶材料的耐磨性、抗老化性和耐腐蚀性，一般选用丁腈橡胶或乙丙橡胶作为定子的材料。螺杆泵转子和进料器、螺旋推进装置的材料考虑要求耐磨和耐腐蚀，尽量选用不锈钢材料来加工。

7.4.2.2　转子式污泥泵

　　转子式污泥泵的转子有双叶式、三叶式、螺旋式三种，泵型有多槽式、二端式、多驱动式等。转子式污泥泵的工作原理与罗茨风机相类似，转子叶轮平行设置，叶轮之间、叶轮与泵壳之间形成腔体，转子叶轮反向转动，实现污泥的吸入与排出。如三叶式泵工作时，转子叶轮每转动一周，完成三次吸泥、排泥。转子式污泥泵产品应首推德国 Berger（博格）公司的旋转凸轮泵。

　　由于转子部分作为运动件容易发生磨损，而且磨损损坏往往发生在转子的尖部，致使内泄加剧而无法继续工作。为了提高泵壳内腔的耐磨性，工作人员对旋转凸轮泵的泵壳采取了激光硬化处理；同时在泵体与转子间的径向和周向上镶嵌了硬化钢衬板，当磨损到一定程度后更换新衬板，使泵体又恢复到磨损前的状态。

7.4.2.3 污泥活塞泵

随着对污泥含固率要求的不断提高，污泥泵也从最初的离心泵、螺杆泵发展到液压驱动活塞式污泥泵。污泥活塞泵的结构如图 7-18 所示，通过油压活塞的吸力将污泥吸入泥缸，再通过油压活塞的推力将泥缸内的污泥压出。通过新的油压管线布局设计来实现超低噪声运行螺杆泵和活塞泵，对这两种泵来说，二者都解决了臭气和溢出问题，整套系统是全封闭的，减少了脱水机房内的臭气和消除了溢出现象。通常双缸液压活塞泵输送污泥的含固率为 $10\%\sim80\%$，与单螺杆泵相比，活塞泵经常表现为初始成本较高，但操作和维护成本较低。

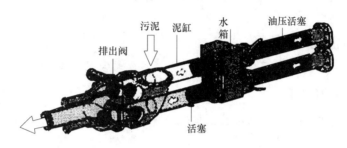

图 7-18 污泥活塞泵的结构示意图

7.4.2.4 螺旋离心泵

螺旋离心泵及其叶轮结构示意图如图 7-19 所示。

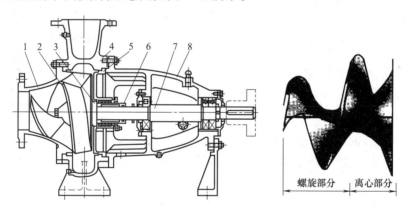

图 7-19 螺旋离心泵及其叶轮结构示意图

1—吸入盖；2—叶轮；3—叶轮轮段；4—泵体；5—填料箱；6—轴套；7—泵轴；8—悬架轴承部件

螺旋离心泵是一种具有三元螺旋式单叶片的无堵塞泵，主要由叶轮、吸口、蜗壳、转轴、轴承框架、耐磨内衬等部件组成。该泵兼有普通离心泵和螺旋泵两者的优点，其叶轮由两部分组成：螺旋部分具有正排量作用，能提供良好的自吸能力；离心部分可以将叶轮能量在蜗壳内转换成向外的压力能。

7.4.2.5 污泥的回流输送与远距离输送

在分建式曝气池中，活性污泥从二沉池回流到曝气池时需设置污泥回流设备或污泥提升设备。常用的污泥回流设备是叶片泵，最好选用螺旋泵或单螺杆泵；对于鼓风曝气池，也可

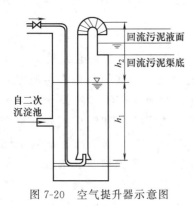

图 7-20 空气提升器示意图

选用空气提升器。空气提升器常附设在二沉池的排泥井中或曝气池的进泥口处，如图 7-20 所示，图中 h_1 为淹没水深，h_2 为提升高度；空气用量为最大回流量的 3~5 倍，需要在小的回流比情况下工作时，可调节进气阀门。

采用污泥泵时，常把二沉池流来的回流污泥，集中抽送到一个或数个回流污泥井，然后分配给各个曝气池。泵的台数视污水厂的大小而定，中小型厂一般采用 2~3 台，以适应不同的情况。空气提升器结构简单、管理方便，且所消耗的空气可以向活性污泥补充溶解氧，但空气提升器的效率不如叶片泵。

7.5 污泥浓缩设备

7.5.1 污泥浓缩原理

污泥处理的主要目的是减少水分，为后续处理、利用和运输创造条件，消除污染环境的有毒有害物质，回收能源和资源。

污泥处理的方法取决于污水的含水率和最终处置的方式，典型的处理工艺有浓缩、消化、脱水、干化及焚烧等。污泥中的水分及其处理方法概括如表 7-3 所示。

表 7-3 污泥中的水分及其处理方法列表

类 别	存在的位置	占总水分的比例	处理方法描述
游离水或间隙水	污泥颗粒之间	65%~85%	通过污泥浓缩可将其大部分分离出来
毛细水	污泥颗粒间的毛细管内	15%~20%	必须采用机械脱水和自然干化进行分离
吸附水	吸附在污泥颗粒上	10%	由于污泥颗粒小，具有较强的表面吸附力，因而浓缩或机械脱水方法均难以使吸附水从污泥颗粒中分离
结合水	污泥颗粒内部（包括细胞内部水）		只有改变污泥颗粒的内部结构才能将其分离

污泥浓缩（thickening）是降低污泥含水率、降低污泥后续处理费用的有效方法，处理对象是污泥中的游离水（或称间隙水），处理后含水率为 95%~97%。一般初次沉淀池的污泥，含水率为 95%~96%，其中有机物占 60%~70%；二次沉淀池剩余活性污泥的含水率为 99.6%~99.8%，其中有机物占 55%~65%。若污泥含水率从 99.5% 浓缩至 98.5%，体积可减少到原来的 1/3；浓缩至 95% 时，体积仅为原来的 1/10，这就为后续处理创造了条件。如后续处理是厌氧消化，消化池的容积、加热量、搅拌能耗都可大大降低；如后续处理为机械脱水，则污泥调整的混凝剂用量、机械脱水设备的容量可大大减少。常见的浓缩方法有重力浓缩、气浮浓缩、离心浓缩、螺压浓缩机浓缩和转筒浓缩机浓缩等，应根据具体情况选择使用。

7.5.2 重力浓缩

重力浓缩是污泥在重力场作用下的自然沉降，是一个物理过程，不需要外加能量，是一种最节能的污泥浓缩方法。重力浓缩沉降可以分为四种形态：自由沉降、干涉沉降、区域沉降和压缩沉降。重力浓缩既可以在浓缩池中进行，也可以在带式浓缩机上进行。

7.5.2.1　重力浓缩池

重力浓缩池的池径一般为5~20m，按其运行方式可分为连续式和间歇式两种，连续式重力浓缩主要用于大、中型污水处理厂，间歇式重力浓缩主要用于小型污水处理厂。在其他条件相同的情况下，一般固体与水的密度差越大，重力浓缩的效果越好。初沉污泥的相对密度平均为1.02~1.03，污泥颗粒本身的相对密度为1.3~1.5，因此易于实现重力浓缩。但在污水处理厂中一般将初沉污泥和二沉污泥混合后采用重力浓缩，这样可以提高重力浓缩池的浓缩效果，重力浓缩池固体表面负荷取决于二种污泥的比例。设计重力浓缩池时，最主要的是确定水平断面面积，计算该面积的理论与公式很多。重力浓缩池也可按现有的数据进行设计计算，但浓缩池的合理设计与运行取决于对污泥特性的正确掌握；对于工业废水而言，由于污泥来源不同而造成污泥特性差别很大，因此在有条件的情况下，还是应该经过试验来掌握污泥特性，得出各设计参数。

中心传动浓缩机一般适用于较小的池径（6~20m），池径小于14m时，采用蜗轮蜗杆传动；大于14m时，采用减速机带动回转支承传动。图7-21、图7-22分别为STC-Ⅰ型中心传动浓缩刮泥机（半桥垂架式）、STC-Ⅱ型中心传动浓缩刮泥机（悬挂式）的结构示意图。

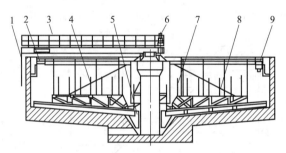

图7-21　STC-Ⅰ型中心传动浓缩刮泥机（半桥垂架式）的结构示意图
1—扶梯；2—浮渣刮板；3—工作桥；4—刮臂提拉杆；5—小刮刀；6—中心驱动装置；
7—浓集栅条；8—刮泥架刮臂；9—浮渣漏斗

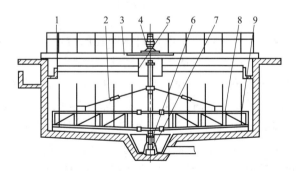

图7-22　STC-Ⅱ型中心传动浓缩刮泥机（悬挂式）的结构示意图
1—出水堰板；2—拉紧调整系统；3—工作桥；4—驱动装置；5—稳流筒；6—小刮泥板；
7—水下轴承总成；8—刮集装置；9—浓集栅条

周边传动浓缩机主要由工作桥、中心支座、驱动装置、刮集泥装置、浮渣刮板、稳流筒、浓集栅条、溢流装置和控制箱等部分组成。驱动装置推动工作桥沿池壁顶平面圆周运行，带动刮集装置旋转，固定于刮臂上的浓集栅条穿行于污泥层，使污泥形成溢水的通道，

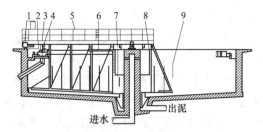

图 7-23 STP 系列周边传动浓缩机的结构示意图

1—驱动装置；2—浮渣漏斗；3—工作桥；4—浮渣耙板；
5—栏杆；6—刮集装置；7—小刮板；8—稳流筒；
9—浓缩栅条

污泥得以排水浓缩。同时底部的刮泥板将分布于池底的污泥逐渐刮至池中心的集泥槽中，使污泥通过中心排泥管排出。图 7-23 为 STP 系列周边传动浓缩机的结构示意图。

连续式浓缩池的主要设计参数是固体通量和水力负荷。运行过程中应该连续进泥、连续排泥，使污泥层保持稳定，对浓缩效果有利。因为初沉池一般只能用间歇排泥，使浓缩池无法连续运行，在这种情况下，应尽量提高进泥排泥次数，使运行趋于连续。浓缩池排泥要及时，每次排泥一定不能过量，否则排泥速度会超过浓缩速度，使排出的污泥浓度降低，有时也破坏污泥层。

7.5.2.2 间歇式重力浓缩池

如图 7-24 所示，间歇式重力浓缩池的设计原理与连续式相同。运行时应先排除浓缩池中的上清液，腾出池容，再投入待浓缩的污泥，为此应在浓缩池的不同深度上设置上清液排出管。浓缩时间一般不小于 12h，浓缩后的污泥含水率为 97%～98%。

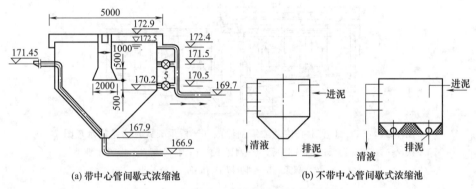

(a) 带中心管间歇式浓缩池　　　　　　　　　(b) 不带中心管间歇式浓缩池

图 7-24 间歇式重力浓缩池的结构示意图

浓缩池内的状态可分为三个区：几乎不含固体颗粒的澄清区、污泥进行沉淀的沉降区、沉降污泥承受压密作用的底部压缩区。从工艺控制的角度来说，沉降区与水面保持合适的距离具有重要意义。如果沉降区升高，污泥停留时间增长，压密作用增大，污泥浓度便能提高。但是如果沉降区过高，污泥停留时间过长，则污泥易腐败而上浮，使溢流水水质恶化；反之，若沉降区过低，则达不到处理要求。活性污泥浓缩时的污泥膨胀是一个很棘手的问题。由于污泥膨胀，往往无法重力浓缩而使固体物大量流失；膨胀严重时，甚至不得不把池内的污泥全部放空，冲洗后重新投入运行。如果浓缩池中出现了污泥膨胀，一般的解决方法有生物法、化学法和物理法。生物法是解决浓缩池中污泥膨胀的根本方法，主要是协调细菌的营养，当碳氮比例失调时，可在入流污泥中投加碳源（如尿素、碳酸铵、氯化铵或消化池的上清液）。

7.5.2.3 重力带式浓缩机

重力带式浓缩机的结构与带式压滤机类似，是根据带式压滤机前半段即重力脱水段的原理，并结合沉淀池所排出污泥含水率较高的特点而设计的一种新型污泥浓缩设备。其总体结构如图 7-25 所示，主要由框架、污泥配料装置、滤布、调整辊和犁耙组成。絮凝后的污泥进入重力脱水段，由于污泥层有一定的厚度，而且含水率高，其透水性不好，为此设置了很多犁耙，将均铺在滤带上的污泥耙起很多垄沟，垄背上污泥脱出的水分通过垄沟处透过滤带而分离。重力带式浓缩机通常具备很强的可调节性，其进泥量、滤布走速、泥耙夹角和高度均可进行有效调节以达到预期的浓缩效果。带式浓缩机进泥含水率高达 99.2% 以上，污泥经絮凝、重力脱水后含水率可降低到 95%～97%，满足带式压滤机进泥含水率 96%～97% 的要求。设备厂家通常会根据具体的泥质情况提供水力负荷或固体负荷的建议值，但不同厂商设备之间的水力负荷可以相差很大，设备带宽最大为 3.0m。在没有详细的泥质分析资料时，水力负荷可按 40～45m³/h 考虑。

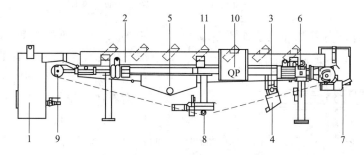

图 7-25 重力带式浓缩机的结构示意图

1—絮凝反应器；2—重力脱水段；3—冲洗水进口；4—冲洗水箱；5—过滤水排出口；6—电动传动装置；
7—卸料口；8—调整辊；9—张紧辊；10—启动控制箱；11—犁耙

7.5.3 气浮浓缩

气浮浓缩主要用于初沉污泥、初沉污泥与剩余活性污泥的混合污泥，特别适用于浓缩过程中易发生污泥膨胀、易发酵的剩余活性污泥和生物膜法污泥。活性污泥的相对密度在 1.004～1.008，活性污泥絮体本身的相对密度为 1.0～1.01，当处于膨胀状态时，其相对密度甚至小于 1，因而相对密度过低的活性污泥一般不易实现重力浓缩，而较适合气浮浓缩。目前，压力溶气气浮（DAF）已广泛应用于剩余活性污泥浓缩中，生物溶气气浮工艺浓缩活性污泥也已有应用，涡凹气浮在污泥浓缩中的应用正在摸索中，其他几种气浮在污泥浓缩中的应用尚未见报道。

7.5.3.1 压力溶气气浮浓缩

压力溶气气浮浓缩具有较好的固液分离效果，不投加调理剂的情况下，污泥的含固率可达 3% 以上；投加调理剂时，污泥的含固率可达 4% 以上。为了提高浓缩脱水效果，通常在污泥中加入化学絮凝剂，药剂费用是污泥处理的主要费用。DAF 污泥浓缩装置主要由压力溶气系统、溶气释放系统及气浮分离系统三部分组成，气浮分离系统一般可分为平流式、竖流式和综合式三种类型。工艺流程可分为：无回流水，对全部污泥加压气浮；有回流水，用回流水加压气浮两种方式。平流式加压溶气气浮浓缩装置如图 7-26 所示，在矩形池的一端设置进水室，污泥和加压溶气水在此混合，从加压溶气水中释放出来的微气泡附着在污泥絮体上，然后从上方以平流方式流入分离池，在分离池中固体与澄清液分离。用刮泥机将上浮到表面的浮渣刮送到浮渣室。澄清液则通过设置在池底部的集水管汇集，越过溢流堰，经处理水管排出。在分离池中沉淀下来的污泥集中于污泥斗之后排出。

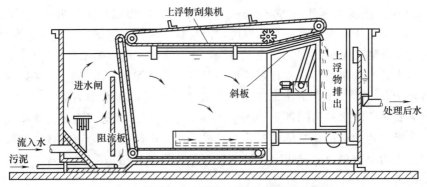

图 7-26　平流式加压溶气气浮浓缩装置示意图

竖流式加压溶气气浮浓缩装置如图 7-27 所示，在圆形或方形槽的中间设置圆形进泥室，以衰减流入污泥悬浮液具有的能量，并起到均化作用。加压溶气水同时进入，释放出的微气泡附着在污泥絮凝体上后，污泥絮体上浮，然后借助刮泥板将浮渣收集排出。未上浮而沉淀下来的污泥，依靠旋转耙收集起来，从排泥管排出，澄清液则从底部收集后排出。刮泥板、进泥室和旋转耙等都安装在中心旋转轴上，从结构上使整个装置一体化，依靠中心轴的旋转，使这些部件以同样的速度旋转。气浮浓缩池的主要设计参数是气固比、水力负荷和气浮停留时间。

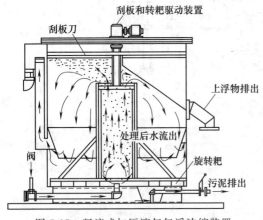

图 7-27　竖流式加压溶气气浮浓缩装置
示意图（剖面图，圆形）

压力溶气气浮污泥浓缩工艺具有占地面积小、卫生条件好、浓缩效率、可以避免富磷污泥磷的释放等优点，但动力消耗、操作要求高于重力浓缩法。

7.5.3.2　生物气浮浓缩

生物气浮浓缩工艺，利用污泥自身的反硝化能力，加入硝酸盐，污泥进行反硝化作用产生气体使污泥上浮而进行浓缩。硝酸盐浓度、温度、碳源、初始污泥浓度、泥龄、运行时间对污泥的浓缩效果有较大影响。浮泥浓度是重力浓缩的 1.3～3 倍，对膨胀污泥也有较好的浓缩效果，浮泥中所含气体少，有利于污泥的后续处理。生物气浮工艺应用于瑞典的 Pisek、Milevsko、Bjomlunda 污水处理厂进行了生产性试验，浓缩时间 4～24h。生物气浮浓缩的日常运转费用比重力浓缩工艺和压力溶气气浮浓缩低，能耗小，设备简单，操作管理方便，但 HRT 比压力溶气气浮浓缩长，需加硝酸盐。

7.5.4　转筒式浓缩机

转筒式浓缩机，既可与螺旋压榨机联用进行浓缩脱水一体化，也可用于好氧或厌氧消化前的预浓缩，以达到减量化的目的，当然也可以用于一些液/固混合物流的筛分/浓缩。转筒式浓缩机的工作原理与重力带式浓缩机较为类似，主要特点是在水平放置的转筒（或转筛）内壁衬有滤布或滤网，污泥中的自由水透过滤布或滤网外流。转筒既可以通过中心转轴支承在钢架上，也可以通过其外圆柱面底部的支承辊轴以类似摩擦轮的方式来传动，工作过程中转筒以 5～20r/min 的速度缓慢旋转。

7.5.4.1　ALDRUM 污泥浓缩系统

ALDRUM 污泥浓缩系统的工作原理为：经絮凝处理后的污泥通过低速旋转的转筛浓缩机进行固－液分离，污泥中的液体透过滤网流出，截流下来的污泥得到浓缩，污泥浓缩的程度可随污泥的进料流量、转筛的倾角及旋转速度的变化而改变。ALDRUM 转筛浓缩系统配有水力喷射的滤网清洗系统，由于对滤网采取间歇式清洗，水的消耗量较小，清洗水可使用饮用水，也可用污水厂终端排放水或浓缩机滤出液经处理过的水。如图 7-28 所示，ALDRUM 絮凝反应器由常压反应器及专门设计的螺旋搅拌器组成，为确保污泥的完全絮凝，螺旋搅拌器能使絮凝剂和污泥充分混合，并与污泥中的固体发生絮凝反应，螺旋搅拌器清洁光滑，避免了搅拌时对絮质的破坏。ALDRUM 污泥浓缩系统有 AFDT Mini、Midi、Maxi、Mega 以及 MegaDuO 等，处理能力相应为 $7m^3/h$、$15m^3/h$、$30m^3/h$、$60m^3/h$、$2\times 60m^3/h$。

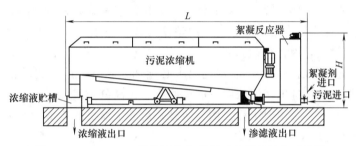

图 7-28　ALDRUM 污泥浓缩和絮凝反应器的结构示意图

7.5.4.2　ROEFILT 转筒式浓缩机

ROEFILT 转筒式浓缩机有单筒式、同框架同驱动双筒式两种，能使污泥的含固率从 0.5％ 上升到 14％。浓缩转筒自动运行并通过喷淋筒用浓缩过程中产生的澄清滤液冲洗，驱动通过手动调节。为了达到良好的絮凝效果，ROEFILT 污泥浓缩转筒配有手动控制搅拌器的反应罐。浓缩污泥一般通过直接在转筒卸料槽下的污泥泵输送，污泥泵通过安装在卸料槽中的泥位电极来控制其间歇运行；为了确保污泥运送，污泥泵配有螺旋输送器。

7.5.4.3　HC 系列转筛式浓缩机

除了常规系列之外，日本 FKC 公司还开发有高密实度（high Consistency）的转筛式浓缩机产品，简称 HC 系列。如图 7-29 所示，HC 系列转筛式浓缩机的最大特点就是浓缩后的

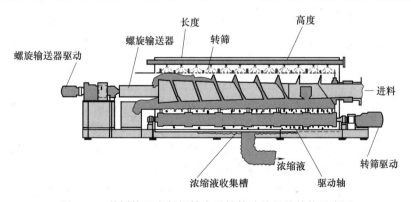

图 7-29　外圆柱面底部辊轴支承转筛浓缩机的结构示意图

污泥通过螺旋输送器外排收集。螺旋输送器轴向为圆柱-圆锥组合式结构，待浓缩管的污泥从螺旋输送器圆柱段的中心进料，在圆柱段的末端开始进入转筛，开始浓缩过程，浓缩后的污泥在螺旋叶片的挤压推动下从圆锥段的大端排出。根据处理量的大小，可以采用单转筛或双转筛式的结构。

7.5.5 离心浓缩设备

离心浓缩占地小，不会产生恶臭，对于富磷污泥可以避免磷的二次释放，提高污泥处理系统总的除磷率，造价低，但运行费用和机械维修费用高，经济性差，一般很少仅仅用于污泥浓缩，但对于难以浓缩的剩余活性污泥可以考虑使用。离心浓缩工艺始于 20 世纪 20 年代初，当时采用原始的筐式离心机，现在普遍采用转鼓式、笼式结构，其中转鼓式结构相对较为普遍。

7.5.5.1 转鼓式离心浓缩机

与转鼓式离心脱水一样，转鼓式离心浓缩也采用卧式螺旋卸料沉降离心机（简称卧螺沉降离心机）。由于没有滤网，因而不存在滤网堵塞问题；由于离心加速度大，活性污泥不需形成很大絮团就能分离，因此絮凝剂的投加量相对减少。只有当需要浓缩污泥含固率大于6％时，才加入少量絮凝剂，而离心脱水则要求必须加入絮凝剂进行调质。离心浓缩的主要参数有：入流污泥浓度、排出污泥浓度、固体回收率、高分子絮凝剂的投加量等，离心浓缩的设计较为困难，通常参考相似工程实例。转鼓式离心浓缩机的典型代表为德国 Flottwe 公司的 OSE 系列转鼓式污泥浓缩机（OSE DECANTER，OSE = Optimum Sludge Thickening）和日本 Tsukishima Kikai 公司的 Centri Hope。OSE 系列转鼓式污泥浓缩机用于对来自曝气池和二沉池的污泥进行浓缩脱水，能够 24h 连续工作，处理范围在 20～250m³/h。采用封闭式结构以避免臭气外逸，所有与湿污泥接触的部件都采用高质量的不锈钢制造；采用内部清洗以避免喷射散溢。

7.5.5.2 笼形离心浓缩机

笼形离心浓缩机为日本 Nishihara 环境技术公司的产品，也称为离心过滤污泥浓缩机。

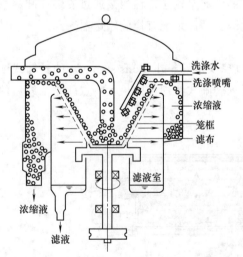

如图 7-30 所示，圆锥形笼框内侧铺上滤布，驱动电机通过旋转轴带动笼框旋转。污泥从笼框底部流入，其中的水分通过滤布进入滤液室，然后排出。污泥中的悬浮固体被滤布截流实现固液分离，污泥被浓缩。浓缩的污泥沿笼框壁徐徐向上，从上端进入浓缩室再排出。当滤布被污泥滤饼堵塞而使得滤液透过能力大幅度下降时，停止泵入污泥，用水泵泵入带压冲洗水，通过洗涤喷嘴在笼框旋转的同时冲洗滤布。

图中标注：洗涤水、洗涤喷嘴、浓缩液、笼框、滤布、滤液室、浓缩液、滤液

图 7-30　笼形立式离心浓缩机结构示意图

这种离心浓缩机由于具有离心和过滤双重作用，大大提高了过滤效率；实现了浓缩装置小型化，大大减少了占地面积。该装置转速低（900r/min 左右）运行、操作安全方便、臭气散发少又卫生。当剩余污泥的含水率在 0.5％～0.9％时，浓缩后的含水率为 2.5％～4.5％，SS 回收率为 85％～94％。目前该设备在许多国外的小规

模污水处理厂已有较为广泛的应用。

7.5.6　螺压浓缩机

螺压浓缩机（rotary screw thickener）由楔型圆筒型不锈钢滤网和有自清洗功能、有合理梯度变化的、变螺距、变轴径的楔型筛网轴组成，机身完全由不锈钢构成，滤网由不锈钢制造，经过酸洗钝化处理，防腐能力强。其最大特点就是筒体外壁不旋转，仅仅是其中的同轴螺旋输送器旋转。德国 HUBER 公司 ROS2 型螺压浓缩机的污泥处理工艺流程如图 7-31 所示，整机倾斜安装、顶部出料。含固量大约 0.5％的稀污泥，由泵送至絮凝反应器前，由流量仪和浓度仪检测后，指令絮凝剂投加装置定量地投入粉状或液状（投加浓度可预先设定）高分子絮凝剂。通过混合器混合，进入絮凝反应器内，经缓慢反应搅

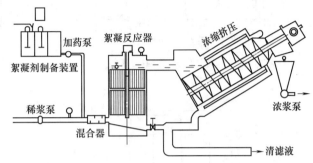

图 7-31　ROS2 型螺压浓缩机污泥处理工艺流程示意图

拌均匀后连续进入浓缩机。污泥由滤网、螺旋轴从低端缓慢提升到高端，在此过程中污泥被转动螺旋缓慢提升、压榨，直至絮凝，再通过絮凝剂把浆液浓缩，使泥浆含固量达到 6％～12％，污泥卸入集泥斗，进入后续处理装置。整个处理过程在全封闭式装置内进行，滤液从筛网渗出，为使稠泥浆顺利排出，浓缩机安装角度为 30°。该设备具有筛网运转过程中的转动自清洗装置和定时冲洗设施，清洗时不影响机械的运行和浓缩效果。

7.6　污泥消化稳定设备

污泥稳定的目的在于降低有机物含量或使其暂时不产生分解，所采用的方法有化学法和生物法。化学稳定就是采用化学药剂杀死微生物，使有机物在短期内不致腐败的过程；生物稳定就是在人工条件下加速微生物对有机物的分解，使之变成稳定的无机物或不易被生物降解的有机物。污泥生物稳定包括污泥的厌氧消化和好氧消化两种形式。

7.6.1　污泥的厌氧消化

7.6.1.1　厌氧消化池的结构与分类

厌氧消化池一般由池底、池体和池顶三部分组成，常用钢筋混凝土结构。池底为一个倒截圆锥形，有利于排泥；池体构型有圆柱形、椭圆形（蛋形）和龟甲形等（图 7-32），应用最广泛的是圆柱形；按其池顶结构形式的不同可分为固定盖式和浮动盖式两种，国内常用固定盖池顶。固定盖池顶有弧形穹顶或截头圆锥形，池顶中央装集气罩；浮动盖池顶为钢结构，盖体可随池内液面变化或沼气贮量变化而自由升降，保持池内压力稳定，防止池内形成负压或过高的正压。

7.6.1.2　污泥厌氧消化工艺

厌氧消化工艺的运行方式有一级消化和二级消化，一级消化就是在一个消化装置内完成消化全过程。国内常用的二级厌氧消化是污泥先在一级消化池中（设有加温、搅拌装置，并

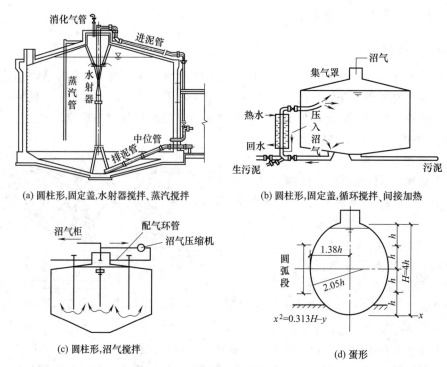

(a) 圆柱形,固定盖,水射器搅拌、蒸汽搅拌

(b) 圆柱形,固定盖,循环搅拌、间接加热

(c) 圆柱形,沼气搅拌

(d) 蛋形

$$x^2 = 0.313H - y$$

图 7-32　厌氧消化池的池体构型示意图

有沼气罩收集沼气)进行高温消化,经过 7~12d 旺盛的消化反应后,排出的污泥送入二级消化池。二级消化池中不设加温装置,依靠来自一级消化池污泥的余热继续消化污泥,消化温度为 33~37℃,气量约占总产气量的 20%,可收集或不收集。由于二级消化池不搅拌,所以有泥水分离和浓缩污泥的作用。二级消化是对一级消化的改善,由于一级污泥中温消化有机物的分解程度为 45%~55%,消化污泥排入干化厂后将继续分解,产生的污泥气体逸入大气,既污染环境又损失热量,而二级消化则可较好地解决此类问题,因此一般都采用二级消化。图 7-33 为污泥二级中温消化的工艺流程示意图,图 7-34 为法国 Degromont 公司二级厌氧污泥消化系统的示意图。

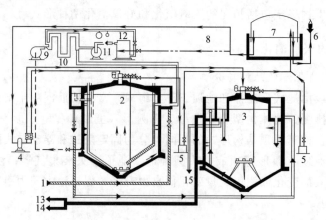

图 7-33　污泥二级中温消化的工艺流程示意图

1—生污泥入口；2—一级消化池；3—二级消化池；4—沼气压缩机；5—冷凝水贮罐；6—沼气燃烧器；7—储气柜；
8—沼气管道；9—循环污泥泵；10—热交换器；11—热水泵；12—沼气锅炉；13,14—消化污泥出口；15—浮渣排出口污泥消化也可以采用如图 7-35 所示的二级厌氧消化工艺。该工艺按照厌氧消化的原理，使消化过程的两个阶段分别在两个消化池内进行，即水解和酸化阶段在一个池中进行，甲烷转化阶段在另一个池中进行。二级厌氧消化可以克服污泥丝状菌膨胀和浮渣问题，处理后的污泥稳定性能好，污泥量也明显减少；同时可以减小消化池总体积，但基建费用和操作费用会有所增加。

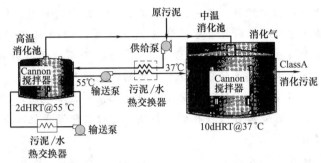

图 7-34   法国 Degromont 公司二级厌氧污泥消化系统示意图

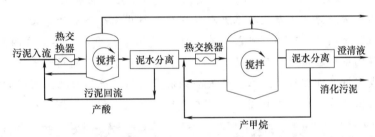

图 7-35   二级厌氧消化的工艺流程示意图

7.6.2   污泥的好氧消化处理

污泥好氧消化法是在延时曝气活性污泥法的基础上发展起来的，其目的在于稳定污泥、减轻污泥对环境和土壤的危害，同时减少污泥的最终处理量。

（1）污泥好氧消化的基本原理   污泥好氧消化工艺是在不投加其他底物的情况下，对污泥进行较长时间的曝气，促使活性污泥进入内源呼吸阶段（约 80% 的细胞组织能被氧化），通过其自身氧化降低污泥的有机物含量，从而达到稳定化的目的。

（2）污泥好氧消化池的池型   污泥好氧消化池的构型与完全混合式活性污泥法曝气池相似，如图 7-36 所示。主要构造包括好氧消化室（进行污泥消化）、泥液分离室（使污泥沉淀回流并把上清液排放）、消化污泥排放管、曝气系统（由压缩空气管和中心导流管组成，提供氧气并起到搅拌作用）。

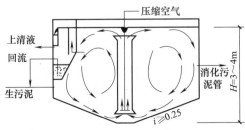

图 7-36   污泥好氧消化池的结构示意图

 **案例**

电渗透污泥脱水机

污泥为污水处理的终端产物（即污水的浓缩污染源），是一种由有机残片、细菌菌体、无机颗粒、胶体等组成的极其复杂的非均质体，含水率高（约 80%），颗粒细，相对密度小，外部形态为黑褐色胶状浓稠物，且易腐烂发臭。目前，中国大部分污水处理厂缺少污泥处置配套设施（目前污水处理厂污泥含水率均在 80% 左右），加之现有污泥处理项目运行情况也不尽如人意（主要受制于污泥干化减量工段），导致污泥被偷排偷放，造成二次污染，后患无穷。在国外实际上也有同类问题，这个问题的根源就是采用传统方法机械压滤方法很难降低这种污泥的高含水率，而常规污泥热干化减量化技术成本很高，其他污泥干化减量技术在二次污染、投资、运行成本方面存在诸多弊端，可以说污泥干化减量是全世界公认的污泥治理领域的最大难题。

该技术装备为《国务院办公厅关于印发"十二五"全国城镇污水处理及再生利用设施建设规划的通知》（国办发〔2012〕24 号）所要求的和目前应积极开发的污泥源头减量技术工艺。本技术装备为污泥源头减量化技术开辟了固体物料中水分脱除的新理念，让污泥脱水这个老大难不再依附于热量和药剂（目前所有污泥减量化技术均无法摆脱这两点束缚）。该项目的研发成功得到推广应用后，可将污泥减量化和后续的资源化利用和无害化处置工作有机结合，有利于我国污泥处理行业建立循环发展经济产业链，此项目的应用将大大提升我国污泥处理的健康良性发展步伐，使我国在污泥处理环保领域走到世界先进水平。

思考与练习

1. 在选择污泥脱水机械时，进行粒度分析的目的是什么？
2. 比较带式压滤脱水机和离心式脱水机性能。
3. 污泥焚烧原理是什么？
4. 液体喷射式焚烧炉的优点包括哪些？

第三篇
大气污染处理设备

第8章 ▶▶ 尘粒污染物控制原理与设备

本章摘要

　　大气污染物主要来源于工业废气的排放，可以采用各种方法控制和治理废气。本章着重介绍尘粒污染物控制原理与设备，主要包括：机械式除尘器、湿式除尘器、电除尘器和过滤式除尘器的处理技术。

　　通过各种技术途径和设备，创造一定的外力使悬浮于气体介质中的固体微粒或液体雾滴从气体介质中分离出来的过程称为除尘过程。

　　在除尘过程中用于气固分离或气液分离的设备或装置统称为除尘器（或除雾器）。除尘器是工业除尘和物料回收系统中的关键设备之一，其性能的好坏不但影响到回收物料的多少，而且影响到尾气排放的数量。前者关系到回收物料的经济价值；后者则关系到是否达到排放标准，对环境空气质量是否造成污染。

　　目前，除尘器的种类繁多，可以有各种各样的分类。最通常的是按捕集分离尘粒的机理来分类。按此分类法可将各种除尘器归纳成四大类，见表 8-1。

表 8-1　除尘设备的分类

类别	除尘设备形式	除尘效率/%
机械式除尘器	重力除尘器	40～60
	惯性除尘器	50～70
	旋风除尘器	70～92
	多管旋风除尘器	80～95
过滤式除尘器	颗粒层除尘器	85～99
	袋滤式除尘器	80～99.9
湿式除尘器	喷淋洗涤器	75～95
	文丘里洗涤器	90～99.9
	自激式洗涤器	85～99
	水膜除尘器	85～99
电除尘器	干式电除尘器	80～99.9
	湿式电除尘器	80～99.9

8.1 机械式除尘器

　　根据除尘器内含尘气体的作用力是重力、惯性力还是离心力，可以将机械式除尘器分为：重力除尘装置，即重力沉降室；惯性除尘装置，即惯性除尘器；离心力除尘装置，即旋风除尘器。

8.1.1　重力沉降室

8.1.1.1　重力沉降室的原理

重力沉降室是依靠尘粒自身的重力作用来捕集颗粒物的一种低效除尘设备，其结构如图 8-1 所示。

它具有结构简单、费用低廉、压损小、寿命长和便于维护管理等优点。重力沉降室可以处理高温气体，处理最高烟气温度一般为 350～550℃，体积较大，除尘效率较低，一般为 40%～60%，且只能去除大于 40～50μm 的大颗粒，故一般作为预除尘器使用。

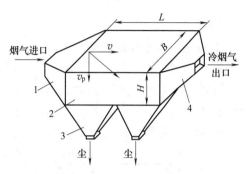

图 8-1　重力沉降室示意图
1—进口管；2—沉降室；3—灰斗；4—出口管

8.1.1.2　重力沉降室的设计

（1）粉尘颗粒在沉降室的停留时间

$$t=\frac{H}{v_p}\leqslant\frac{L}{v_0} \tag{8-1}$$

式中，t 为尘粒在沉降室内的停留时间，s；H 为沉降室高度，m；v_p 为尘粒沉降速度，m/s；L 为沉降室长度，m；v_0 为沉降室内气流速度，m/s。

根据上式，沉降室的长度与尘粒在除尘器内沉降高度应满足下列关系：

$$\frac{L}{H}\geqslant\frac{v_0}{v_p} \tag{8-2}$$

（2）沉降室的截面积

$$S=\frac{Q}{v_0} \tag{8-3}$$

式中，S 为沉降室的截面积，m²；Q 为处理气体流量，m³/s；v_0 为沉降室内气流速度，m/s，一般要求小于 0.5m/s。

（3）沉降室容积

$$V=Qt \tag{8-4}$$

式中，V 为沉降室容积，m³；Q 为处理气体流量，m³/s；t 为气体在除尘器内停留时间，s，一般取 30～60s。

（4）沉降室的高度

$$H=v_pt \tag{8-5}$$

式中，H 为沉降室高度，m；v_p 为尘粒沉降速度，m/s；t 为气体在除尘器内停留时间，s。

（5）沉降室宽度

$$B=\frac{S}{H} \tag{8-6}$$

式中，B 为沉降室宽度，m；S 为沉降室的截面积，m²；H 为除尘器高度，m。

（6）沉降室长度

$$L=\frac{V}{S} \tag{8-7}$$

式中，L 为沉降室长度，m；V 为除尘器容积，m³；S 为沉降室的截面积，m²。

要使粒径为 d（m）的尘粒在沉降室中全部沉降下来，必须使沉降室的长度 $L \geqslant \dfrac{Hv}{v_p}$，$v_p$ 表示尘粒的沉降速度。

不同粒径的尘粒的沉降速度可以按照斯托克斯公式计算：

$$v_p = \frac{d_p(\rho_p - \rho_g)g}{18\mu_g} \tag{8-8}$$

式中，v_p 为尘粒的沉降速度，m/s；d_p 为尘粒的直径，m；ρ_p 为尘粒的密度，kg/m³；ρ_g 为气体的密度，kg/m³；g 为重力加速度，9.81 m/s²；μ_g 为气体黏度，Pa·s。

（7）气体流速　沉降室内气体流速需根据烟尘的沉降速度和所需的除尘效率来确定，一般为 0.2～1m/s。如果流速太小会使得沉降室的截面积过大；如果流速太大会使得已沉降的粉尘被气流重新卷起造成二次飞扬。表 8-2 给出某些粉尘在沉降室中允许的最高气流速度。

表 8-2　沉降室内不同粉尘的最高气流速度

粉尘种类	粒子密度/(kg/m³)	平均粒径/μm	最高流速/(m/s)
铝屑尘	2720	335	4.3
石棉尘	2200	261	5.0
木屑尘	1180	1370	1.77
铁屑	6850	96	4.64
氧化铅	8260	14.7	7.6
石灰石	2780	71	6.41
淀粉	1277	64	1.77

（8）除尘效率　沉降室对尘粒的去除效率因粒径的不同而不同，可以按以下公式计算：

$$\eta_i = \frac{d_i^2(\rho_p - \rho_g)gL}{18\mu_g Hv} \tag{8-9}$$

式中，d_i 为尘粒的直径，m；η_i 为沉降室对粒径为 d_i 的尘粒的去除效率；v 为沉降室内气体流速，m/s。

由上式可见，要提高沉降室的除尘效率，可从三个方面入手：①降低室内气体流速；②降低沉降室高度（H）；③增加沉降室长度。

（9）最小粒径　能全部沉降在沉降室内尘粒的最小粒径（d_{min}）就可按下式求得：

$$d_{min} = \sqrt{18\mu_g Hv/(\rho_p gL)} \tag{8-10}$$

（10）多层沉降室　为了提高除尘效率，可以降低沉降室的高度，在沉降室中装许多水平隔板，形成一层层气流通道，这样就出现了多层沉降室，如图 8-2 所示。

如果用 n 块隔板将高度为 H 的沉降室分为（$n+1$）个通道，则每个通道就是一个单层沉降室，其高度为 $H/(n+1)$，此时沉降室的分级效率为：

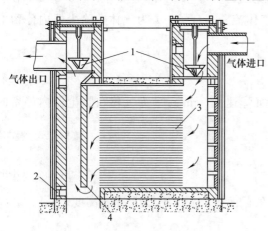

图 8-2　多层沉降室示意图

1—锥形阀；2—清灰孔；3—隔板；4—沉降室挡板

$$\eta_i = \frac{d_i^2(\rho_p - \rho_g)gL}{18\mu_g Hv}(n+1) \tag{8-11}$$

可捕集的最小粒径为：

$$d_{\min} = \sqrt{\frac{18\mu_{\mathrm{g}} H v}{(\rho_{\mathrm{p}} - \rho_{\mathrm{g}}) g L (n+1)}} \qquad (8\text{-}12)$$

由上式可知，多层沉降室的分级效率比单层沉降室的效率高 $(n+1)$ 倍，而能够捕捉的最小粒径比单层沉降室小 $\sqrt{\dfrac{1}{n+1}}$ 倍。虽然沉降室的分层越多，除尘效率就越高，但由于分层的增多，使得清理灰也越困难。

8.1.2　惯性除尘器

生产实践和试验研究表明，当含尘气流冲击到障碍物上并使气流方向折转时，载流介质中的尘粒将产生离心加速度形式的惯性加速度，增加尘粒的分离作用。根据这一原理，通常在惯性除尘器内设置不同形式的挡板，并使气流改变方向，从而制成各种形式的惯性除尘器。

8.1.2.1　除尘机理

在工程应用范围内，通常认为通风除尘系统内的含尘气体是不可压缩的，因此，当含尘气流到达 B_1 之前，气体因受到障碍，绕过挡板，气流方向折转；气流中质量和粒径较大的尘粒，由于具有较大的运动惯性，继续保持向前流动，直至冲击到挡板 B_1 上，产生惯性碰撞，失去动能，在重力的作用下沉降分离出来。第一次未被分离出来的尘粒，有可能在冲击挡板 B_2 时分离出来，从而使含尘气体得到净化（见图 8-3）。一般来说，在气体流速不变的情况下，变向次数越多，曲率半径越小，惯性除尘器分离效率越高。

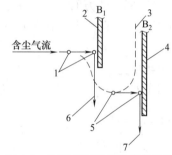

图 8-3　尘粒碰撞挡板的分离机理
1—尘粒 d_1；2—挡板 B_1；3—气流流线；4—挡板 B_2；
5—尘粒 d_2；6—尘粒 d_1 沉降分离方向；
7—尘粒 d_2 沉降分离方向

8.1.2.2　惯性除尘器的特点

综上所述，惯性除尘器与沉降室相比，具有如下特点：①惯性除尘器的结构比沉降室稍复杂些，但体积却小得多，除尘效率也比沉降室高。②惯性除尘器内气流速度愈高，气流折转的曲率半径愈小，气流折转的次数愈多，其除尘效率就愈高。③设计良好的惯性除尘器，一般可捕集 $10\sim20\mu\mathrm{m}$ 以上的尘粒，而沉降室只能捕集 $50\mu\mathrm{m}$ 以上的尘粒。惯性除尘器的设备阻力，因其构造形式不同差别很大，一般阻力范围 $196\sim981\mathrm{Pa}$。惯性除尘器对黏结性和纤维性粉尘不宜采用，一般可用于密度高、粒径较大的金属或非金属矿物粉尘的处理，通常用作多级除尘系统的前级除尘装置。

8.1.2.3　构造形式

惯性除尘器有多种多样的构造形式，根据除尘原理大致可分为惯性碰撞式和气流折转式两类。

（1）惯性碰撞式除尘器　惯性碰撞式除尘器一般是在气流流动的通道上增设若干排挡板构成。当含尘气体流经挡板时，尘粒在惯性力的作用下撞击到挡板上，失去动能后，在重力的作用下沿挡板下落，掉入灰斗内（见图 8-4）。挡板可以单级或多级设置，一般采用多级式，目的是增加尘粒撞击的机会；挡板的形式可采用平板、折板或槽形板形式，槽形板可以有效地防止已捕集的粉尘被气流冲刷而再次扬起，从而提高除尘效率。采用多级设置时，挡板应交错布置，让含尘气流从两板之间的缝隙以较高的速度喷向下一排挡板，增加粉尘撞击挡板的机会。多级式一般可设置 3～6 排挡板，或者更多排数。这类除尘器的阻力一般在 100Pa 以下，除尘效率可达 65%～75% 以上。

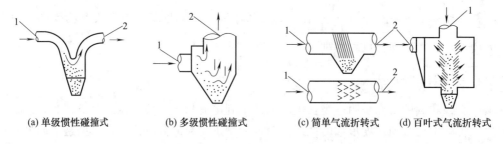

(a) 单级惯性碰撞式　(b) 多级惯性碰撞式　(c) 简单气流折转式　(d) 百叶式气流折转式

图 8-4　几种惯性除尘器构造示意图

1—含尘气体入口；2—净气出口

（2）气流折转式　气流折转式一般是通过各种途径使气流急剧折转，利用气体和尘粒在折转时具有不同惯性力的特性，使尘粒在折转处从气流中分离出来。图 8-5 为一种常见的百叶式气流折转惯性除尘器构造示意图。

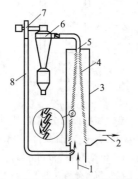

图 8-5　百叶式气流折转惯性除尘器

1—含尘气体入口；2—净气出口；
3—惯性除尘器；4—百叶式圆锥体；
5—浓缩气体出口；6—旋风除尘器；
7—风机；8—管道

含尘气体从百叶圆锥体底部进入，随着气流的向上运动，约有 90% 以上的含尘气流通过百叶之间的缝隙，然后折转 120°～150° 与粉尘脱离后排出。气流中的粉尘在通过百叶缝隙时，在惯性力的作用下撞击到百叶的斜面上，然后反射返回到中心气流中，此部分中心气流约占总气流量的 10%，从而使粉尘得到浓缩。这股浓缩了的气流从百叶式圆锥体顶部引入旋风除尘器（或其他除尘器）中，使尘粒进一步分离，旋风除尘器排出的气体再汇入含尘气流中。这种串联使用的除尘器的总效率可达 80%～90%。

8.1.3　旋风除尘器

旋风除尘器是利用设备结构形状及流体自身动力促使含尘气流高速旋转从而实现气固分离的一种中效除尘设备。由于其具有结构简单、维修方便、投资较低、效率适中等特点，目前在不少行业用作粉体、烟尘的单级分离装置或多级收集系统的预分离装置。

8.1.3.1　工作原理

图 8-6 给出了旋风除尘器的结构示意图及含尘气流在除尘器中的运动轨迹，从图中可以看出，流体从进气管进入旋风筒后，由直线运动变为旋转运动，并在流体压力及筒体内壁形状影响下螺旋下行，朝锥体运动。含尘气体在旋转过程中产生离心力，使重度大于气体的粉尘颗粒克服气流阻力移向边壁。颗粒一旦与器壁接触，便失去惯性力而在重力及旋转流体的带动下贴壁面向下滑落，最后从锥底排灰管排出旋风筒。旋转下降的气流到达锥体端部附近某一位置后，以同样的旋转方向在除尘器中由下折返向上，在下行气流内侧螺旋上行，最终连同一些未被分离的细小颗粒一同排出排气管。

流体进入旋风筒后，依惯性直线运行，由于蜗壳弧面作用而逐步变为旋转运动。部分较大的颗粒直接进入蜗壳边界层而被分离，其余颗粒在离心力作用下逐渐分离。流体离开蜗壳时，其间大部分颗粒已被分离，其余较小颗粒在离心力作用下克服汇流阻力在筒体及锥体部分继续分离。分离后的粉尘在重力及旋转气流带动下螺旋下行，进入锥体后浓集于卸灰口附近，克服上升气流的作用依自重进入集尘箱。部分未被分离的细粒由汇流带入逸流区并随上升气流逸出排气管。

综上所述，可将旋风筒内粉尘分离的物理模型概括如下：惯性分离-离心捕集-尘股滑落-锥底浓集-重力卸灰。旋风筒内不同区域粉尘分离的功能区分如图 8-7 所示。

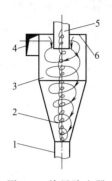

图 8-6　旋风除尘器
1—排灰管；2—圆锥体；3—圆筒体；
4—进气管；5—排气管；6—顶盖

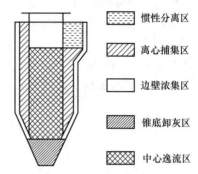

图 8-7　旋风筒功能分区图

- 惯性分离区
- 离心捕集区
- 边壁浓集区
- 锥底卸灰区
- 中心逸流区

8.1.3.2　旋风除尘器的设计计算

（1）压力损失计算　旋风除尘器的压力损失与其结构形式和运行条件等有关，理论上计算是困难的，且只能是近似的，主要依靠实验确定。通常，旋风除尘器的压力损失控制在 500～2000Pa，用压力损失系数（阻力系数）ε 表示旋风除尘器的压力损失计算式为：

$$\Delta P = \varepsilon \frac{\rho_g v^2}{2} \tag{8-13}$$

式中，ΔP 为旋风除尘器的压力损失，Pa；ε 为旋风除尘器的压力损失系数，无因次，见表 8-3；v 为旋风除尘器的进口气流速度，m/s；ρ_g 为旋风除尘器的进口气体密度，kg/m^3。

表 8-3　旋风除尘器的压力损失系数值

型号	进口流速/(m/s)	压力损失/Pa	压力损失系数	型号	进口流速/(m/s)	压力损失/Pa	压力损失系数
XCX	26	1450	3.6	XDF	18	790	4.1
XNX	26	1460	3.6	双级涡旋	20	950	4.0
XZD	21	1400	5.3	XSW	32	1530	2.5
XLK	18	2100	10.8	SPW	27.6	1300	2.8
XND	21	1470	5.6	XLT/A	16	1030	6.5
XP	18	1450	7.5	XLT	16	810	5.1
XXD	22	1470	5.1	涡旋型	16	1700	10.7
XLP/A	16	1240	8.0	CZT	15.23	1250	8.0
XLP/B	16	880	5.7	新 CZT	14.3	1130	9.2

（2）临界分离粒径　粉尘颗粒离心力与所受汇流阻力的差异，很大程度上取决于粉尘粒径的大小。粒径越大，离心力相对越大，粉尘越容易移向筒壁被捕集；粒径越小，汇流阻力

相对增大，粉尘越容易进入逸流区而逃逸。因此，必有一临界粒径（d_c），其上产生的离心力与所受的汇流阻力刚好相等，大于该粒径的粉尘将会被完全捕集，小于该粒径者则会全部逃逸。临界粒径（d_c）可用以下公式表示：

$$d_c = \frac{3}{v} \times \left(\frac{r_e}{R}\right)^n \sqrt{\frac{\mu Q}{\pi \rho_g \left(h_1 - s + \dfrac{R - r_e}{R - r_0} h_2\right)}} \tag{8-14}$$

式中，v 为旋风除尘器的进口气流速度，m/s；R 为筒体半径，m；n 为旋涡指数；μ 为气体黏度，Pa·s；Q 为旋风筒处理流量，m³；ρ_g 为旋风除尘器的进口气体密度，kg/m³；r_e 为旋风筒排气管半径，m；r_0 为旋风筒卸灰管半径，m；h_1 为旋风筒筒体高度，m；h_2 为旋风筒锥体高度，m；s 为旋风筒排气管插入深度，m。

（3）除尘效率　水田和木村典夫将实验得到的旋风除尘器分级捕集效率归纳为如下经验公式：

$$\eta_d = 1 - \exp\left[-0.693\left(\frac{d_p}{d_c}\right)^{\frac{1}{n+1}}\right] \tag{8-15}$$

式中，η_d 为沉降室对粒径为 d_i 的尘粒的去除效率；d_p 为尘粒的直径，m。

在旋风筒三维纯态流场及两相流浓度场测定结果的基础上，有人提出了旋风除尘器分离效率（η），计算公式如下：

$$\eta = k + (1-k)R_{g(d_c)} \tag{8-16}$$

式中，k 为分离系数；$R_{g(d_c)}$ 为流体中大于旋风筒分离粒径的颗粒占全部颗粒的百分比，见式（8-17）。

$$R_{g(d_c)} = \exp(-\alpha d_c^\beta) \tag{8-17}$$

式中，α，β 分别为与粉体性质有关的系数，测定粉体粒径后计算或作图求得。

8.1.3.3　国内外典型机械式除尘器设备

（1）XCX 型旋风除尘器　XCX 型旋风除尘器具有长锥体结构，在排气管内设有弧形减阻器，可降低其阻力系数。这类除尘器有 14 个规格，直径在 200～1500mm，每级间距为 100mm，单管处理气量为 150～5700m³/h。其组合形式有 ϕ800mm 四管、ϕ1000mm 四管和 ϕ1300mm 四管三种规格。使用时可根据需要布设减阻器。旋风除尘器的性能表见表 8-4。

表 8-4　XCX 型旋风除尘器性能表

除尘器直径	项目	进口气速/(m/s)			
		18	20	22	24
ϕ800mm 四管	气量/(m³/h)	588	715	872	1039
	压力损失/Pa	588	715	872	1039
ϕ1000mm 四管	气量/(m³/h)	14960	16600	18320	20000
	压力损失/Pa	588	715	872	1039
ϕ1300mm 四管	气量/(m³/h)	25300	28100	30900	33700
	压力损失/Pa	588	715	872	1039

（2）XLK 型旋风除尘器　XLK 型旋风除尘器的直径在 150～700mm，共有 10 种规格。进口气速选择范围以 10～16m/s 为宜。单个处理含尘气量在 210～9200m³/h，其除尘效率随着直径的增大而下降。钢板厚度一般为 3～5mm，排料装置多采用翻板式排料阀。XLK 型旋风除尘器的选型表见表 8-5。

表 8-5　XLK 型旋风除尘器的选型表

处理气量/(m³/h)		气速/(m/s)					
		10	12	14	16	18	20
直径/mm	150	210	250	295	335	380	420
	200	370	445	525	590	660	735
	250	595	715	835	955	1070	1190
	300	840	1000	1180	1350	1510	1680
	350	1130	1360	1590	1810	2040	2270
	400	1500	1800	2100	2400	2700	3000
	450	1900	2280	2660	3040	3420	3800
	500	2320	2780	3250	3710	4180	4650
	600	3370	4050	4720	55400	6060	6750
	700	4600	5520	6450	7350	8300	9200

注：进口气速一般推荐采用 14～18m/s。

（3）XLT 型旋风除尘器　XLT 型旋风除尘器是应用最早的旋风除尘器，各种类型的旋风除尘器都是由它改进而来的。它具有结构简单、制造方便、压力损失小、处理气量大的特点。但除尘效率低，对 $10\mu m$ 的尘粒的除尘效率一般低于 60%～70%，仅适用于捕集密度和颗粒较大的、干燥的非纤维性粉尘。XLT 型旋风除尘器的结构见图 8-8。

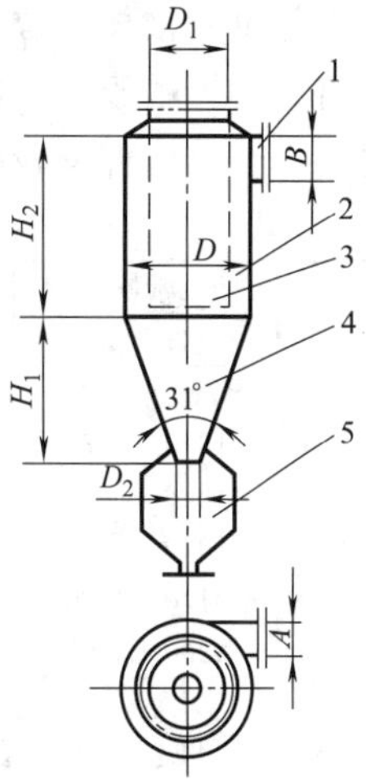

进口气速过高会增大压力损失，过低则会大大降低除尘效率。对于 XLT 型旋风除尘器来说，一般进口气速不应低于 10m/s，通常取 12～20m/s。由于 XLT 型旋风除尘器的排气管直径较大，压力损失较低。经测定，阻力系数（ζ）为 5.3。

当滑石粉的进口浓度为 $3g/m^3$ 时，在带出口蜗壳情况下，进口气速与除尘效率、压力损失的关系如图 8-9 所示。由图可知，压力损失增大，除尘效率也增大，但当压力损失大于 140Pa 时，除尘效率几乎没有增加，所以选取适当的压力损失是必需的。

图 8-8　XLT 型旋风除尘器
1—进口；2—筒体；3—排气管；
4—锥体；5—灰斗

XLT/A 型旋风除尘器是 XLT 型旋风除尘器的一种改进型。其结构特点是具有向下倾斜的螺旋切线型气体进口，顶板为螺旋型的导向板。导向板的角度越大，压力损失越小，但除尘效率降低。由于气体从切向进入，又有导向板的作用，可消除进入气体向上流动而形成的小旋涡气流，减少动能消耗，提高除尘效率。它的另一个特点是筒体细长和锥体较长，而且锥体的锥角较小，能提高除尘效率，但压力损失也较高。

XLT/A 型旋风除尘器有两种排气形式，一种为水平（旁侧）排气（X 型），一般用于负压操作；一种为上部（正中）排气（Y 型），用于正压或负压操作。

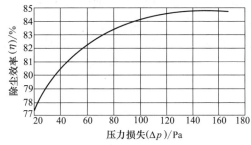

图 8-9　XLT 型旋风除尘器除尘效率与压力损失关系

XLT/A 型旋风除尘器的处理气量和压力损失按下式计算：

$$Q = 2820nvD^2$$

(8-18)

$$\Delta p = \varepsilon \frac{\rho_t v^2}{2} \qquad (8\text{-}19)$$

式中，Q 为组合旋风除尘器处理气量，m^3/h；n 为旋风圆筒个数；D 为旋风圆筒直径，m；v 为进口气速，m/s；Δp 为单个旋风除尘器压力损失，Pa；ρ_t 为温度为 t（℃）时含尘气体的密度，kg/m^3；ε 为阻力系数，X 型 $\varepsilon = 5.5$，Y 型 $\varepsilon = 5.0$。

（4）XP 型旋风除尘器　该除尘器根据气体在除尘器内的旋转方向（顶视）不同，进口方向为顺时针旋转的右旋（S）和逆时针旋转的左旋（N）两种。适用于一般工业通风除尘、工业废气中物料回收，不适用于黏结性粉尘。

（5）XZT 型旋风除尘器　长锥体旋风除尘器由集尘筒、排灰管、支撑管、锥体、蜗壳、排气管、进风口等部件组成，适用于处理较细的微颗粒粉尘的气体或纤维性气体或用于回收纤维材料，如棉纺厂、造纸厂、絮棉厂、水泥厂等企业。含尘气体从进气口以 $11 \sim 15 m/s$ 的速度沿蜗壳的切线方向进入后获得旋转运动，并从上向下流动。向下的气流在内外圆筒间的筒体部位和锥体部位做自上而下的螺旋线运动（叫做外旋流），含尘气体在旋转中产生很大的离心力。由于尘粒的惯性作用，将大部分尘粒甩向器壁，与气体分开，经锥体排入集尘筒内。由于锥体部分较长，是蜗壳直径的 5 倍，所以其除尘效率较高。主要的性能见表 8-6。

表 8-6　XZT 旋风除尘器的主要技术性能

型号	风量 /(m³/h)	进口速度 /(m/s)	除尘效率 /%	设备阻力 /Pa	外形尺寸 /(mm×mm×mm)	质量 /kg
XZT-3.0	790~1080	11~15	80~94	75~174	505×436×2390	91
XZT-5.1	1340~1820	11~15	80~94	75~174	647×567×2812	152
XZT-5.9	1800~2450	11~15	80~94	75~174	742×654×3099	180
XZT-6.7	2320~3170	11~15	80~94	75~174	837×742×3384	253
XZT-7.8	3170~4320	11~15	80~94	75~174	968×862×3774	338
XZT-9.0	4200~5700	11~15	80~94	75~174	1110×993×4196	420

（6）D 型旋风除尘器　D 型旋风除尘器是一种新型高效旋风除尘器。开始用于石油炼制，如流化床Ⅳ型催化裂化装置，作为反应器、再生器的内旋风分离器。目前已广泛应用在丙烯腈、顺丁烯二酸酐、苯酐等化学工业。D 型旋风除尘器根据结构形式，可分为 DⅠ、DⅡ与 DⅢ型三种。DⅠ型旋风除尘器属于螺旋面进口型旋风除尘器，它依靠圆筒顶部的螺旋形端板，使从进口管切向进入旋风环形空间的气流呈近似 10° 的倾斜角强制向下做螺旋运动，使粉尘不能在顶部集中而形成尘粒环（上灰环），也不会由于粉尘而使旋风除尘器堵塞。同时，这种气流进口结构，又能避免相邻两螺旋圈的气流相互干扰，从而提高除尘效率。DⅡ与 DⅢ型旋风除尘器的区别仅仅在于 DⅡ型是 90° 蜗壳进口，DⅢ型是切向进口。DⅡ与 DⅢ型旋风除尘器的特点是圆筒段为平顶，分离室高度较 DⅠ型大，排气管与圆筒体的直径比要比 DⅠ型小，用以提高除尘效率，对回收含尘浓度较高的细粉尘极为理想。

D 型旋风除尘器压力损失可按下式计算：

$$\Delta p = \varepsilon \frac{v^2 \rho}{2} \qquad (8\text{-}20)$$

式中，ε 为阻力系数；ρ 为气体密度，kg/m^3；v 为进口气速，m/s。

D 型旋风除尘器的阻力系数计算公式为：

$$\varepsilon = m \left(\frac{d_e}{D_0} \right)^{-n} \qquad (8\text{-}21)$$

式中，d_e 为旋风除尘器排气管直径，m；D_0 为旋风除尘器直径，m；m、n 为系数（与旋风除尘器结构形式有关），$m=2.02\sim2.50$，$n=2.23\sim2.41$。

DⅠ、DⅡ与DⅢ型旋风除尘器的阻力系数见表8-7。

表 8-7　DⅠ、DⅡ与DⅢ型旋风除尘器的阻力系数

DⅠ型	DⅡ型	DⅢ型	
$\varepsilon=7.82$	直管型排气管 $\varepsilon=2.26(d_e/D_0)-2.41$	直管型排气管 $\varepsilon=2.5(d_e/D_0)-2.23$	收缩型排气管 $\varepsilon=2.02(d_e/D_0)-2.35$

D 型旋风除尘器的进口气含尘浓度与总除尘效率关系的计算公式：

$$1-\eta=pC^{-q} \tag{8-22}$$

式中，η 为旋风除尘器的总除尘效率，%；C 为进口气含尘浓度，g/m^3；p 为系数（由旋风除尘器结构及粉尘性质决定），一般 $p=0.1\sim0.3$；q 为系数（和旋风除尘器操作条件有关），一般 $q=0.05\sim0.5$。特定工况下的 p、q 值见表8-8。

表 8-8　特定工况下的 p、q 值

除尘器形式	d_e/D_0	v	C	p	Q
DⅠ	0.525	26.4	3~47	0.178	0.077
		16.5	6~68	0.231	0.093
DⅡ	0.576	18.2	5~66	0.227	0.111
		12.3	7~55	0.283	0.153
	0.464	19.4	14~83	0.155	0.103
		16.9	6~64	0.149	0.087
		11.6	5~67	0.183	0.116
	0.443（收缩）	19.7	5~62	0.158	0.121
		17	3~51	0.162	0.117
		11.7	4~92	0.176	0.085
	0.312	13.9	4~68	0.094	0.193
		9.57	10~65	0.1004	0.123
DⅢ	0.464	19.7	2~55	0.175	0.104
		11.8	3~41	0.201	0.095
	0.443（收缩）	19.6	14~51	0.178	0.108
		11.9	17~64	0.213	0.119
	0.373（收缩）	17.3	4~46	0.158	0.125
		12.4	5~77	0.151	0.089
	0.312	14.6	6~70	0.101	0.114

（7）B 型旋风除尘器　B 型旋风除尘器是新型的高效旋风除尘器（见图 8-10）。由于它处理气量大，压力损失适中，对于较细粉尘的除尘效率又高，且体型较短，近年来在我国石油、化工生产上被日益广泛地应用。尤其在流化床装置中作为内旋风除尘器代替DⅠ型旋风分离器，用以捕集昂贵的催化剂微粒。

B 型旋风除尘器采用 180°蜗壳进口，入口面积较大。因此具有较高的处理能力。由于 B 型旋风除尘器的入口面积大，在进口气速相同情况下，其压力损失约为 DⅠ型旋风除尘器的1.17 倍；在处理能力相同的情况下，其压力损失只有 D 型旋风除尘器的 67%左右。B 型和 DⅠ型旋风除尘器性能对比见表8-9 和表 8-10。

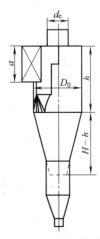

图 8-10　B 型旋风除尘器

表 8-9 进口气速相同时两种旋风除尘器处理气量、压力损失的比较

进口气速 /(m/s)	B 型旋风除尘器		DI 型旋风除尘器	
	处理气量/(m³/s)	压力损失(Δp)	处理气量/(m³/s)	压力损失(Δp)
16	4.65	3000	3.48	2650
18	5.21	3800	3.9	3360
20	5.8	4730	4.43	4060
22	6.37	5680	4.78	4875
24	6.95	6760	5.21	5720
26	7.53	7920	5.65	6700

表 8-10 处理气量相同时两种旋风除尘器进口气速、压力损失的比较

处理气量 /(m³/s)	B 型旋风除尘器		DI 型旋风除尘器	
	进口气速/(m/s)	压力损失(Δp)	进口气速/(m/s)	压力损失(Δp)
4.65	16	3000	21.4	4590
5.21	18	3800	24	5730
5.8	20	4730	26.7	6990
6.37	22	5680	29.4	8480
6.95	24	6760	32.1	9950
7.53	26	7920	34.80	1161

B 型旋风除尘器内设有粉尘旁路通道结构，即"旁室"。由于旋风除尘器顶部存在着二次涡流，致使较细粉尘在顶部形成上灰环。随着灰环中的粉尘结集到一定厚度，粉尘纷纷下落，则被上升的中心气流带出排气管，影响了除尘效率。进入旁室的气体量，约为旋风除尘器内气体总量的 10% 左右。

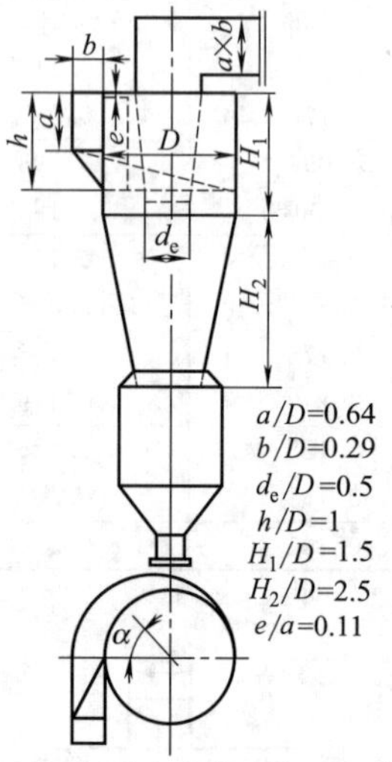

$a/D=0.64$
$b/D=0.29$
$d_e/D=0.5$
$h/D=1$
$H_1/D=1.5$
$H_2/D=2.5$
$e/a=0.11$

图 8-11 E 型旋风除尘器的结构

(8) E 型旋风除尘器 E 型旋风除尘器，属于异形进口型旋风除尘器，是近年开发研制的一种新型高效旋风除尘器。与弯曲管道内形成纵向环流的原因一样，旋风除尘器出口管与顶部及器壁构成的环形区域内（见图 8-11），由于顶部下面有一个流动缓慢的边界层，它的静压随半径的变化比强旋流中的变化平缓，于是促使外侧静压较高的流体向上流入此边界层内，并沿边界层向内侧流动，经出口管外壁而转折向下，形成了局部环流，也称"上涡流"。这种短路流把一部分已浓集在除尘器器壁处的细颗粒向上带到顶板附近，而形成了"上灰环"，并不时被带入上升的中心气流中逸出出口管，影响了除尘效率。采用异形进口的目的，是为了气流在流速较高处有相应的较大流通面积，有效地消除上涡流的影响。

渐缩形导流挡板使得颗粒随气流进入旋风体内，由直线流动变为圆周流动时，由于颗粒的径向分离距离逐渐减小，因此有利于气固两相的分离，提高了除尘效率，尤其是对细颗粒的捕集。此外，导流挡板与旋风顶板保持一定的缝隙，不仅阻力有显著下降，而且分离效率又有了一定的提高。按国际净化空气会议提出的代表性粒径，直径为 830mm 的 E 型和 B 型旋风除尘器的效率对比见表 8-11。

表 8-11 直径为 830mm 的 E 型和 B 型旋风除尘器的除尘效率

形式	风/(m³/h)	气速/(m/s)	压力/Pa	粒级效率/%			
				1	5	10	20
E 型	8148	17.9	2210	51.1	85.0	94.4	93.8
B 型	8970	19.8	2620	36.4	69.8	83.9	93.8

8.2 湿式除尘器

8.2.1 湿式除尘器的除尘原理

湿式除尘器是利用液体（通常是水）与含尘气流接触，依靠液滴、液膜、气泡等形式洗涤气体的净化装置。在洗涤过程中，由于尘粒自身的惯性运动，使其与液滴、液膜、气泡发生碰撞、扩散、黏附等作用，如图 8-12 所示。黏附后的尘粒相互凝聚，从而将尘粒与气体分离。

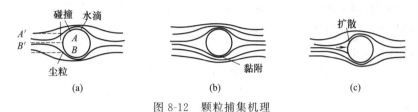

图 8-12　颗粒捕集机理

（1）惯性碰撞　惯性碰撞是湿式除尘器中主要的一种捕尘方式。当含尘气体接近液滴时，气流将绕过液滴，而颗粒较大的尘粒（通常 $d_p > 1\mu m$）由于惯性作用，继续保持原来的运动方向前进，撞击到液滴上而被捕集［见图 8-12（a）］。

（2）黏附作用　当含尘气流接近液滴时，较细尘粒随气流一起绕流，若尘粒半径大于尘粒中心到液滴边缘的距离，则尘粒因与液滴接触而被拦截。

（3）扩散作用　含尘气体中的小颗粒因受到气体分子无规则的撞击，使之也类似气体分子一样做无规则的运动，便会发生颗粒从高浓度区向低浓度区的扩散。颗粒的扩散类似于气体分子的扩散过程。

在实际的湿式除尘器中，各种捕集机理都在发生作用，所以总的除尘效率要综合考虑上述各因素。表 8-12 列出了常见的湿式除尘器的主要接触表面及捕尘体的形式。

表 8-12　常见的湿式除尘器的主要接触表面及捕尘体的形式

除尘器	气液两相接触表面形式	捕尘体的形式
重力喷雾除尘器	液滴外表面	液滴
旋风水膜除尘器	液滴与液膜表面	液滴与液膜
贮水式冲击水浴除尘器	液滴与液膜表面	液滴与液膜
板式塔除尘器	气体射流与气泡表面	气体射流与气泡
填料塔除尘器	气体射流、气泡与液膜表面	气体射流、气泡与液膜
文丘里除尘器	液滴与液膜表面	液滴与液膜
机械动力洗涤除尘器	液滴与液膜表面	液滴与液膜表面

与其他除尘器相比，湿式除尘器具有以下优点：①在耗用相同能耗的情况下，湿式除尘器的除尘效率比干式除尘器的除尘效率高；②可以处理高温、高湿、高比阻、易燃和易爆的含尘气体；③在去除含尘气体中粉尘粒子的同时，还可以去除气体中的水蒸气及某些有毒有害的气态污染物，具有除尘、冷却和净化的作用。

但湿式除尘器也存在以下难以避免的缺点：①排出的污水和泥浆造成二次污染，需要处理；②水源不足的地方使用较为困难；③也不适用于气体中含有疏水性粉尘或遇水后容易引起自燃和结垢的粉尘；④含尘气体具有腐蚀性时，除尘器和污水处理设施需考虑防腐措施；

⑤在寒冷的地区，冬季需要考虑防冻措施；⑥副产品回收代价大。

8.2.2 湿式除尘器的能耗与效率

湿式除尘器主要是利用水滴、水网、水膜和气泡来除去废气中的颗粒物。因此设计湿式除尘器的关键就是要使颗粒物与液体充分接触，把迫使颗粒物和液体接触所需要的能量定义为接触能 E_T（kW·h/1000m³气体），它是两部分能耗之和：气相能耗 E_G，加入液相时的能耗 E_L。

$$E_T = E_G + E_L = \frac{1}{3600}\left(\Delta P_G + \Delta P_L \frac{Q_1}{Q_g}\right) \tag{8-23}$$

式中，ΔP_G 为气体通过洗涤器的压力损失，Pa；ΔP_L 为加入液体的压力损失，Pa；Q_1、Q_g 分别为液体和气体流量，m³/s。

定义系统的传质单元数为：

$$N_t = -\int_{C_1}^{C_2} \frac{1}{C} dC = -\ln \frac{C_2}{C_1} \tag{8-24}$$

则洗涤器的除尘效率可表示为：

$$\eta = 1 - \frac{C_2}{C_1} = 1 - e^{-N_t} \tag{8-25}$$

式中，C_1 为进洗涤器时粉尘浓度，mg/m³；C_2 为出洗涤器时粉尘浓度，mg/m³。

经过大量的实验研究，传质单元数 N_t 和总能耗 E_T 在双对数坐标系上基本上是呈直线关系，于是可得如下经验关系式：

$$N_t = \alpha E_T^{\beta} \tag{8-26}$$

α 和 β 为特性参数，取决于要净化的粉尘的特性和洗涤器类型，Semran 给出的部分粉尘的参数见表 8-13。

表 8-13 粉尘的 α、β 参数

粉尘或尘源的类型	α	β	粉尘或尘源的类型	α	β
L-D 转炉烟尘	4.450	0.4663	硫酸铜气溶液	1.350	1.0679
滑石粉	3.626	0.3506	肥皂生产排出的雾	1.169	1.4146
磷酸雾	2.324	0.6312	吹氧平炉升华的烟尘	0.880	1.6190
化铁炉烟雾	2.225	0.6210	不吹氧平炉烟尘	0.795	1.5940
炼钢平炉烟尘	2.000	0.5688	冷水	1.900	0.6494
硅钢炉烟尘	1.266	0.4500	45%黑液	1.640	0.7757
鼓风炉烟尘	0.955	0.8910	循环热水	1.519	0.0859
石灰窑粉尘	3.567	1.0529	45%和60%黑液	1.500	0.8040
黄铜炉排出得氧化锌	2.180	0.5317	两级喷射,热黑液	1.058	0.8628
石灰窑排出的碱	2.200	1.2295	60%黑液	0.840	1.2480

8.3 电除尘器

8.3.1 电除尘器原理

电除尘器是利用静电力（库仑力）实现粒子（固体或液体粒子）与气流分离沉降的一种除尘装置。电除尘器利用静电力直接作用在粒子上，因此，分离尘粒所消耗的能量较小、压

力损失也较小。由于作用在粒子上的静电力相对较大，所以即使对亚微米级的粒子也能有效地捕集。电除尘器的除尘原理如图 8-13 所示，包括电晕放电、气体电离、粒子荷电、粒子的迁移和捕集、粒子清除五个过程。

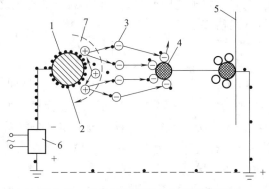

图 8-13　电除尘器的除尘过程示意图
1—电晕极；2—电子；3—离子；4—尘粒；5—集尘极；6—供电装置；7—电晕区

8.3.1.1　电晕放电

要使气流中的尘粒荷电，必须有大量的离子来源，这些离子的产生大多采用放电电极周围的"电晕"现象使气体电离来实现。在一个由细导线与管状或板状集成极形成的非均匀电场中，当直流电压足够高时，气体中原有的自由电子被加速到某一很高的速度，并通过碰撞使气体中性分子电离成为新的自由电子和正离子。新自由电子和正离子被加速到某一很高的速度，又引起气体中性分子碰撞电离。电晕放电一般只发生在非均匀电场中放电极表面附近的小区域内，即所谓电晕区内。在电晕区外，电场强度迅速减小，不足以引起气体分子碰撞电离，因而电晕放电停止。在未发生电晕时，两极间不存在空间电荷，开始发生电晕放电时的电压称为起始电晕电压，也称临界电压。与之相应的电场强度称为起始电晕场强或临界场强。起始电晕电压与烟气性质、电极形状、几何尺寸等因素有关。皮克通过大量实验研究，提出如下计算起始电晕所需电场强度的经验公式，即

$$E_c = 3 \times 10^6 m \left(\delta + 0.03 \sqrt{\frac{\delta}{r_0}} \right) \tag{8-27}$$

式中，E_c 为起始电晕电场强度，V/m；δ 为空气的相对密度，$\delta = (T_0 P)/(T P_0)$，其中 $T_0 = 298\text{K}$，$P_0 = 101.33\text{kPa}$；T，P 分别为运行状况下空气的温度和压力；m 为导线光滑修正系数，无因次，一般 $0.5 < m < 1.0$，对清洁的光滑导线，$m = 1$，实际中可取 $m = 0.6 \sim 0.7$。

在电晕电极表面上，起晕电压 V_c 可表示为：

$$V_c = 3 \times 10^6 m \left(\delta + 0.03 \sqrt{\frac{\delta}{r_0}} \right) \ln \frac{r_c}{r_0} \tag{8-28}$$

式中，r_0 为电晕线半径，m；r_c 为管式电极的半径，m。

8.3.1.2　粒子荷电

粒子荷电分为以下两种方式。

（1）电场荷电　电场荷电是指离子在电场中沿电力线做定向运动而与粒子碰撞并使其荷电，这是粒径大于 $1.0\mu\text{m}$ 的大粒子的主要荷电机制。作为电介质的粒子，未荷电前将把其

附近的电力线吸向自己，使沿电力线运动的离子迅速与之碰撞并依附其上。随着粒子逐渐荷电，电力线逐渐受到排斥，直到最后全部电力线都不由粒子发出，离子不再同粒子碰撞。这时电场荷电停止，粒子由于离子碰撞已获得了最大电荷，即认为粒子荷电达到饱和，此时的电荷值称为饱和电荷。在假定粒子是球形的，且相邻粒子的电场之间互不影响及电场强度不变时，饱和荷电量可按下式估算：

$$q_s = 3\pi E_0 \varepsilon_0 d_p^2 \left(\frac{\varepsilon_p}{\varepsilon_p + 2} \right) \tag{8-29}$$

式中，q_s 为饱和荷电量，C；d_p 为粒子直径，m；E_0 为两极间的平均电场强度，V/m；ε_0 为真空介电系数，$\varepsilon_0 = 8.85 \times 10^{-12}$，$C^2/(N \cdot m^2)$；$\varepsilon_p$ 为粒子的相对介电系数（与真空条件下的介电系数相比较），无因次，大多数材料，粒子相对介电系数的变化范围为 $1 \sim \infty$，如硫黄约为 4.2，石膏约为 5，石英玻璃为 $5 \sim 10$，金属氧化物为 $12 \sim 18$，纯水约为 81.5，真空约为 1.0，空气为 1.00059，导电粒子（金属）为 ∞。

（2）扩散荷电　扩散荷电是离子做不规则热运动与粒子碰撞使粒子荷电，是粒径小于 $0.4\mu m$ 的小粒子的主要荷电机制。扩散荷电速率取决于粒子附近的离子密度和离子的热运动速度。由于热运动的不规则性，有些离子能够克服荷电粒子产生的排斥力而与之碰撞，因而理论上不存在可达到的最大荷电极限，这与电场荷电过程不同，但是随着粒子扩散荷电量的增加，对其周围离子的斥力不断增大，荷电速率将会越来越低。

怀特利用分子热运动理论推导出扩散荷电的理论方程：

$$q_t = \frac{2p\varepsilon_0 d_p kT}{\varepsilon^2} \ln\left(1 + \frac{\varepsilon^2 \overline{v} d_p N_0 t}{8\varepsilon_0 kT}\right) \tag{8-30}$$

式中，k 为波尔兹曼常数，$k = 1.38 \times 10^{-23}$，J/K；T 为气体温度，K；$\overline{v}$ 为气体离子的算术平均热运动速度，$\overline{v} = \sqrt{\dfrac{8kT}{m\pi}}$，$m$ 为单个气体分子的质量，kg。

8.3.1.3　粒子的捕集

德意希从理论上推导出捕集效率方程式，方程推导过程中，作了如下假定：①电除尘器中的气流处于紊流状态，通过除尘器任一横断面的粒子浓度和气流分布是均匀的，速度大小等于气流平均速度 v；②在集尘极板附近的边界层内，气流处于层流状态，粒子以驱进速度 ω 运动，不受气流速度的影响；③进入除尘器的粒子立刻达到了饱和荷电；④忽略电风、气流分布不均匀、被捕集粒子重新进入气流等影响。方程的推导如图 8-14 所示。

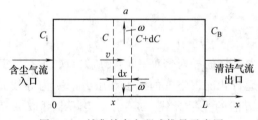

图 8-14　捕集效率方程式推导示意图

设气流方向为 x，气体和粒子在 x 方向的流速皆为 v（m/s），气体流量为 Q（m^3/s），粒径为 d_{pi} 的粒子浓度为 C_i（g/m^3），粒子驱进速度为 ω_i（m/s），流动方向上每单位长度的集尘极板面积为 a（m^2/m），总集尘极板面积为 A（m^2），电场长度为 L（m），流动方向上的横断面积为 F（m^2）则在时间 dt 内于长度为 dx 的空间所捕集的粒子质量为：

$$dm = a(dx)\omega_i C_i(dt) = -F(dx)(dC_i) \tag{8-31}$$

由于 $vdt = dx$ 代入上式得：

$$\frac{a\omega_{i}}{Fv}dx = -\frac{dC}{C} \tag{8-32}$$

将其由除尘器入口（d_{pi} 粒子浓度为 C_{1i}）到出口（含尘浓度为 C_{2i}）进行积分，并考虑到 $Fv=Q$，$aL=A$，则可得理论分级捕集效率方程：

$$\eta = 1-\frac{C_{1i}}{C_{2i}} = 1-\exp\left(-\frac{A}{Q}\omega_{i}\right) \tag{8-33}$$

该式被称为德意希-安德森捕集效率方程，只有当粒子的粒径相同且驱进速度不超过气流速度的 $10\%\sim20\%$ 时，这个方程理论上才是成立的，作为除尘效率的近似估算，ω 应取某种形式的平均驱进速度。若驱进速度取粒径 d_{pi} 的函数，德意希-安德森捕集效率方程实际上表示的是除尘分级效率。实际中往往是根据某种除尘器结构形式在一定运行条件下测得的总捕集效率值，代入分级效率方程，反算出相应的驱进速度，称为有效驱进速度，用 ω_{p} 表示。理论计算的驱进速度值比实测所得的有效驱进速度可能大 $2\sim10$ 倍，因此，可用此有效驱进速度来描述工业电除尘器的性能，并作为同类除尘器设计中确定其尺寸的基础，即用有效驱进速度 ω_{p} 代替理论驱进速度 ω_{i}：

$$\eta = 1-\exp\left(-\frac{A}{Q}\omega_{p}\right) \tag{8-34}$$

在工业应用的电除尘器中，有效驱进速度大致范围为 $0.02\sim0.2m/s$。表 8-14 列出了各种工业粉尘的有效驱进速度。

表 8-14　各种工业粉尘的有效驱进速度

粉尘种类	$\omega_{p}/(m/s)$	粉尘种类	$\omega_{p}/(m/s)$
煤粉（飞灰）	$0.10\sim0.14$	冲天炉	$0.03\sim0.04$
纸浆及造纸	0.08	水泥生产（干法）	$0.06\sim0.07$
平炉	0.06	水泥生产（湿法）	$0.10\sim0.11$
酸雾（H_2SO_4）	$0.06\sim0.08$	多层床式焙烧炉	0.08
酸雾（TiO_2）	$0.06\sim0.08$	红磷	0.03
飘悬焙烧炉	0.08	石膏	$0.16\sim0.20$
催化剂粉尘	0.08	二级高炉（80%生铁）	0.125

8.3.2　电除尘器的结构及设计

8.3.2.1　电除尘器的结构

电除尘器的形式多种多样（见表 8-15），但从其结构来看，一般包括以下几个主要部分：电晕电极、集尘电极、电晕极和集尘极的清灰装置、气流分布装置、壳体、输灰装置及供电装置等，图 8-15 为典型的板式电除尘器本体结构图。

表 8-15　电除尘器的分类

分类依据	分类	特　　性
按气体流向	立式电除尘器	气体在电除尘器内，从下往上垂直流动。通常规格较小，处理气量少，适宜在粉尘性质易被静电捕集的情况下使用
	卧式电除尘器	气体在电除尘器内沿水平方向流动。其特点是除尘效率高；可以回收不同成分、不同粒径的粉尘；粉尘二次飞扬比立式电除尘器少；设备高度较低，安装、维护方便。但占地面积较大，基建投资费用较高
按清灰方式	干式电除尘器	收下来的粉尘呈干燥状态。操作温度一般要求高于处理气体露点 $20\sim30$℃，使用温度可达 $350\sim450$℃，甚至更高。常用于收集经济价值较高的粉尘
	湿式电除尘器	收下来的粉尘呈泥浆状。操作温度较低，对于一般含尘气体都需进行降温处理，在温度降至 $40\sim70$℃再进入电除尘器。设备需采取防腐蚀措施

续表

分类依据	分类	特　　性
按使用温度	低温电除尘器	进入电除尘器的含尘气体温度低于150℃。存在含尘气体易冷凝结露，造成设备腐蚀，粉尘黏结电极和绝缘件易爬电击穿等缺点
	中温电除尘器	处于含尘气体温度150~300℃，属常规电除尘器，在工业领域得到广泛应用
	高温电除尘器	进入电除尘器的含尘气体温度300~500℃，甚至更高，构件容易变形，壳体焊缝易开裂，部分或全部构件须采用耐热钢制作
按沉尘极结构形式	管式电除尘器	沉尘极为圆管、蜂窝管、多段喇叭管和扁管等。除硫黄、黄磷等特殊情况外，一般用于湿式电除尘器或电除雾器
	板式电除尘器	沉尘极由平板按设定规律排列组成。电场强度变化不够均匀。清灰效果好，制作、安装和维护检修比较方便、容易
按电极配置位置	单区式电除尘器	气体含尘粒荷电和积尘在同一区域进行，电晕极系统和沉尘极系统都装在这个区域内。在工业生产中已被普遍采用
	双区式电除尘器	气体含尘尘粒荷电和积尘在结构不同的两个区域进行，前一区域装电晕极系统以产生带电离子，后一区域装沉尘极系统以捕集粉尘。其供电电压较低，结构简单

（1）电晕电极　电晕电极是电除尘器中使气体产生电晕放电的电极，包括电晕线、电晕框架、电晕框悬吊架、悬吊杆和支撑绝缘套管等。电晕线是产生电晕放电的主要部件，其性能好坏直接影响除尘器的性能。电晕线的形式有光滑圆形线、星形线、螺旋形线、芒刺线、锯齿线、麻花线及羡黎丝线等。表面曲率大的起晕电压低，在相同电场强度下，能够获得较大的电晕电流；表面曲率小的，则电晕电流小，但能形成较强的电场。对电晕线的一般要求是：起晕电压低、电晕电流大、机械强度高、能维持准确的极距以及容易清灰等。

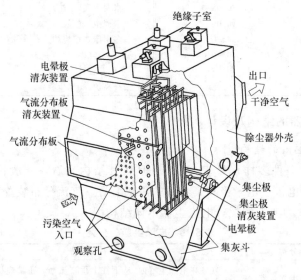

图 8-15　平板型干式电除尘器的本体结构

（2）集尘电极　集尘电极的结构对粉尘的二次飞扬、金属消耗量和造价有很大影响。对集尘电极要求：易于粉尘在板面上沉积，避免二次扬尘，便于清灰，形状简单易于制作并有足够的刚度和强度。集尘极形式有板式、管式二大类。其中板式又可分为：①平板型，包括网状、棒帏式电极等；②箱式，包括鱼鳞板和袋式（郁金香式）电极等；③型板式，包括 Z型、C型、CS型、波型、槽型电极等。

（3）清灰装置　电除尘器清灰的主要方式有机械振打、电磁振打、刮板清灰、水膜清灰等，见图 8-16。

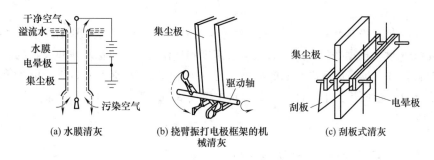

（a）水膜清灰　　（b）挠臂振打电极框架的机　　（c）刮板式清灰
　　　　　　　　　　械清灰

图 8-16　各种电除尘器清灰装置

在湿式电除尘器的液体粒子气溶胶捕集器中，如焦油分离和酸雾捕集器等，沉降到极板上的液滴凝聚成大液滴，靠自重流下而排掉。对于固体粒子捕集器，则用喷雾或溢流水冲洗极板的方法清除掉，即水膜清灰［见图 8-16（a）］。极板的清灰有机械振打、压缩空气振打、电磁振打及电容振打等方式。目前应用最广的是挠臂锤振打电极框架的机械清灰方式［见图8-16（b）］。对于不易靠振打清灰的黏结性粉尘，一般采用移动刮板的清灰方式［见图 8-16（c）］。

（4）气流分布装置　电除尘器中气流分布的均匀性对除尘效率影响较大。当气流分布不均匀时，在流速低处所增加的除尘效率远不足以弥补流速高处效率的降低，因而总效率降低。气流分布的均匀程度取决于变径管的扩散角和分布板的结构。最常见的气流分布板有百叶窗式、多孔板、分布格子、槽形钢式和栏杆型分布板等，其中多孔板使用最为广泛，其优点是可以根据气流实际分布情况进行现场调节。

8.3.2.2　电除尘器的设计

对于平板式电除尘器，其设计计算主要是根据需要处理的含尘气体流量和净化要求，确定集尘面积、电场段面积、电场长度、集尘极和电晕极的数量和尺寸等。

（1）集尘极面积

$$A = \frac{Q}{\omega_p} \ln \frac{1}{1-\eta} \tag{8-35}$$

式中，A 为集尘极面积，m^2；η 为集尘效率；Q 为处理气量，m^3/s；ω_p 为粉尘的有效驱进速度，m/s。

（2）电场段面积

$$A_c = \frac{Q}{v} \tag{8-36}$$

式中，A_c 为电场段面面积，m^2；v 为气体平均流速，m/s。

对于一定结构的电除尘器，当气体流速增加时，除尘效率降低，因此气流速度不宜过大；但如其过小，又会使除尘器体积增加。造价提高，故一般 $v = 1.0m/s$ 左右。

（3）集尘极与放电极的间距和排数　集尘极与放电极的间距对电除尘器的电气性能及除尘效率均有很大影响。如间距太小，由于振打引起的位移、加工安装的误差和积尘等对工作电压影响大。如间距太大，要求工作电压高，往往受到变压器、整流设备、绝缘材料的允许电压的限制。目前，一般集尘极的间距（$2b$）采用 $200 \sim 300mm$，即放电极与集尘极之间的距离（b）为 100～150mm。

集尘极的排数可以根据电场断面宽度和集尘极的间距确定：

$$n = (B/\Delta B) + 1 \tag{8-37}$$

式中，n 为集尘极排数；B 为电场断面宽度，m；ΔB 为集尘极板间距，m，$\Delta B = 2b$。

（4）电场长度　根据净化要求、有效驱进速度和气体流量，可以算出集尘极的总面积，再根据集尘极排数和电场高度算出必要的电场长度。在计算集尘板面积时，靠近电除尘器壳体壁面的集尘极，其集尘面积按单面计算；其余集尘极按双面计算。故电场长度的计算公式为：

$$L = \frac{A}{2(n-1)H} \tag{8-38}$$

式中，L 为电场长度，m；H 为电场高度，m。

（5）工作电压　根据实际经验，一般可按下式计算工作电压：

$$U = 250\Delta B \tag{8-39}$$

式中，U 为工作电压，kV。

（6）工作电流　工作电流可按下式计算：

$$I = Ai \tag{8-40}$$

式中，I 为工作电流，A；i 为集尘极电流密度，可取 0.0005A/m^2。

8.4　过滤式除尘器

8.4.1　过滤除尘原理

气体中的粒子往往比过滤层中的空隙要小得多，因此通过筛滤效应收集粒子的作用是有限的。尘粒之所以能从气流中分离出来，主要是靠拦截、惯性碰撞和扩散效应。其次还有静电力、重力作用等，如图 8-17 所示。一般来讲，粉尘粒子在捕集体上的沉降并非只有一种沉降机理在起作用，而是多种沉降机理联合作用的结果。

（1）拦截效应　拦截机理认为：粒子有大小而无质量，因此，不同大小的粒子都跟着气流的流线而流动。因此当含尘气流接近滤料纤维时，较细尘粒随气流一起绕流，若尘粒半径大于尘粒中心到纤维边缘的距离时，尘粒即因与纤维接触而被拦截。

（2）惯性碰撞效应　开始时，粒子沿流线运动，绕流时，流线弯曲。有质量为 m 的粒子由于惯性作用而偏离流线，与捕集体相撞而被捕集。最远处能被捕集的粒子的运动轨迹是极限轨迹。如图 8-18 中的虚线所示。

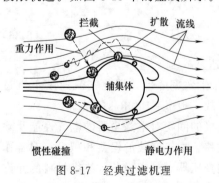

图 8-17　经典过滤机理

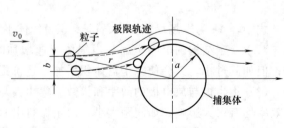

图 8-18　惯性碰撞效应

一般粒径较大的粉尘主要依靠惯性碰撞作用捕集。当含尘气流接近滤料的纤维时，气流将绕过纤维，其中较大的粒子（大于 $1\mu m$）由于惯性作用，偏离气流流线，继续沿着原来的运动方向前进，撞击到纤维上而被捕集。所有处于粉尘轨迹临界线内的大尘粒均可到达纤维表面而被捕集。这种惯性碰撞作用，随着粉尘粒径及气流流速的增大而增强。因此，提高通过滤料的气流流速，可提高惯性碰撞作用。

（3）扩散效应　当气溶胶粒子很小时，这些粒子在随气流运动时就不再沿流线绕流捕集体，此时，扩散效应将起作用。对于小于 $1\mu m$ 的尘粒，特别是小于 $0.2\mu m$ 的亚微米粒子，在气体分子的撞击下脱离流线，像气体分子一样做布朗运动，如果在运动过程中和纤维接触，即可从气流中分离出来。这种作用即称为扩散作用，它随流速的降低、纤维和粉尘直径的减小而增强。

（4）重力沉降作用　进入除尘器的含尘气流中，部分粒径与密度较大的颗粒会在重力作用下自然沉降。

（5）静电作用　气溶胶粒子和捕集体通常带有电荷，这会影响粒子的沉积。粒子和捕集体的自然带电量是很少的，此时静电力可以忽略不计。但如果有意识地人为给粒子和捕集体荷电，以增强净化效果时，静电力作用将非常明显。粒子和捕集体间的静电力主要有 4 种：库仑力、感应力、空间电荷力和外加电场力。

（6）筛滤作用　过滤器的滤料网眼一般为 $5\sim50\mu m$，当粉尘粒径大于网眼直径或粉尘沉积在滤料间的尘粒间空隙时，粉尘即被阻留下来。对于新的织物滤料，由于纤维间的空隙远大于粉尘粒径，所以筛滤作用很小，但当滤料表面沉积大量粉尘形成粉尘层后，筛滤作用显著增强。上述分离效应一般并不同时发生作用，而是根据粉尘性质、滤袋材料、工作参数及运行阶段的不同，产生作用的分离效应的数量及重要性亦各不相同。表 8-16 给出了各种捕集机理所适应的不同粒径范围。

表 8-16　各种捕集机理作用的粒度范围

机理	粒度范围/μm	机理	粒度范围/μm
筛滤	＞过滤层微孔尺寸	拦截作用	＞1
惯性碰撞	＞1	扩散效应	＜0.01～0.5
静电作用	＜0.01～5	重力沉降	所有粒径

8.4.2　常用滤料的种类及选用

8.4.2.1　常用滤料

滤料按制作方法分为纺织滤料、无纺滤料、复合滤料、陶瓷纤维滤料等。按制作材质分为天然纤维滤料、合成纤维滤料和无机纤维滤料。

（1）纺织滤料　早期的滤料多是以纺织物制成的。随着无纺纤维滤料和化纤工业的发展，无纺纤维滤料逐步成为气体中颗粒物收集的主要过滤原料。但是，由于纺织滤料具有一定的特性和实际过滤条件的要求，纺织滤料在很多方面仍得到应用。纺织滤料和无纺纤维滤料相比，有如下优缺点：①可制成具有较大强度和耐磨性的滤料；②尺寸稳定性好；③易形成平整光滑表面或薄形柔软的织物，易于清灰；④易调整织物的紧密程度，既可制成较疏松的也可制成紧密的滤料；⑤内部过滤作用小，初始效率低，只有在纺织滤料表面形成粉尘层后，才能过滤较小的粒子，未形成粉尘层或因某种原因使粉尘层遭到破坏时，效率明显下降；⑥在同样过滤风速情况下，纺织滤料阻力大；⑦为达到应有的效率，气布比较低。

（2）无纺纤维　无纺纤维的发展始于 20 世纪 60 年代，1970—1980 年的 10 年间产量增长了 79%。当前，袋滤式除尘器用的无纺纤维绝大部分是针刺毡。针刺毡分为有基布和无基布两类。

（3）复合滤料　为扬长避短，可用两种或两种以上各具特色的材料加工成滤料，这种滤料称为复合滤料。有底布的针刺毡就是一种复合滤料。这种滤料用基布以增加强力，用纤网以获得理想的过滤效率。基布与面层材质相同者，严格地讲，也属复合滤料，只是人们已习惯称之为针刺毡。如在合成纤维 Nomex 基布上刺以细玻纤制成针刺毡，可避免玻纤不抗折的缺点，又可获得耐温与抗腐蚀的优势。

（4）玻璃纤维滤料　玻璃纤维滤料是由熔融的玻璃液拉制而成的，是一种无机非金属材料。玻纤的耐温性好，可以在 260~280℃的高温下使用，可减少结露的危险。经过特殊表面处理的玻纤滤料，具有柔软、润滑、疏水等性能，使粉尘容易剥离，仅用反吹风方式即可充分达到清灰的目的。用于袋滤式除尘器的玻璃纤维过滤材料主要有玻璃纤维平幅过滤布、玻璃纤维膨体纱过滤布、玻璃纤维针刺毡滤料。

（5）防静电滤料　作为过滤用纤维，自身或使用过程中气流或粒子的摩擦或多或少都带有一定的电荷。但一些纤维，特别是合成纤维极易荷电。静电放电产生的火花能引燃所过滤的可燃粉尘，当粉尘浓度高于爆炸下限时会造成爆炸。另外，易荷电的粒子积聚在滤料上，相互之间很强的引力作用会严重影响清灰效果。压损增大，滤料会在高粉尘负荷作用下破损。为预防上述静电危害，对高比电阻纤维滤料，需提高其导电性。采用的方法是在过滤材料中引入导电纱线（电荷经导电纱线通过接地除尘器壳体释放）。导电纱线可用不锈钢丝、含石墨纤维纱等。

（6）陶瓷纤维　高温陶瓷滤料是纤维过滤领域的高科技，陶瓷滤料具备了几乎所有过滤净化所需要的优良性能。陶瓷过滤器几乎对烟气条件无任何限制，其过滤风速远大于常规袋式除尘器，净化效率极高。

8.4.2.2　滤料的选用

如今，纤维滤料的品种极为广泛多样，表 8-17 给出了一些常见滤料的性能。任何一种滤料都不可能既经济又具备完全优良的性能。针对所给定的生产系统的运行条件作出正确的滤料选择才是至关重要的。

表 8-17　滤料性能

滤料	工作温度/℃	最高承受温度/℃	吸湿率/%	耐酸性	耐碱性	强度①
棉	75~85	95	8	不好	稍好	1
羊毛	80~90	100	10~15	稍好	不好	0.4
尼龙	75~85	95	4~4.5	稍好	好	2.5
奥纶	125~135	150	6	好	不好	1.6
涤纶	140	160	6.5	好	不好	1.6
玻璃纤维	250	—	0	好	不好	1.0
芳砜纶	220	260	4.5~5	不好	好	2.5
聚四氟乙烯	220~250	—	0	很好	很好	2.5

① 以棉纤维的强度为 1。

8.4.3　袋式除尘器

8.4.3.1　袋式除尘器的结构

袋式除尘器是含尘气体通过滤袋滤去其中粉尘粒子的分离捕集装置，是一种干式高效过滤式除尘器。袋式除尘器的结构形式多种多样，根据不同的分类标准可以分为不同类型。

（1）按滤袋形状分类 按滤袋截面形状分为圆筒形和扁平形，见图8-19。

圆袋应用较早且较多，主要特点是受力均匀，连接简单，换袋容易。扁袋和圆袋相比，在同样体积内可多布置 20%～40% 的过滤面积的滤袋。因此，在处理流量和粉尘负荷相同的条件下，扁袋除尘器体积较小。但为了保持形状，扁袋滤布内一般需加钢筋骨架进行支撑。

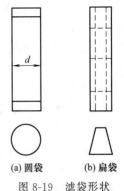

(a) 圆袋   (b) 扁袋

图 8-19　滤袋形状

（2）按进气位置分类 按除尘器的进气口布置分为上进气和下进气，见图8-20。含尘气体从除尘器上部进气时，粉尘沉降方向与气流方向一致，粉尘在袋内移动距离较远，粉尘层形成均匀，过滤性能较好。但滤袋安装较为复杂，且配气室需设在壳体顶部，使除尘器高度有所增加。采用下进风时，粒径较大的粉尘直接沉入灰斗，一般只有细粉尘与滤袋接触，因此滤袋磨损小。但由于气流方向与颗粒沉降方向相反，会造成清灰后细粉尘的返混现象，重新积附于滤袋表面，从而降低清灰效率。与上进风相比，下进风方式设计合理，构造简单，造价便宜，因而使用较多。

（3）按过滤方向分类 可分为内滤式和外滤式，见图8-20。

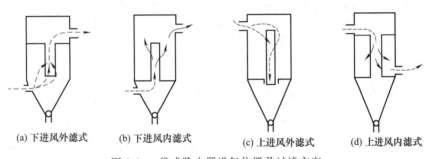

(a) 下进风外滤式   (b) 下进风内滤式   (c) 上进风外滤式   (d) 上进风内滤式

图 8-20　袋式除尘器进气位置及过滤方向

内滤式除尘器的含尘气流首先进入滤袋内部，由内向外过滤，捕集的粉尘积于滤袋内层，滤袋外部为洁净气体侧，便于工人检查和换袋。内滤式适用于机械清灰和逆气流清灰的袋式除尘器。外滤式除尘器的含尘气流首先进入滤袋外部，由外向内进行过滤，为防止滤袋压瘪，滤袋内部需设支撑骨架。外滤式适用于脉冲喷吹袋式除尘器、高压气流反吹袋式除尘器等。

（4）按清灰方式分类 按清灰方式可分为简易清灰式、机械振动清灰式、逆气流反吹清灰式、气环反吹清灰式、脉冲喷吹清灰式及联合清灰式等。

8.4.3.2　袋式除尘器的选型设计

（1）袋式除尘器的选型 若袋式除尘器采用定型产品，根据以下选型原则即可初步确定除尘器类型及过滤方式：若设备安装高度受到限制，应考虑选择下进风袋式除尘器；若安装面积比较狭窄，则扁袋除尘器是较好的选择；若含尘气流温度较高，应选用耐高温的滤料，此外也可采取降温措施，如系统内增加热交换设备或简单地采用掺冷风的方法来降低温度；当含尘气流湿度较大时，考虑选用气环反吹袋式收尘器，此外还应采取保温或加温的措施，防止水汽在除尘器内结露，产生糊袋现象；若含尘气体中有害物质（如二氧化硫、氮氧化物及其他化学物质）超标时，除对过滤及壳体材料有进一步要求外，系统中还应考虑有害物质的净化问题。初步确定除尘器类型及过滤方式后，可以根据处理风量及过滤风速（参照产品样本）计算过滤面积：

$$A = \frac{Q}{60v_f} \tag{8-41}$$

式中，A 为过滤面积，m^2；Q 为处理风量，m^3/h；v_f 为过滤风速，m/min。

过滤面积确定后，即可选定袋式除尘器的型号规格。

（2）袋式除尘器的设计　当无法采用定型产品，必须自行设计时，可按下述步骤进行。根据处理气体流量，按式（8-41）计算总过滤面积。过滤风速应根据含尘浓度、粉尘特性、滤料种类及清灰方式进行确定。一般可参考表 8-18 的数据。

表 8-18　袋式除尘器的参考过滤风速　　　　　　单位：m/min

粉尘种类	清灰方式		
	振打与逆气流	脉冲喷吹	反吹风
炭黑，氧化硅(自炭黑)；铅、锌的升华物以及其他在气体中由于冷凝和化学反应而形成的气溶胶；化妆粉；去污粉，奶粉，活性炭，由水泥窑排出的水泥	0.45～0.50	0.8～2.0	0.33～0.45
铁及铁合金的升华物，铸造尘，氧化铝，由水泥磨排出的水泥；碳化物升华物，石灰，刚玉；安福粉及其他肥料；塑料；淀粉	0.50～0.75	1.50～2.50	0.45～0.55
滑石粉；煤；喷砂清理尘；飞灰，陶瓷生产的粉尘，炭黑(次加工)；颜料，高岭土；石灰石；矿尘，铝土矿，水泥(来自冷却器)；搪瓷	0.70～0.80	2.0～3.0	0.6～0.9
石棉；纤维尘；石膏；珠光石；橡胶生产中的粉尘盐、面粉；研磨工艺中的粉尘	0.3～1.1	2.5～4.5	—
烟草；皮革粉；混合饲料，木材加工中的粉尘；粗植物纤维(大麻、黄麻等)	0.9～2.0	2.5～6.6	—

（3）确定滤袋尺寸　包括滤袋直径（d）和滤袋长度（l）。滤袋直径一般为 100～300mm。直径小，易堵灰；直径大，有效空间利用率低。袋长多为 2～12m。脉冲喷吹式袋长较小，回转反吹风式滤袋可长一些。一般说来，直径小，滤袋短；直径大，滤袋长。

计算每个滤袋面积（a）：

$$a = \pi d l \tag{8-42}$$

计算滤袋数（n）：

$$n = \frac{A}{a} \tag{8-43}$$

当所需滤袋数较多时，可根据清灰方式及运行条件，按一定间隔将其分为若干组，以方便检修和换袋。壳体及附属装置设计。该部分包括除尘器箱体、进排气口形式、灰斗形状、支架结构、检修孔及操作平台、粉尘清灰机构的设计、清灰制度的确定及卸灰装置的设计等内容。

8.4.3.3　常用袋式除尘器

（1）机械振打袋式除尘器　含尘气体由进气口经隔气板进入过滤室，过滤室按不同规格分成 2～9 个分室，每个分室有 14 个滤袋，含尘气体经滤袋净化后由排气管排出。经一定过滤时间，振打装置将排气管阀门关闭并将回气管阀门打开，同时振动框架，滤袋随框架抖动，附着在滤袋上的粉尘被清除并落入灰斗，由螺旋输送机或星形阀排出。

（2）简易清灰袋式除尘器　简易清灰袋式除尘器包括各种简易清灰方法，它们依靠尘粒自重和风机启动、停止，使滤袋变形，粉尘自行脱落而清灰。有的使用人工定期拍打或设手工摇动机构抖动而清灰，也有利用空气振动的。简易清灰袋式除尘器的过滤风速，比其他形式都低，一般采用 $0.2\sim0.8m/min$，当用棉布、绒布滤料时取 $0.15\sim0.3m/min$，采用毛呢滤布时取 $0.3\sim0.6m/min$。其压力损失一般控制在 $600\sim1000Pa$ 以下，设计、使用得好时，除尘效率可达 99%。简易清灰袋式除尘器的特点是结构简单，安装操作方便，投资省，对滤料要求不高（用或玻璃丝布均可），维修量小，滤袋寿命长。主要缺点是由于过滤风速小，使得除尘器庞大，占地面积大，正压下运行时，人工清灰的工作环境差。这种除尘器目前已经应用较少。

（3）脉冲喷吹袋式除尘器　脉冲喷吹袋式除尘器是一种周期性地向滤袋内喷吹压缩空气来达到清除滤袋积灰的袋式除尘器。它是一种新型高效除尘器，净化效率可达 99% 以上，压力损失为 $1200\sim1500Pa$，过滤负荷较高，滤布磨损较轻，使用寿命较长，运行安全可靠，已得到普遍使用。但它需要高压气源作清灰动力，电力用量消耗较大，对高浓度、含湿量较大的含尘气体的净化效果较差。脉冲喷吹袋式除尘器的结构见图 8-21。

常用的脉冲喷吹袋式除尘器主要有顺喷式、逆喷式、环隙喷吹等脉冲袋式除尘器。顺喷式脉冲袋式除尘器是由顶部或上部进气，下部排气，气流方向与脉冲喷吹方向相同，且净化后的空气不经过引射器喉管。这种设计可有效地降低除尘器阻力损失，节省动力消耗，并有利于粉尘的沉降。逆喷式脉冲袋式除尘器中含尘气体从下侧部进入除尘器，经滤袋外滤，净化后

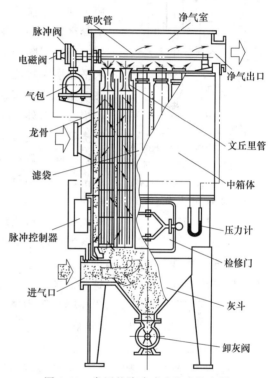

图 8-21　常用的脉冲喷吹袋式除尘器

的气体从滤袋上部文氏管排出。文氏管上部设有压缩空气喷吹管，每隔一定时间用压缩空气喷吹一次，吹落的粉尘落入集灰斗，经排灰装置排出。这种脉冲袋式除尘器由于采用的文氏管喉管直径较小，增加了除尘器的阻力损失。环隙喷吹脉冲袋式除尘器的主要特点是压力损失低，过滤气速高，但压缩空气耗量大。

（4）回转反吹袋式除尘器　该除尘器的入口形状为蜗壳形设计，含尘气体由切向进入过滤室上部空间，较大粒径的粉尘在离心力作用下沿筒壁旋落至灰斗，微细尘埃弥散于过滤室筒体袋间空隙并被滤袋阻留，气体透过滤袋汇集于清洁气体室，由风机吸出并排放于大气中。随着过滤工况的进行，滤袋积灰逐步加厚，阻力损失亦逐渐增加。当达到反吹风控制阻力上限时，由压差变送器发出信号自动启动反吹风机构工作。该除尘器顶盖上设有回转揭盖装置及操作人孔，换袋在顶部清洁室操作，不必揭盖。由于滤袋为扁袋，故具有占地面积小、结构紧凑等特点。

8.4.4 颗粒层除尘器

8.4.4.1 颗粒层除尘器的结构

颗粒层除尘器是利用颗粒过滤层使粉尘与气体分离，从而达到净化气体的目的。它具有

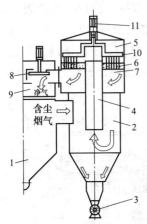

图 8-22 颗粒层除尘器

1—含尘气体总管；2—旋风筒；
3—卸灰阀；4—内筒；5—过滤室；
6—过滤床层；7—洁净气体；
8—换向阀门；9—洁净气体总管；
10—耙子；11—电动机

结构简单、过滤颗粒来源广、耐高温、耐腐蚀、磨损小、效率高等特点。但对微细粉尘的除尘效率不及袋式除尘器，且由于颗粒层滤料容量有限，不适合用于含尘浓度过大的气体。颗粒层除尘器的滤料要求耐磨、耐腐蚀、价廉，对高温气体还要求耐热。一般选择含二氧化硅 99% 以上的石英砂作滤料，也可用无烟煤、矿渣、焦炭、河砂、卵石、陶粒、玻璃珠等。颗粒层除尘器结构如图 8-22 所示。

颗粒层除尘器按过滤床层的位置分类，可分为垂直床层和水平床层颗粒层除尘器；按床层的状态分类，可分为固定床、移动床和流化床颗粒层除尘器；按清灰方式分类，可分为不可再生（或器外再生）、振动加反吹风清灰、耙子加反吹风清灰及沸腾反吹风清灰等颗粒层除尘器。颗粒层除尘器的主要优点有：①除尘效率高，一般为 98%～99.9%，只要设计和操作正常，一般不难达到 99%。②适应性广，可以捕集大部分物性粉尘，比电阻对其除尘效率影响甚微。③处理粉尘气量、气体温度和入口浓度等参数的波动对效率的影响，不像其他除尘设备那么敏感。④这类除尘器采用适当的滤料可耐高温，例如

常用的石英砂滤料，其工作温度可达 350～450℃，而且不易燃烧和爆炸；石英砂滤料特别耐磨，使用数年也不用变换。这类滤料资源丰富，价廉物美。颗粒层除尘器均为干式作业，不需用水，不存在二次污染。设备运行阻力中等，运行费也不算高。

8.4.4.2 颗粒层除尘器的性能特征

(1) 除尘效率 对颗粒层除尘器的除尘效率影响最大的因素是滤料粒径、层厚和过滤速度。此外，滤料及粉尘性质、表面状态、气体温度及含湿量、灰尘充塞程度等，也直接影响除尘器的除尘效率。在整个过滤过程中，随着颗粒层中逐步充塞粉尘，其除尘效率也不断发生变化。考虑到扩散、拦截、惯性及重力等各效应的影响，颗粒层除尘器总除尘效率可写成如下形式：

$$\eta = \exp\{-H\,[a\,(8Pe-1+2.308Re^{\frac{1}{8}}Pe^{\frac{5}{8}}) + bR^{-2} + cSt + dG]\} \qquad (8-44)$$

式中，a、b、c、d 为与滤料种类有关的常数；Pe 为 Peclet 数；Re 为粉尘粒子的雷诺数；R 为粉尘粒子的拦截数；St 为 Stokes 数；G 为重力沉降参数；H 为床层厚度，m。

M. O. Abdullah 等对几种颗粒滤料进行了实验，实验流速为 17～26cm/s，床层厚度为 5～20cm，通过回归分析，得出了各常数的值。如表 8-19 所示。

表 8-19 颗粒层的过滤参数

参数	玻璃球 6mm	陶瓷拉希球 6.35mm×6.35mm	塑料丝网 1mm	玻璃毛 25.4μm
a	6.337	345.65	128.283	0.188
b	$7.116×10^5$	$-5.705×10^5$	$-0.289×10^4$	-0.163
c	11.583	30.616	0.502	$0.157×10^{-4}$
d	-28.797	-21.694	-2.291	0.178

（2）颗粒层除尘器的阻力损失　颗粒层除尘器的阻力损失取决于滤料的种类、大小及床层厚度，并随气流速度的增加而增加。颗粒层除尘器阻力损失计算公式一般靠实验获得，下面即是一个较为通用的计算阻力损失的式子：

$$\Delta P = \varepsilon \frac{H}{d} \times \frac{\rho v^2}{2} \times \frac{(1-\varepsilon)^2}{\varepsilon^3} \times \frac{1}{\varphi_s} \tag{8-45}$$

式中，ΔP 为气体流过固定床的阻力损失，Pa；H 为床层高度，m；d 为滤料直径，m；ρ 为气体密度，kg/m^3；v 为空管流速，m/s；ε 为阻力系数；φ_s 为粒子形状系数。

在层流时，阻力系数（ε）可以按下式计算：

$$\varepsilon = \frac{220}{Re} \tag{8-46}$$

式中，Re 为雷诺数，可以按下式计算：

$$Re = \frac{dv}{\nu} \tag{8-47}$$

式中，ν 为气体运动黏度，m^2/s。

如果取粒径作为特征长度，空管流速代表流速，则判别气体流动状态的界限是：当 $Re = 35$ 时为层流；$Re = 70 \sim 7000$ 时为过渡状态；而 $Re > 7000$ 时，气体处于紊流状态。

颗粒层除尘器的阻力还与采用的颗粒层的性质有关。M. O. Abdullah 等通过实验得出：

$$\frac{\Delta P}{H} = A v_*^B \tag{8-48}$$

式中，v_* 为迎面流速，cm/s；A、B 为阻力常数，由实验得出，如表 8-20 所示。

表 8-20　颗粒层除尘器的阻力常数

阻力常数	玻璃球	拉希环	塑料丝网	玻璃毛
A	0.008	0.006	0.001	0.003
B	1.814	1.775	1.685	1.516

 **案例**

湿式电除尘新技术助燃煤电厂实现超低排放

当前，我国环保压力持续加大。部分区域和城市大气雾霾现象突出，部分地区主要污染物排放量超过环境容量。今年以来，各级政府陆续出台多项政策措施，下大力气治理 $PM_{2.5}$，改善空气质量。湿式电除尘器在满足超低排放、治理 $PM_{2.5}$ 方面的效果得到业内专家一致认可，环境保护部在《环境空气细颗粒物污染防治技术政策（试行）》（征求意见稿）中明确指出：鼓励火电企业采用湿式电除尘等新技术，防止脱硫造成的"石膏雨"污染。

我国环保企业从 2009 年开始投入湿式电除尘器的研究和开发，从试验、中试到工业应用，目前已取得了多个项目的成功应用，并得到很好的使用效果。主要工程案例如下。

案例一：福建上杭瑞翔纸业湿式电除尘工程　2011 年 12 月，福建上杭瑞翔纸业循环流化床锅炉安装一台湿式电除尘器。这台湿式电除尘器为立式布置，烟气从电除尘器上部进入，经引风机从烟囱排出。经测试，湿式电除尘器入口含尘浓度达 $513mg/m^3$，出口排放仅为 $9.3mg/m^3$。对捕集到的粉尘进行粒径分析，PM_{10} 以下粉尘占 90%，$PM_{2.5}$ 以下粉尘占 30%，表明湿式电除尘器对细微粉尘具有高效脱除效果；对喷淋水与排出水的 pH 值对比测试，pH 值由 7 变为 3，表明湿式电除尘器对 SO_3 具有很高的脱除能力。

案例二：上海长兴岛第二发电厂湿式电除尘工程　上海长兴岛第二发电厂装机容量为

$2\times12MW$，配套两台燃煤锅炉，电厂位于上海市区和崇明岛之间，属于污染物排放重点控制地区，两台机组各配备一台三电场干式电除尘器。由于排放标准提高，为满足 SO_2 和粉尘的排放要求，决定在电除尘器之后建设湿法脱硫，并在湿法脱硫之后增设湿式电除尘器，以满足 SO_2 及 $10mg/m^3$ 粉尘排放要求。

思考与练习

1. 湿式除尘机理是什么？
2. 湿式除尘器的分类有哪 7 种类型？
3. 提高重力沉降室的除尘效率有哪些途径？
4. 电除尘器的优缺点是什么？

第 9 章 ▶▶ 气体污染物净化设计与设备

本章摘要

本章第 1 节介绍了净化系统的组成及系统设计的基本内容，学习了集气罩的机理、集气罩的基本形式、性能参数及计算，第 2 节～第 6 节分别介绍了气态污染物净化原理与设备、吸附法净化原理与设备、冷凝法净化原理与设备、催化法净化原理与设备、燃烧法净化原理与设备和气态污染物其他技术。

气体净化系统可以将污染气体收集起来，输送到净化设备中将其分离出来或转化成无害物质，最后将净化后的干净气体排入大气。由此可见，一个完整的废气净化系统应包括五个部分：气体收集装置、输送管道、净化设备、风机、排气筒。气体净化系统的设计要包括：集气罩的选择和设计、除尘器的设计或选型、管道选择和阻力计算、风机的选型计算等。

9.1 集气罩的设计

一般来说气体收集装置一般被称为集气罩或吸气罩，在不同的场合下也被称为排气罩排风罩、吸风罩、吸尘罩、集气吸尘罩等。

9.1.1 集气罩的捕气机理和结构

9.1.1.1 集气罩的捕气机理

集气罩能够进行气体的收集，主要的原因在于罩口气流的运动规律，一般来说，集气罩罩口的运动方式有两种：一种是吸气口气流的吸入流动；另一种是吹气口气流的射流流动。

当吸气口吸气时，在吸气口附近形成负压，周围空气从四面八方流向吸气口，形成吸入气流或汇流。当吸气口面积较小时，可视为"点汇"。

假定流动没有阻力，在吸气口外气流流动的流线是以吸气口为中心的径向线，等速面是以吸气点为球心的球面，如图 9-1（a）所示。假设点汇的吸气量为 V，等速面的半径分别为 γ_1 和为 γ_2，相应的气流速度为 v_1 和 v_2，则有

$$V = 4\pi\gamma_1^2 v_1 = 4\pi\gamma_2^2 v_2 \tag{9-1}$$

$$\text{即} \quad \frac{v_1}{v_2} = \left(\frac{\gamma_2}{\gamma_1}\right)^2 \tag{9-2}$$

从式（9-2）可以看出，点汇外某一点的流速与该点至吸气口距离的平方成反比，这说明吸气口外的气流速度衰减很快。因此设计集气罩时，应尽量减小罩口到污染源的距离。

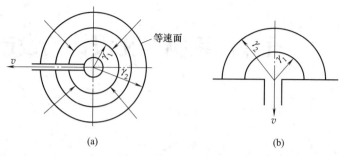

图 9-1 吸入流动模式图

当吸气口四周加上挡板后，吸气范围会减少一半，其等速面为半球面，如图 9-1（b）所示，此时吸气口的吸气量为：

$$Q = 2\pi\gamma_1^2 v_1 = 2\pi\gamma_2^2 v_2 \tag{9-3}$$

由该公式可以看出，在同样距离上以相同的速度吸气时，没有挡板的吸气口的吸气量比有挡板的吸气口的吸气量要大 1 倍。在吸气量和距离相同的情况下，没有挡板的吸气口的吸入速度比有挡板的吸气口的吸入速度小 1 倍。因此，在设计外部吸气罩时，应尽量减少吸气范围，以便增强吸气效果。实际使用的排气罩罩口都是有一定面积的，不能都看成一个点，而且空气流动也是有阻力的，因此不能把点汇流吸风口的流动规律直接用于排气罩的计算。为了解决生产实践中提出的问题，很多人曾对各种吸风口的气流运动规律进行大量的实验研究。实践证明，吸风口周围空气流动的等速面不是球面而是椭球面。当离开吸风口的距离（γ）与吸风口直径（d_0）的比 $\gamma/d_0 > 0.5$ 时，可以按式（9-1）计算吸风口作用区内各点的流速；当 $\gamma/d_0 < 0.5$ 时，可以采用下面的经验公式。

圆形吸风口轴线上的流速：

$$\frac{v_\gamma}{v_0} = \frac{1}{1 + \left(\dfrac{\gamma}{\sqrt{F_0}}\right)^{1.4}} \tag{9-4}$$

矩形吸风口轴线上的流速：

$$\frac{v_\gamma}{v_0} = \frac{1}{1 + 7.7\left(\dfrac{a_0}{b_0}\right)^{0.34}\left(\dfrac{\gamma}{\sqrt{F_0}}\right)^{1.4}} \tag{9-5}$$

式中，γ 为离开吸风口的距离，m；F_0 为吸风口的横断面积（圆形 $F_0 = \frac{1}{4}\pi d_0^2$，$d_0$ 为圆形吸风口的直径；矩形 $F_0 = a_0 b_0$，m^2）；a_0 为矩形吸风口的长边，m；b_0 为矩形吸风口的短边，m。

根据实验结果，吸气口气流速度分布具有以下特点：①吸气口气流速度衰减较快。当 $\gamma/d_0 = 1$ 时，该点气流速度已大约降至吸气口流速的 7.5%；②对于结构一定的吸气口，不论吸气口风速大小如何，其等速面形状大致相同，而吸气口结构形式不同，其气流衰减规律则不同。

9.1.1.2 集气罩的结构特性

按罩口气流流动方式可将集气罩分为两大类：吸气式集气罩和吹吸式集气罩。利用吸气气流捕集污染空气的集气罩称为吸气式集气罩，而吹吸式集气罩则是利用吹吸气流来控制污染物扩散的。按集气罩与污染源的相对位置及适用范围，还可将吸气式集气罩分为密闭罩、排气柜、外部集气罩、诱导型集气罩等。

（1）密闭罩　密闭罩是将污染源的局部或整体密闭起来的一种集气罩。其作用原理是使污染物的扩散限制在一个很小的密闭空间内，仅在必须留出的罩上开口缝隙处吸入若干室内空气，使罩内保持一定负压，达到防止污染物外逸的目的。罩子把污染源局部或整体密闭起来，使污染物的扩散被限制在一个很小的密闭空间内，同时从罩内排出一定量的空气，使罩内保持一定的负压，罩外的空气经罩上的缝隙流入罩内，以防止污染物外逸。

按密闭罩的围挡范围和结构特点，可将其分为局部密闭罩［只在设备的污染物产生点设置罩子，而设备的其余部分都露在罩子之外，一般适用于污染气流速度较小且连续散发的地点，见图 9-2（a）］，整体密闭罩［把污染源全部或大部分密闭起来，只把设备需要经常观察和维护的部分留在罩外，适用于气流较大的设备或全面散发污染物的污染源，见图 9-2（b）］和大容积密闭罩［将产生污染的设备或地点全部密闭起来的密闭罩，适用于多点、阵发性、污染气流速度大的设备或地点，见图 9-2（c）］三种。

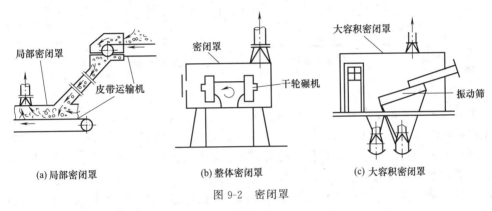

(a) 局部密闭罩　　　　(b) 整体密闭罩　　　　(c) 大容积密闭罩

图 9-2　密闭罩

密闭罩的特点是所需排气量最小，控制效果最好，而且不受横向气流的干扰，如手套箱等，适于处理毒性较大的气态污染物，如放射性物质等。密闭罩的换气次数可达 20 次/h 以上，所排出的污染物必须经过高效过滤或净化处理才能排入大气。因此，在设计集气罩时，在操作工艺允许的条件下，应优先采用密闭罩。

（2）排气柜　排气柜也被称为半密闭罩或通风柜，是在密闭罩上开有较大的操作孔，通过操作孔吸入大量的气流来控制污染物的外逸，多呈柜形和箱形。其捕集机理和密闭罩一样，可视为开有较大孔口的密闭罩。其特点是控制效果好，排风量比密闭罩大，而小于其他形式集气罩。

如按气流方向来分，又可分为水平式通风柜和垂直式通风柜。按吸风口的位置来分，排气柜又可分为上吸式、下吸式以及上下联合抽气式等，如图 9-3 所示。当柜内产生的气态污染物的温度较高或密度较小时适用于上吸式，密度比空气大且是冷源时适用于下吸式。上下联合抽气式可调节上下抽气量的比例，适合柜内发生各种不同密度的有害气体或有热源存在时采用。

（3）外部集气罩　由于工艺条件的限制，有时无法对污染源进行密闭，则只能在其附近设置

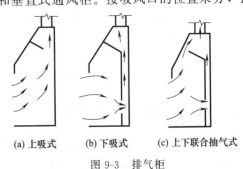

(a) 上吸式　　(b) 下吸式　　(c) 上下联合抽气式

图 9-3　排气柜

外部集气罩。外部集气罩依靠罩口外吸入气流的运动而实现捕集污染物。外部集气罩形式多样，按集气罩与污染源的相对位置可将其分为四类：上部集气罩、下部集气罩、侧吸罩和槽边集气罩，见图9-4。

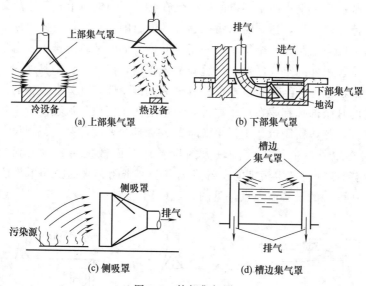

图 9-4　外部集气罩

外部集气罩的基本原理是利用气态污染物本身运动的方向，如热气上升、粉尘飞散等，在污染物移动的方向等待并加以捕集。上部集气罩在实际工程中的应用最广泛。只有在污染源向下部抛射污染物，由于工艺操作上的限制在上部或侧面都不允许设置集气罩时，才采用下部集气罩，如木工车间加工木材的设备所用排气装置。

（4）诱导型集气罩　这种排气罩对于气态污染物的捕捉方向与污染物本身运动方向不一致，例如对各种工业槽设置的槽边排气罩，气态污染物由槽内向上运动，排气罩对污染物进行侧方诱导，让污染物沿侧向排出。这样既可以不影响工艺操作，又可以使得有害物排出时不经过人的呼吸区。但诱导型集气罩往往需要较大的排风量，增加了运行的成本。诱导型集气罩一般分为单侧和双侧，当槽子宽度大于 700mm 时一般采用双侧排风，见图9-5。

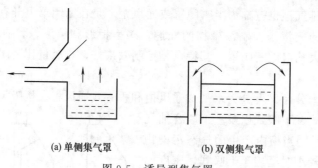

图 9-5　诱导型集气罩

9.1.2　集气罩性能与设计

表示集气罩性能特性的主要技术经济指标为排风量和压力损失。

（1）排风量　集气罩排风量 Q（m^3/s），可通过测罩口上的平均吸气速度 v_0（m^3/s）

和罩口面积 A_0（m^2）确定：

$$Q(m^3/s) = A_0 v_0 \tag{9-6}$$

也可以通过实测连接集气罩直管中的平均速度 v（m^3/s）、气流动压 P_d（Pa）或气体静压 P_s（Pa）及其断面积 A（m^2），按下式确定（见图9-6）。

$$Q = Av = A\sqrt{(2/\rho)P_d} \tag{9-7}$$

$$或 \quad Q = \varphi A\sqrt{(2/\rho)|P_s|} \tag{9-8}$$

式中，ρ 为气体密度，kg/m^3；φ 为集气罩的流量系数。

在实际的工程应用中，常采用控制速度法和流量比法来计算集气罩的排风量。由于从污染源散发出的污染物具有一定的扩散速度，并且该速度随污染物扩散而逐渐减小，在此基础上发展出了控制速度法。控制速度系在罩口前污染物扩散方向的任意点上均能使污染物随吸入气流流入罩内并将其捕集所必需的最小吸气速度。吸气气流有效作用范围内的最远点称为控制点。控制点距罩口的距离称为控制距离，见图9-7。

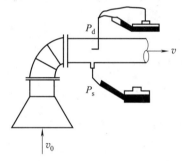

图 9-6　集气罩流量系数的测定

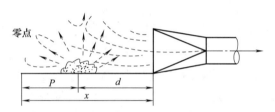

图 9-7　控制速度法

只有在控制点以内的污染物才易吸走。集气罩在控制点所造成的能吸走污染物的最小气流速度 v_x 称为控制速度。控制速度的大小是根据经验确定的，如表9-1所示。

表 9-1　污染源的控制速度

污染物的产生状况	举　例	$v_x/(m/s)$
以轻微的速度放散到平静的空气中	蒸汽的蒸发、气体或烟气从敞口容器中外逸	$0.25 \sim 0.5$
以轻微的初速度放散到尚属平静的空气中	喷漆室内喷漆、断续地倾倒有沉屑的干物料到容器中、焊接	$0.5 \sim 1.0$
以相当大的速度放散出来，或放散到空气运动迅速的区域	翻砂，高速（大于1m/s）皮带运输机的转运点、混合、装袋或装箱	$1.0 \sim 2.5$
以高速放散出来，或是放散到空气运动迅速的区域	磨床；重破碎	$2.5 \sim 10$

（2）**流量比法**　为了准确地计算集气罩的排风量，日本学者研究了集气罩罩口上同时有污染气流和吸气气流的气流运动规律，提出了按罩口污染气流与吸气气流的流线合成来求取排风量的流量比法。流量比法的基本思路是：把集气罩的排风量（Q_3）看成是污染气流量（Q_1）和从罩口周围吸入室内空气量（Q_2）之和，即

$$Q_3 = Q_1 + Q_2 = Q_1(1 + Q_2/Q_1) = Q_1(1 + K) \tag{9-9}$$

比值 $Q_2/Q_1 = K$ 称为流量比。显然，K 值越大，污染物越不易逸出罩外，但集气罩排风量（Q_3）也随之增大。考虑到设计的经济合理性，把能保证污染物不逸出罩外的最小 K

值称为临界流量比，用 K_v 表示。

$$K_v = (Q_2/Q_1)(\text{limit}) \tag{9-10}$$

综上，KvV 值是决定集气罩控制效果的主要因素。这种依据 K_v 值计算集气罩排风量的设计方法称为流量比法。显然，求取合理的 K_v 值是流量比法的关键。工程设计中采用的 K_v 计算公式需要通过实验研究求出。实验的研究结果表明，K_v 与污染物发生量无关，只与污染源和集气罩的相对尺寸有关。下面以上部伞形罩和侧吸罩为例，来说明影响 K_v 的主要因素及 K_v 的计算方法。图 9-8 为上部伞形罩和侧吸罩与污染源的相对尺寸。

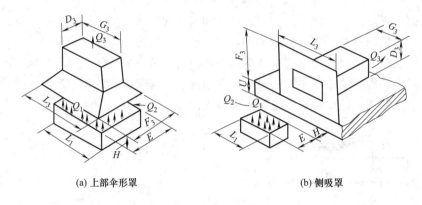

(a) 上部伞形罩   (b) 侧吸罩

图 9-8 上部伞形罩和侧吸罩示意图

图中 F_3 为罩口法兰边全宽，如不设法兰边则为罩口宽度；L_3 为罩口法兰边全长，如不设法兰边则为罩口长度；D_3 为集气罩连接风管直径或短边尺寸；G_3 为长边尺寸；E 为污染源直径或短边尺寸；L_1 为污染源长边尺寸；H 为罩口至污染源距离；U 为侧吸罩（三维集气罩）法兰边至污染源距离；Q_1 为污染物发生量；Q_2 为吸入室内空气量；Q_3 为集气罩排风量。

实验研究表明，K_v 值随 H/E 的增加而增大。所以，工程设计中一般要求 $H/E < 0.7$。当 $H/E > 0.7$ 时，可考虑选用吹吸式集气罩。另外，K_v 随 F_3/E 的增加而减小，即增大 F_3 可以减少吸气范围，提高控制效果。但实验表明，当 $F_3/E > (1.5 \sim 2.0)$ 时，对 K_v 不再有明显影响。对于侧吸罩，当 $F_3/D_3 < 2$ 时，K_v 急剧增大；而当 $F_3/D_3 \geqslant 2$ 时，K_v 趋于常数，设计时应取 $F_3/D_3 \geqslant 2$。另外，对于如图 9-9（b）所示的侧吸罩应保证 $1 \leqslant F_3 \leqslant E \leqslant 2$。对于长方形污染源，且污染气流运动方向与吸气方向一致的上部伞形罩，K_v 值可按下式计算：

$$K_v = [1.4(H/E)^{1.5} + 0.3] \times [0.4(F_3/E)^{-3.4} + 0.1](E/L_1 + 1) \tag{9-11}$$

对于长方形污染源，且污染气流运动方向与吸气方向垂直的侧吸罩，K_v 值可按下式计算：

$$K_v = \left[1.5\left(\frac{F_3}{E}\right)^{-1.4} + 2.5\right] \times \left[\left(\frac{E}{L_1}\right)^{1.7} + 0.12\right] \times \left[\left(\frac{H}{E}\right)^{1.5} + 0.2\right] \times \left[0.3\left(\frac{U}{E}\right)^{2.0} + 1.0\right] \tag{9-12}$$

当污染气体与周围空气有一定温差时，K_v 值会相应增大，按下式计算（$\Delta t < 200℃$）：

$$K_{v(\Delta t)} = K_{v(\Delta t = 0)} + \frac{3}{2500}\Delta t \tag{9-13}$$

式中，Δt 为污染气体与周围空气的温差，℃。

在计算室内横向气流的集气罩排风量时，应增加适当的安全系数，表示为：

$$Q_3 = Q_1(1 + mK_v \Delta t) \tag{9-14}$$

式中，m 为考虑干扰气流影响的安全系数，见表 9-2。

表 9-2 安全系数（m）

横向干扰气流速度/(m/s)	安全系数（m）	横向干扰气流速度/(m/s)	安全系数（m）
0～0.15	5	0.30～0.45	10
0.15～0.30	8	0.45～0.60	15

（3）压力损失 集气罩的压力损失（ΔP）一般表示成压力损失系数（ξ）与直管中动压（P_d）之乘积的形式：

$$\Delta P = \xi P_d = \xi \rho v^2 / 2 \tag{9-15}$$

对结构形状一定的集气罩，ξ 值为常数（见表 9-3）。

表 9-3 集气罩的流量系数和压损系数表

罩子名称	喇叭口	圆台或天圆地方	管道端头	有边管道弯头
流量系数（φ）	0.98	0.90	0.72	0.82
压力损失系数（ξ）	0.04	0.235	0.93	0.49

（4）结构尺寸 排气罩的结构尺寸一般是按经验确定的。排气罩的吸风口大多为喇叭形，罩口面积（F）与风管横断面积（f）的关系为：

$$F \leqslant 16f \tag{9-16}$$

$$或 \quad D \leqslant 4d \tag{9-17}$$

喇叭口的长度（L）与风管直径（d）的关系为：

$$L \leqslant 3d \tag{9-18}$$

如使用矩形风管，矩形风管的边长 B（长边）为：

$$B = 1.13\sqrt{F} \tag{9-19}$$

9.2 气态污染物净化原理与设备

化学上可将气态污染物分为两大类：一类是有机污染气体，另一类是无机污染气体。有机污染气体主要包括各种烃类、醛类、酸类、醇类、酮类以及胺类等。无机污染气体主要包括以 NO 和 NO_2 为主的含氮化物、以 SO_2 为主的含硫化合物、碳的氧化物、卤素及其化合物等。气态污染物在废气中呈分子态，分布均匀，不能像颗粒物那样可以利用重力、离心力、静电力等使其与废气得以分离。气态污染物的控制主要是利用其物化性质，如溶解度、吸附力、湿度、露点和选择性化学反应等的差异，将污染物从废气中分离出来，或者将污染物质转化为无害或易于处理的物质。常用的方法有吸收法、吸附法、冷凝法、催化转化法和燃烧法等。本章将对用于气态污染物控制的典型设备及其原理进行阐述。

9.2.1 吸收法净化原理与设备

吸收是根据气体混合物中各组分在液体溶剂中的物理溶解度或者化学反应活性的不同将混合物进行分离的一种方法。吸收净化法具有效率高、设备简单的特点，被广泛应用于气态污染物的控制工程，它不仅是减少或消除气态污染物向大气排放的重要途径，且还可将污染物转化为有用的产品。

可将吸收分为物理吸收和化学吸收两类。在物理吸收中，气体组分在吸收剂中只是单纯的物理溶解过程。化学吸收则是伴有显著化学反应的吸收过程，被吸收的气体（简称吸收质）与吸收剂中的一个或多个组分发生化学反应。

(1) 气液相平衡　物理吸收的气液相平衡：当混合气体与吸收剂相互接触时，气体中的部分吸收质向吸收剂进行质量传递，吸收过程同时也会发生溶液中的吸收质向气相逸出的质量传递（解吸过程）。在一定的温度和压力条件下，吸收过程的传质速率等于解吸过程的传质速率时，气液两相就达到了动态平衡，简称相衡。当总压不高（一般约小于 5×10^5 Pa）时，在一定的温度下，稀溶液中溶质的溶解度与上方气相中溶质的平衡分压成正比，此时气液两相的平衡关系可用亨利定律来表达。

① 如果用体积摩尔浓度（c）表示溶质在液相中的组成，则亨利定律表示为：

$$p = \frac{c}{H} \tag{9-20}$$

式中，p 为溶质在气相中的平衡分压，MPa；c 为单位体积溶液中溶质的摩尔分数，kmol/m³；H 为溶解度系数，kmol/(m³ · MPa)。

② 若液相组成用摩尔分数来表示，则液相上方气体中溶质的分压（p_e）与其在液相中的摩尔分数之间存在如下的关系：

$$p_e = Ex \tag{9-21}$$

式中，x 为平衡状态下，溶质在溶液中的摩尔分数；E 为亨利系数，单位与 p_e 相同，其值随物系特性及温度变化而变，由实验测定或查相关手册可得。难溶气体的 E 值很大，易溶气体的 E 值很小。

③ 若溶质在气相与液相中的组成分别用摩尔分数 y 和 x 表示时，亨利定律又可写成如下形式：

$$y_e = mx \tag{9-22}$$

式中，y_e 为与 x 相平衡的气相中溶质的摩尔分数；m 为相平衡常数，无量纲，其值通过实验测定。m 值越小，表明该气体的溶解度越大。对于一定的物系，m 是温度和压强的函数。

④ 若以摩尔比表示，则亨利定律可写成如下形式：

$$Y_e = mX \tag{9-23}$$

式中，Y_e 为摩尔比，$Y_e = \frac{y}{1-y}$；X 为摩尔比，$X = \frac{x}{1-x}$。

化学吸收的气液相平衡：如果溶于液体中的吸收质与吸收剂发生了化学反应，那么被吸收组分在气液两相的平衡关系既满足相平衡关系，同时也服从化学平衡关系。

设吸收组分 A 与溶液中所含的 B 组分发生化学反应，其反应产物为 M、N，因同时满足相平衡与化学平衡关系，可以求得：

$$a\text{A} + b\text{B} \longrightarrow m\text{M} + n\text{N}$$

$$[\text{A}] = \left\{ \frac{[\text{M}]^m [\text{N}]^n}{K[\text{B}]^b} \right\}^{\frac{1}{n}} \tag{9-24}$$

式中，[M]、[N]、[A]、[B] 分别为各组分浓度；a、b、m、n 分别为各组分的化学计量系数；K 为化学平衡常数。

将这些值代入亨利定律可得：

$$p_{eA} = \frac{1}{E_A}\left\{\frac{[M]^m [N]^n}{K [B]^b}\right\}^{\frac{1}{n}} \tag{9-25}$$

（2）吸收传质机理　气液两相间物质传递过程的理论是研究者们近数 10 年来一直在研究的问题。目前已经提出的理论很多，包括 1926 年 Whitman 提出的双膜理论（亦称滞留膜理论）、1935 年 Higbie 提出的溶质渗透理论以及 1951 年 Danckwerts 提出的表面更新理论等。其中"双膜理论"一直占有非常重要的地位，它不仅适用于物理吸收，也适用于化学吸收。

根据生产任务进行吸收设备的设计计算，计算混合气体通过指定设备所能达到的吸收程度都需要知道的是吸收速率。吸收速率指的是单位时间单位相际传质面积上吸收的溶质的量，根据"双膜理论"，吸收速率=吸收系数×吸收推动力。由于吸收系数及其相应推动力的表达方式及范围不同出现了多种形式的吸收速率方程式，现结合图 9-9 进行如下阐述。

气膜吸收速率方程式：

$$N_A = k_G(p_G - p_i) \text{ 或 } N_A = k_y(Y_G - Y_i) \tag{9-26}$$

式中，N_A 为单位时间内溶质 A 扩散通过单位面积的物质的量，即传质速率，$kmol/(m^2 \cdot s)$；p_G、p_i 分别为为溶质 A 在气相主体和相界面处的分压，kPa；Y_G、Y_i 分别为溶质 A 在气相主体和相界面处的摩尔分数；k_G 为以 $(p_G - p_i)$ 为推动力的气相分吸收系数或气相传质系数，$kmol/(m^2 \cdot s \cdot kPa)$；$k_y$ 为以 $(Y_G - Y_i)$ 为推动力的气相分吸收系数或气相传质系数，$kmol/(m^2 \cdot s)$。

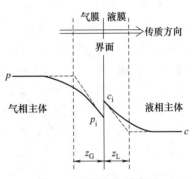

图 9-9　双膜理论示意图

液膜吸收速率方程式：

$$N_A = k_L(c_i - c_L) \text{ 或 } N_A = k_x(x_i - x_L) \tag{9-27}$$

式中，c_L、c_i 分别为溶质 A 在液相主体和相界面处的浓度，$kmol/m^3$；x_L、x_i 分别为溶质 A 在液相主体和相界面处的摩尔分数；k_L 为以 $(c_i - c_L)$ 为推动力的液相分吸收系数或液相传质系数，m/s；k_x 为以 $(x_i - x_L)$ 为推动力的液相分吸收系数或液相传质系数，$kmol/(m^2 \cdot s)$。

总传质速率方程式：

$$N_A = K_G(p_G - p_e) = K_L(c_e - c_L) \tag{9-28}$$

$$\text{或 } N_A = K_y(y - y_e) = K_x(x_e - x) \tag{9-29}$$

式中，K_G 为以压力差为推动力的气相总吸收系数，$kmol/(m^2 \cdot s \cdot kPa)$，$\frac{1}{K_G} = \frac{1}{Hk_L} + \frac{1}{k_G}$；$K_y$ 为以摩尔分率差为推动力的气相总吸收系数，$kmol/(m^2 \cdot s)$，$\frac{1}{K_y} = \frac{1}{k_y} + \frac{m}{k_x}$；$K_L$ 为以浓度差为推动力的液相总吸收系数，m/s，$\frac{1}{K_L} = \frac{1}{k_L} + \frac{H}{k_G}$；$K_x$ 为以摩尔分率差为推动力的液相总吸收系数，$kmol/(m^2 \cdot s)$，$\frac{1}{K_x} = \frac{1}{k_x} + \frac{1}{mk_y}$。

对于易溶气休来说，吸收速率主要取决于气膜阻力，而液膜阻力可以忽略，吸收过程为气膜控制。相反的，难溶气体则可忽略气膜阻力，只考虑液膜阻力，吸收过程为液膜控制。介于易溶与难溶之间的气体，吸收过程则为双膜控制，需要同时考虑气膜和液膜的阻力。

（3）吸收塔的物料平衡　在吸收时，从气相传递到液相的组分量等于气相中组分的减量，并等于在液相中组分的增量。那么，逆流操作吸收设备（见图 9-10）的全塔物料衡算就可以写成：

$$G(Y_1 - Y_2) = L(X_1 - X_2) \tag{9-30}$$

式中，G 为单位时间通过吸收塔任一截面单位面积的惰性气体的量，$kmol/(m^2 \cdot s)$；L 为单位时间通过吸收塔任一截面单位面积的纯吸收剂的量，$kmol/(m^2 \cdot s)$；Y_1、Y_2 分别为在塔底和塔顶的被吸收组分的气相摩尔比（被吸收组分与惰性气体物质的摩尔比），$kmol/kmol$；X_1、X_2 分别为在塔底和塔顶的被吸收组分的液相摩尔比（被吸收组分与吸收剂的物质的量之比），$kmol/kmol$。

对于图 9-10，若塔的任意截面与塔底之间进行物料衡算，就有

$$G(Y_1 - Y) = L(X_1 - X) \tag{9-31}$$

$$或\quad Y = \frac{L}{G}X + \left(Y_1 - \frac{L}{G}X_1\right) \tag{9-32}$$

在 Y-X 图中，式（9-32）是一条直线，如图 9-11 所示，其斜率 L/G 称为气液比，这条直线称为吸收操作线，式（9-32）称为吸收操作线方程，该方程是由操作条件决定的。

对于一定的气液系统，当温度压力一定时，平衡关系就能全部确定，也就是说平衡线在 Y-X 图上的位置是确定的（见图 9-11 中的 OC 线）。操作线方程式的作用是说明塔内气液浓度的变化情况，更重要的是通过气液浓度变化情况与平衡关系的对比，确定吸收推动力。对于吸收操作来说，操作线必须位于平衡线之上，操作线与平衡线之间的距离反映出了吸收推动力的大小，对于图 9-11 中的任一点 A，垂线段 AD 等于吸收推动力 $(Y_1 - Y_e)$，而水平线 AC 就等于吸收推动力 $(X_e - X_1)$。

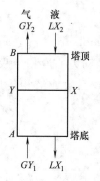

图 9-10　逆流吸收塔示意图

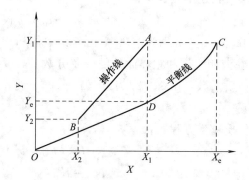

图 9-11　吸收操作线与推动力

在进行设计计算时，气体进塔和出塔浓度（Y_1、Y_2）以及惰性气体量（G）都是已知的，液相进塔浓度 X_2 也已知，而由式（9-32）可知：

$$\frac{L}{G} = \frac{Y_1 - Y_2}{X_1 - X_2} \tag{9-33}$$

由以上分析可知，当 X_1 最大时，L 最小，而根据气液平衡关系可知，X_1 最大值时，与 Y_1 达到平衡，此时操作线与平衡线相交，则吸收推动力为 0，线是直线，那么根据平衡常数，由下式计算：

$$X_e = \frac{Y_1}{m} \tag{9-34}$$

$$L_{min} = \frac{Y_1 - Y_2}{X_e - X_2} G = \frac{Y_1 - Y_2}{\frac{Y_1}{m} - X_2} G \tag{9-35}$$

（4）吸收液的解吸　为了回收溶质或回收溶剂进行循环使用，需要对吸收液进行解吸处理（溶剂的再生）。使溶于液相中的气体释放出来的操作就称为解吸（或者称为脱吸）。

9.2.2　填料塔的设计

填料塔主要由塔体、填料支承、填料、液体喷淋、液体再分布、气体进口管等部件所组成，其设计程序如下。

（1）收集资料　根据实地调查或任务书给定的气、液物料系统和温度、压力等条件，查阅手册或相关资料。若无合适数据可供采用时，则应通过实验来找出气、液平衡关系。

（2）确定流程　吸收流程可以采用单塔逆流或并流的流程，也可采用单塔吸收、部分吸收剂再循环的流程，或采用多塔串联、部分吸收剂循环（或无部分循环）的流程。部分吸收剂再循环的主要作用是提高喷淋密度，保证完全润湿填料和除去吸收热，其次还可以调节产品的浓度。

当设计计算所得填料层过高时，应将其分为数塔，然后加以串联。有时填料层虽不是太高，由于系统容易堵塞或其他原因，为了维修方便也可分为数塔串联。

（3）计算吸收剂用量　当吸收过程中平衡线是直线时，吸收剂的最小用量可按下式计算，

$$L = (1.2 \sim 2.0) L_{min} \tag{9-36}$$

但为保证填料表面能够充分润湿，必须保证一定的喷淋密度。

（4）选择填料　填料塔中大部分容积被填料所填充，填料的作用是增加气液两相的接触面积和提高气相的湍动程度，从而促进吸收过程的进行，它是填料塔的核心部分，是影响填料塔经济性的一个重要因素。填料的种类很多，大致可分为通用型填料和精密填料两大类，如图 9-12 所示。鲍尔环、拉西环、矩鞍和弧鞍填料等属于通用型填料，其特点是适用性好，但效率较低，可由金属、陶瓷、塑料、焦炭及玻璃纤维等材质制成。网环和波纹网填料属于精密填料，它们的特点是效率较高，但要求比较苛刻，应用受到限制，其主要材质为金属材料，部分填料也可以用非金属材料制成。

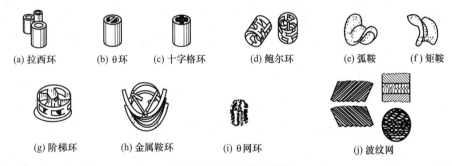

（a）拉西环　　（b）θ环　　（c）十字格环　　（d）鲍尔环　　（e）弧鞍　　（f）矩鞍

（g）阶梯环　　（h）金属鞍环　　（i）θ网环　　（j）波纹网

图 9-12　填料种类示意图

填料在填料塔内的装填方式有乱堆（散装）和整砌（规则排列）两种。乱堆填料装卸方

便，压降大，一般直径在 50mm 以下的填料多采用乱堆方式进行装填；整砌装填常用规整填料整齐砌成，压降小，适用于直径在 50mm 以上的填料。常见填料的特性数据见表 9-4。

表 9-4　几种填料的特性数据（摘录）

填料类别及名义尺寸/mm		实际尺寸(外径×高×厚)/mm×mm×mm	比表面积/(m²/m³)	空隙率/(m³/m³)	堆积密度/(kg/m³)	填料因子/m⁻¹
陶瓷拉西环(乱堆)	15	15×15×2	330	0.70	690	1020
	25	25×25×2.5	190	0.78	505	450
	40	40×40×4.5	126	0.75	577	350
	50	50×50×4.5	93	0.81	457	205
陶瓷拉西环(整砌)	50	50×50×4.5	124	0.72	673	
	80	80×80×9.5	102	0.57	962	
	100	100×100×13	65	0.72	930	
钢拉西环(乱堆)	25	25×2.5×0.8	220	0.92	640	390
	35	35×35×1	150	0.93	570	260
	50	50×50×1	110	0.95	430	175
陶瓷鲍尔环(乱堆)	25	25×25	220	0.76	505	300
	50	50×50×4.5	110	0.81	457	130
钢鲍尔环(乱堆)	25	25×25×0.6	209	0.94	480	160
	38	38×38×0.8	130	0.95	379	92
	50	50×50×0.9	103	0.95	355	66
塑料鲍尔环(乱堆)	25		209	0.90	72.6	170
	38		130	0.91	67.7	105
	50		103	0.91	67.7	82
塑料阶梯环(乱堆)	25	25×12.5×1.4	223	0.90	97.8	172
	38	38.5×19×1.0	132.5	0.91	57.5	115
陶瓷弧鞍(乱堆)	25		252	0.69	725	360
	38		146	0.75	612	213
	50		106	0.72	645	148

（5）填料塔直径的计算　填料塔直径是根据生产能力和空塔气速决定的。选择小的空塔气速，则压降小，动力消耗少，操作弹性大，设备投资大，但生产能力低；低气速也不利于气液充分接触，使分离效率降低。若选择较高的空塔气速，则不仅压降大，且操作不够稳定，难以控制。

计算填料塔的直径时，先用泛点和压降通用关联图（见图 9-13）计算泛点气速，该关联图显示了泛点与压降、填料因子、液气比等参数之间的关系。

空塔气速通常为泛点气速的 50%～80%，当空塔气速（u）确定后，填料塔直径（D）可由下式计算：

$$D = \sqrt{\frac{4V_s}{\pi u}}\ (\text{m}) \tag{9-37}$$

式中，u 为操作条件下混合气体的体积流量，m³/s；V_s 为操作条件下混合气体的体积流量。

逆流吸收过程中，由于吸收质不断进入液相，所以混合气体量由塔底至塔顶逐渐减小。在计算塔径时，一般应以塔底的气量为依据。当计算出的塔径不是整数时，需要根据加工要求及设备定型进行取整。直径在 1m 以下时，间隔为 100mm；直径在 1m 以上时，间隔为

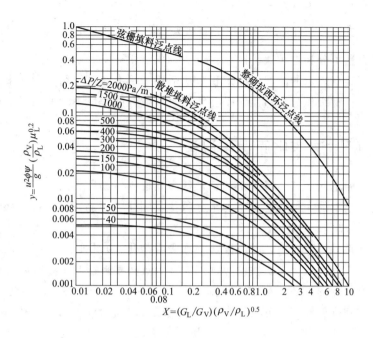

图 9-13　填料层的压力降和填料塔泛点之间的通用关联图

200mm。当塔径确定后，应对填料尺寸进行校核。

（6）填料塔的高度　填料塔的高度主要取决于填料层的高度，另外还要考虑塔顶空间、塔底空间和塔内附属装置等。如图 9-14 所示。

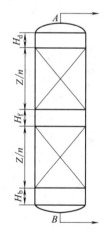

填料塔的高度计算如下：

$$H = H_d + Z + (n-1)H_f + H_b \qquad (9\text{-}38)$$

式中，H 为塔高（A 到 B 的高度，不包括封头、支座高），m；Z 为填料层高度，m；H_f 为液体再分布器的空间高，m；H_d 为塔顶空间高（不包括封头部分），一般取 $0.8 \sim 1.4$m；H_b 为塔底空间高（不包括封头部分），一般取 $1.2 \sim 1.5$m；n 为填料层分层数。

图 9-14　填料塔高计算示意图

上式中的填料层高（Z）可通过联立解吸收速率方程和物料衡算方程来求得。选取填料吸收塔中任意一段高度为 dh 的微元填料层来进行研究，当高度变化 dh 时，气体的浓度由 $Y \rightarrow Y + \mathrm{d}Y$，设塔的内截面积为 A，单位体积填料层所提供的有效接触面积为 a。则单位时间由气相传到液相的吸收量为：

$$GA\,\mathrm{d}Y = N_A A h a = K_Y(Y - Y_e)Aha \qquad (9\text{-}39)$$

列出变数后，再从塔顶到塔底积分可以得到填料层高度 h 的计算式如下：

$$h = \int_0^h \mathrm{d}h = \frac{G}{K_Y a} \int_{Y_2}^{Y_1} \frac{\mathrm{d}Y}{(Y - Y_e)} \qquad (9\text{-}40)$$

若令

$$H_{OG} = \frac{G}{K_Y a} \qquad N_{OG} = \int_{Y_2}^{Y_1} \frac{\mathrm{d}Y}{Y - Y_e} \qquad (9\text{-}41)$$

式中，H_{OG} 为气相总传质单元高度，m；N_{OG} 为气相总传质单元数。

求填料层高度（Z）的关键问题在于如何去求算总传质单元数 $\int_{Y_2}^{Y_1} \dfrac{dY}{Y-Y_e}$，即积分的数值。它的求解方法可分为解析法、图解积分法和梯级积分法。解析法适用于平衡线能用简单的数学式（如直线）表示的情况；图解积分法适用于平衡线不能用数学式来表示或数学表达式太复杂的情况；梯级积分法适用于平衡线为直线或弯曲程度不大的曲线的情况。

9.3 吸附法净化原理与设备

与液体的吸附不同，气体吸附是利用某些多孔性固体物质表面上未平衡或未饱和的分子力，把气体混合物中的一种或几种有害组分吸留在固体表面上，然后将其从气流中分离并除去的净化操作过程。

吸附法净化是一种干法工艺，与湿法（如吸收净化法）相比，具有工艺流程简单、净化效率高、无腐蚀性、一般无二次污染等优点。在大气污染控制当中，吸附过程能够有效地分离出废气中浓度很低的气态污染物。例如，低浓度 SO_2 和 NO_2 尾气的净化处理，吸附净化后的尾气能够达到排放标准，分离出来的污染物还可以作为资源回收再利用。

9.3.1 吸附法净化设计原理

9.3.1.1 吸附平衡

在一定条件下，当流体与吸附剂充分接触之后，一方面流体中的吸附质将被吸附剂吸附，称该过程为吸附过程。随着吸附过程的进行，吸附质在吸附剂表面上的数量会逐渐增加，一部分已被吸附的吸附质，由于热运动的结果而脱离吸附剂的表面，回到混合气体中去，该过程称为解吸过程。在一定的温度下，当吸附速度和解吸速度相等（即达到吸附平衡）时，流体中吸附质的浓度（或分压）称为平衡浓度（或平衡分压），而吸附剂对吸附质的吸附量为平衡吸附量。平衡吸附量与平衡浓度（或平衡分压）之间的关系即为吸附平衡关系，通常用吸附等温曲线或吸附等温式来表示。

① 吸附等温线　图 9-15 所示为吸附过程中出现的 5 种等温吸附线类型，其形状的差异是由于吸附剂和吸附质分子之间的作用力不同而造成的。I型曲线表示吸附剂毛细孔的孔径比吸附质分子尺寸略大时的单分子层吸附；Ⅱ型曲线表示完成单层吸附后再形成多分子层吸附；Ⅲ型曲线表示吸附气体量不断随组分分压增加而增加直至相对饱和值趋于 1 为止；类型Ⅳ为类型Ⅱ的变形，能形成有限的多层吸附；类型Ⅴ偶然见于分子互相吸引效应很大的情况。

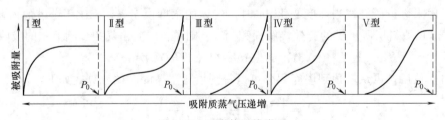

图 9-15　吸附等温线类型

② 吸附等温方程式　在等温条件下的吸附平衡，由于各研究者对平衡现象的描述采用了不同的假定和模型，因而推导出多种经验方程式，即吸附等温方程式。常用的有弗罗德里希（Freundlich）等温吸附方程式、朗格缪尔（Langmuir）等温吸附方程式和 BET 方程。

弗罗德里希（Freundlich）等温吸附方程式：

$$q=\frac{x}{m}=kp^{\frac{1}{n}}$$　　　　　　　　　　　　(9-42)

式中，q 为单位吸附剂在吸附平衡时的饱和吸附量，kg/kg；p 为吸附质的平衡分压，kPa；k、n 为经验常数，随着温度的变化而变化，在一定温度下对一定体系而言是一个常数；m 为吸附剂的量，kg；x 为所吸附之吸附质的量，kg。

该方程描述的是在等温条件下，吸附量和压力的指数分数成正比。压力增大，吸附量也随之增大，但当压力增到一定程度后，吸附量不再变化。一般认为在中压范围内能很好地符合实验数据。

朗格缪尔（Langmuir）等温吸附方程式：

$$q=\frac{Kq_{m}p}{1+Kp}$$　　　　　　　　　　　　(9-43)

式中，q_{m} 为吸附剂表面单分子层盖满时的最大吸附量，kg/kg；K 为吸附平衡常数，L/g。

朗格缪尔方程符合 I 型等温线和 II 型等温线的低压部分。

BET 方程：

$$q=\frac{q_{m}bp}{(p^{0}-p)\left[1+(b-1)\dfrac{p}{p^{0}}\right]}$$　　　　　　　　　　　　(9-44)

式中，p^{0} 为同温度下该气体的液相饱和蒸气压，Pa；b 为与吸附热有关的常数；其余物理量同前。

勃劳纳尔（Brunauer）、埃米特（Emmett）、泰勒（Teller）三人联合建立的 BET 方程能够更好地适应吸附的实际情况，应用范围较宽，它可以适用于 I 型、II 型和 III 型等温线。

工业吸附过程所涉及的都是气体混合物而不是纯气体。如果在气体混合物中除 A 之外所有其他组分的吸附均可忽略，那么 A 的吸附量可按纯气体的吸附估算，但其中的压力应采用 A 的分压。而多组分气体吸附时，一个组分的存在对于另一组分的吸附有很大影响，这个过程十分复杂。一些实验数据表明，混合气体中的某一组分对另外组分吸附的影响可能是增加、减小或没有影响，取决于吸附分子间的相互作用。

9.3.1.2　吸附速率

吸附剂对吸附质的吸附效果，除了用吸附容量表示之外，还必须以吸附速率来衡量。所谓的吸附速率，指的是单位质量的吸附剂（或单位体积的吸附剂）在单位时间内所吸附的吸附质的量。吸附速率决定了需要净化的混合气体和吸附剂的接触时间，吸附速率快，所需要的接触时间就短，需要的吸附设备容积就小。通常吸附质被吸附剂吸附的过程可以分为三步（图 9-16）：①吸附质从气流主体穿过颗粒层周围气膜扩散至吸附剂颗粒的外表面，称为外扩散过程；②吸附质从吸附剂颗粒的外表面通过颗粒上的微孔扩散进入颗粒内部，达到颗粒的内表面，称为内扩散过程；③在吸附剂内表面上的吸附质被吸附剂吸附，称为表面吸附过程。解吸时这些过程则逆向进行，首先进行被吸附质的解吸，经内扩散传递至外表面，再从外表面扩散至流动相主体，完成解吸过程。

对于物理吸附而言，通常吸附表面上的吸附过程往往进行得很快，所以决定吸附过程总速率的是内扩散过程和外扩散过程。

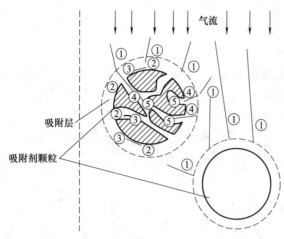

图 9-16　吸附质在吸附剂上的扩散示意图

根据上述机理，对于某一瞬间，按拟稳态来处理，吸附速率可分别用外扩散、内扩散或总传质速率方程来表示。由于吸附剂外表面处的浓度无法测定，因此通常按照拟稳态处理，将吸附速率用总传质速率方程可表示为：

$$\frac{\partial q}{\partial t}=K_F \alpha_P(c-c^*)=K_S \alpha_P(q^*-q)$$

$$(9\text{-}45)$$

式中，c^* 为与吸附质含量为 g 的吸附剂呈平衡状态的流体中吸附质的质量浓度，kg/m^3；g^* 为与吸附质浓度为 c 的流体呈平衡的吸附剂上吸附质的含量，kg/kg；t 为吸附时间，s；K_F 为以 $\Delta c=c-c^*$ 为推动力的总传质系数，m/s；K_S 为以 $\Delta q=q^*-q$ 为推动力的总传质系数，$kg/(m^2 \cdot s)$；α_P 为单位体积吸附剂的吸附表面积，m^2/m^3。

对于稳态传质过程，存在如下关系：

$$\frac{\partial q}{\partial t}=K_F \alpha_P(c-c_i)=K_S \alpha_P(q_i-q)$$

$$(9\text{-}46)$$

如果在操作的浓度范围内吸附平衡为直线，即存在 $q_i=mc_i$，那么根据上式整理可得：

$$\frac{1}{K_F}=\frac{1}{k_F}+\frac{1}{mk_S}$$

$$(9\text{-}47)$$

$$\frac{1}{K_S}=\frac{1}{k_S}+\frac{m}{k_F}$$

$$(9\text{-}48)$$

式中，k_F 为流体相侧的传质系数，m/s；k_S 为吸附剂固相侧的传质系数，$kg/(m^2 \cdot s)$。k_F 与颗粒几何形状、流体物性、两相接触的流动状况以及温度、压力等操作条件有很大关系。有些关联式可供使用，具体可参考有关专著。k_S 与吸附剂的微孔结构性质、吸附质的物性以及吸附过程持续时间等多种因素有关，一般通过实验测定。式（9-47）、式（9-48）表示吸附过程的总传质阻力为外扩散阻力与内扩散阻力之和。

在大多数情况下，内扩散的速率较外扩散慢，吸附速率由内扩散速率决定，吸附过程称为内扩散控制过程，此时 $K_S=k_S$；但有的情况下，外扩散速率比内扩散慢，吸附速率由外扩散速率决定，称为外扩散控制过程，此时 $K_F=k_F$。

9.3.2　固定床吸附器的设计

9.3.2.1　收集数据

固定床吸附器操作时影响吸附过程的因素有很多。床层内包括已饱和区、传质区和未利用区，在传质区内吸附质的浓度随时间而改变；随着传质区的移动，三个区的位置又不断改变。因此，设计吸附器时需收集废气风量、废气成分、浓度、温度、湿度以及排放规律等。

除此之外，还应尽可能地选用与工业生产条件相似的模拟实验，或参照相似的生产装置，取得饱和吸附量和穿透规律等必要的数据。

9.3.2.2　吸附剂的选用

选择吸附剂时最重要的条件是饱和吸附量大和选择性好。除此之外，还应具备解吸容易、稳定性好、机械强度高、气流通过阻力小等条件。粉状吸附剂阻力大，而且容易被气流夹带，所以不便直接使用。为减少气相阻力，一般应采用颗粒状（球形、圆柱形）的吸附剂。

9.3.2.3　吸附区高度的计算

吸附器主要尺寸和穿透时间的计算常用穿透曲线法和希洛夫近似计算法，本节仅介绍希洛夫近似计算法。希洛夫近似计算法基于如下假设：①吸附速率为无穷大，即吸附质一旦进入吸附层立即被吸附；②达到穿透时间时，吸附剂床层全部达到饱和，因此饱和吸附量应等于吸附剂静平衡吸附量，饱和度 $S = 1$。

根据以上两个假设，穿透时间内气流带入床层的吸附质的量应等于该时间内吸附剂床层所吸附的吸附剂的量，即

$$G_S \tau_b' A Y_0 = Z A \rho_b X_T \tag{9-49}$$

式中，G_S 为通过床层的惰性气体流率，$kg/(m^2 \cdot s)$；τ_b' 为穿透时间，s；A 为吸附剂床层截面积，m^2；Y_0 为气流中吸附质初始浓度，kg/kg；Z 为吸附床层高度，m；ρ_b 为吸附剂堆积密度，kg/m^3；X_T 为与 Y_0 达吸附平衡时吸附剂的平衡吸附量，即静活性，kg/kg。

由上式可以得到：

$$\tau_b' = \frac{X_T \rho_b}{G_S Y_0} Z \tag{9-50}$$

由上式可知，当吸附速率无穷大时，吸附床的穿透时间与吸附床高度关系线是通过原点的直线，如图 9-17 中的直线 1 所示。此时有

$$\tau_b' = \frac{X_T \rho_b}{G_S Y_0} Z = KZ \tag{9-51}$$

但实际穿透时间（τ_b）要小于吸附速率无穷大时的穿透时间（τ_b'），它们的差值为 τ_0。实测的直线是离开原点平行于直线 1 的直线，如图 9-17 中直线 2 所示。

$$\tau_b = \tau_b' - \tau_0 \tag{9-52}$$

所以在实际操作中，将式（9-52）进行修正，得到：

$$\tau_b = KZ - \tau_0 = K(Z - Z_0) \tag{9-53}$$

式中，τ_0 为穿透操作的时间损失，s，可由实验确定；Z_0 为吸附床层中未被利用的长度，也称为吸附床层的长度损失，m，由实验确定；K 为常数，通常由实验测得。

上式即为著名的希洛夫方程式，由此可推导出床层高度（Z）的计算公式：

$$Z = \frac{\tau_b + \tau_0}{K} \text{ (m)} \tag{9-54}$$

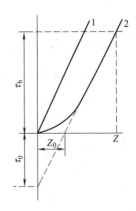

图 9-17　τ-Z 曲线与理想线的比较
1—理想线；2—实际曲线

用上式计算所需吸附剂床层高度，若求出 Z 太高，可分为 n 层布置，或分为 n 个串联吸附床布置。为便于制造和操作，通常取各床层高度相等，串联的床数 $n \leqslant 3$。

9.3.2.4 空塔气速与吸附层截面的计算

固定床空塔气速过小则处理能力低，空塔气速太大，不仅阻力增大，而且吸附剂易流动而影响吸附层气流分布。固定床吸附器的空塔气速一般为 $0.2\sim0.5\text{m/s}$，可以参考类似装置来选取。固定床层的高度一般取 $0.5\sim1\text{m}$，立式直径与床层高度大致相等，卧式长度大约为床层高度的 4 倍。空塔气速决定后吸附层截面积（A）由下式计算：

$$A=\frac{Q}{3000u}\ (\text{m}^2)\tag{9-55}$$

式中，Q 为处理气体量，m^3/h；u 为空塔气速，m/s。

若 A 太大，可分为 n 个并联的小床，则每个小床的截面积：

$$A'=\frac{A}{n}\ (\text{m}^2)\tag{9-56}$$

9.3.2.5 吸附剂质量计算

每次吸附剂装填总质量（m）：

$$m=AZ\rho_b=nA'Z\rho_b=nm'(\text{kg})\tag{9-57}$$
$$m'=A'Z\rho_b\tag{9-58}$$

式中，m' 为每个小床或每层吸附剂的质量，kg。

考虑到装填损失，每次新装吸附剂时需用吸附剂量为 $1.05\sim1.2m$。

9.3.2.6 吸附周期的确定

出现穿透的时间即为吸附周期 t，可以用下式确定：

$$t=\frac{W_a}{G_S}\tag{9-59}$$

式中，W_a 为床层穿透至床层耗竭时通过吸附床的惰性气体量，kg/m^2。

9.3.2.7 固定床吸附装置的压力降计算

流体通过固定床吸附剂床层的压力降（Δp）可用下式近似计算：

$$\frac{\Delta p}{Z}\times\frac{\varepsilon^3 d_P\rho}{(1-\varepsilon)G_S^2}=\frac{150(1-\varepsilon)}{Re}+1.75\ (\text{Pa})$$
$$Re=d_PG_S/\mu\tag{9-60}$$

式中，ε 为吸附层孔隙率，%；d_P 为吸附剂颗粒平均直径，m；ρ 为气体密度，kg/m^3；Re 为气体绕吸附剂颗粒流动的雷诺数；μ 为气体黏度，Pa·s；其余各量的物理意义同前。

9.4 冷凝法净化原理与设备

在气液两相共存的体系中，存在着组分的蒸气态物质由于凝结变为液态物质的过程，瞬时也存在着该组分液态物质由于蒸发变为蒸气态物质的过程。当凝结与蒸发的量相等时达到相平衡的状态，此时液面上的蒸气压即为该温度下与该组分相对应的饱和蒸气压（在不同温度下一些物质的饱和蒸气压可查阅相关手册）。若气相中组分的蒸气压小于其饱和蒸气压时，则液相组分将挥发至气相；若气相组分蒸气压大于其饱和蒸气压，那么蒸气就将凝结为液体。

9.4.1 冷凝法净化设计原理

冷凝净化法是利用同一物质在不同温度下具有不同的饱和蒸气压，或不同物质在同样流度下有不同的饱和蒸气压这一性质，采用降低系统温度或提高系统压力，使处于蒸气状态的污染物质冷凝成液体或在高压下使蒸气凝聚成液体，并从废气中分离出来。

9.4.2　国内外典型冷凝法净化设备

冷凝法净化设备按冷却介质与废气是否直接接触分为接触冷凝器和表面冷凝器两大类。

9.4.2.1　接触冷凝器

接触冷凝器又称为混合冷凝器，有害气体与冷却剂直接接触，冷却回收难溶于水的物质，一般用水作冷却剂。大部分的吸收设备都能作为直接冷凝器，如填料塔、喷淋塔、板式塔、文氏洗涤器、喷射塔等。使用这类设备冷却效果好，但冷凝物质不易回收，且对排水要进行适当处理，否则易造成二次污染。

（1）类型简介

① 喷射式接触冷凝器　喷射式接触冷凝器如图 9-18（a）所示。喷出的水流既冷凝蒸气，又将废气带出，不必另加抽气设备。喷射冷凝器的参考尺寸见表 9-5。

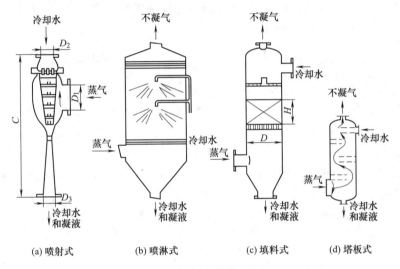

图 9-18　接触冷凝器示意图

表 9-5　喷射冷凝器的参考尺寸

冷却水量 /(m³/h)	D_1/mm	D_2/mm	D_3/mm	C/mm	冷却水量 /(m³/h)	D_1/mm	D_2/mm	D_3/mm	C/mm
1.5	32	25	25	345	90	300	100	125	1472
3.5	50	38	38	410	136	350	125	125	2070
7	75	38	50	570	194	450	150	150	2500
13	100	50	62	750	252	500	175	200	2800
2l	150	62	75	1060	450	600	200	250	3200
30	200	75	88	1260	650	750	250	300	3800
54	250	88	100	1410					

② 喷淋式接触冷凝器　喷淋式接触冷凝器的结构类似于喷洒吸收塔，如图 9-18（b）所示。利用塔内喷嘴把冷却的水分散在废气中，在液体表面进行热交换。

③ 填料式接触冷凝器　填料式接触冷凝器的结构类似于填料吸收塔，如图 9-18（c）所

示。利用填料表面进行热交换。填料的比表面积和孔隙率很大，有利于增加接触面积和减少阻力。

④ 塔板式接触冷凝器 塔板式接触冷凝器的结构类似于板式吸收塔，如图9-18 (d) 所示。塔板筛孔直径为3.8mm，开孔率为10%～15%。与填料塔相比，单位容积的传热量更大，塔板式为41900～105000kJ/(m³·h)，填料塔为3350～4190kJ/(m³·h)，但这种冷凝器的阻力较大。

(2) 接触冷凝器的计算 接触冷凝器的计算，可以用热量衡算来解决。有害蒸气冷凝放出的冷凝潜热及废气和冷凝液进一步释放的显热都需要用冷却水来吸收。冷却水用量及管道、水池等有关设备的计算根据最大冷凝量来决定。

废气中能冷凝回收的有害物质最大量（G）的计算公式如下：

$$G = 0.12\left(\frac{p_1}{273+t_1} - \frac{p_2}{273+t_2} \times \frac{101325-p_1}{101325-p_2}\right)VM \quad (g/h) \tag{9-61}$$

式中，M 为有害物质的分子量；V 为废气处理量，m³/h；p_1、t_1 分别为冷凝前有害物质的分压及温度，Pa、℃；p_2、t_2 分别为冷凝后有害物质的饱和蒸气压及冷却温度，Pa、℃。

冷却水的用量（G_w）按下式计算：

$$G_w(kg/h) = \frac{[G\Delta H + GC_p(t_1-t_2) + G_g C_p'(t_1-t_2)]}{C_w(t_2'-t_1')} \tag{9-62}$$

式中，G 为气态有害物质冷凝量，kg/h；G_g 为废气量，kg/h；ΔH 为气态有害物质的冷凝潜热，kJ/kg；C_p、C_p' 分别为液态有害物质和废气的比热容，kJ/(kg·℃)；C_w 为冷却水的比热容，kJ/(kg·℃)；t_1'、t_2' 分别为冷却水进、出口温度，℃。

9.4.2.2 表面冷凝器

表面冷凝器又称为间壁式冷凝器。在表面冷凝器里，有害气体被间壁另一侧的冷却剂冷却，使用这类设备可回收被冷凝组分，无二次污染，但冷却效果比较差。表面冷凝器有翅管空冷冷凝器、螺旋式冷凝器、淋洒式冷凝器、列管式冷凝器等。

(1) 类型简介

① 翅管空冷冷凝器 翅管空冷冷凝器也称为空冷器，如图9-19所示。其特点是换热管外装有许多金属翅片，翅片可用机械轧制、焊接或铸造。它是利用空气在翅片管的外面流过，以冷却冷凝管内通过的流体，一般当冷热流体的传热膜系数相差3倍或更多时采用。它的优点是节约水，缺点是装置庞大，占空间大，动力消耗大，适用于缺水地区。

② 螺旋式冷凝器 螺旋式冷凝器的结构如图9-20所示，其结构紧凑，传热效率高，而且不易堵塞。缺点是操作压力和温度不能太高。目前国内已有系列标准的螺旋板式换热器，采用的材质主要为碳钢和不锈钢两种。

③ 淋洒式冷凝器 淋洒式冷凝器的结构如图9-21所示。被冷却的流体在管内流动，冷却水自上喷淋而下。其优点是传热效果好，结构简单，便于检修和清洗；缺点是占地面积较大，水滴易溅洒到周围环境，且喷淋不易均匀。

④ 列管式冷凝器 列管式冷凝器如图9-22所示，其结构简单、坚固，处理能力大，

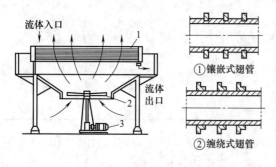

图 9-19 翅管空冷冷凝器
1—翅管；2—鼓风机；3—电动机

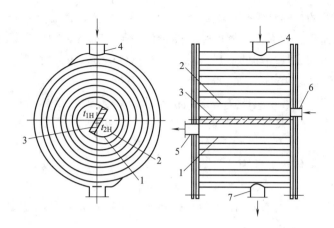

图 9-20 螺旋式冷凝器

1,2—金属片；3—隔板；4,5—冷流体连接管；6,7—热流体连接管

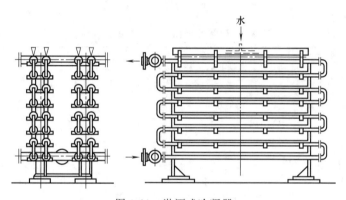

图 9-21 淋洒式冷凝器

适应性较强，操作弹性较大。其中固定管板式结构最简单，适用于管、壳温度差小于 60～70℃、壳程压力较小的情况；浮头式适应性强，但结构较复杂，造价较高；U 形管式特别适用于高温、高压情况，但管程不易清洗。浮头式和 U 形管式换热器，我国已有系列化标准，可根据需要经初步设计后选用。

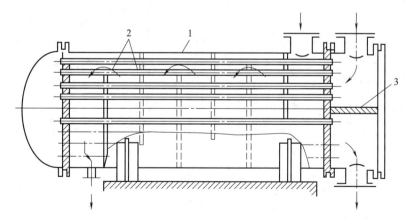

图 9-22 列管式冷凝器

1—壳体；2—挡板；3—隔板

（2）表面冷凝器的换热计算　在选用和设计冷凝器之前，都需要对其进行换热计算，以确定所需要的传热面积。表面冷凝器的总换热量值包括气态有害物质冷凝放出的潜热、冷凝液进一步冷却的显热和废气冷却的显热。总换热量（Q）可按下式计算：

$$Q = G\Delta H + GC_p(t_1 - t_2) + G_g C_p'(t_1 - t_2) \quad (kJ/s) \tag{9-63}$$

式中，ΔH 为气态有害物质的冷凝潜热，kJ/kg；G_g 为废气量，kg/h；C_p、C_p' 分别为液态有害物质和废气的比热容，kJ/(kg·℃)；t_1、t_2 分别为气态有害物质的进口、出口温度，℃。

根据传热理论，总传热方程为：

$$Q = KF\Delta t_m \tag{9-64}$$

式中，Q 为总换热量，kJ/s；K 为总传热系数，kW/(m²·℃)；F 为冷凝器传热面积，m²；Δt_m 为对数平均温度差，℃。

总传热系数（K）不仅与换热器有关，而且与进行热交换的两种流体本身的物理性质和流动状态有很大关系。表 9-6 为列管冷凝器传热系数参考值。表 9-7 为翅管空冷冷凝器传热系数参考值。

表 9-6　列管冷凝器传热系数的参考值

管内	管　间	$K/[\,kW/(m^2 \cdot ℃)\,]$
水	有机物蒸气及水蒸气	0.58～1.16
水	重有机物蒸气（常压）	0.12～0.35
水	重有机物蒸气（负压）	0.06～0.18
水	饱和有机溶剂蒸气（常压）	0.58～1.16
水	饱和水蒸气的氯气（20～50℃）	0.38～0.18
水	SO₂（冷凝）	0.81～1.16
水	NH₃（冷凝）	0.70～0.93
水	氟利昂（冷凝）	0.76
水或盐水	饱和有机溶剂蒸气（常压，有不凝气）	0.23～0.46
水或盐水	饱和有机溶剂蒸气（常压，不凝气较多）	0.06～0.23
水或盐水	饱和有机溶剂蒸气（负压，有不凝气）	0.18～0.35
水或盐水	饱和有机溶剂蒸气（负压，不凝气较多）	0.010～0.17

注：水蒸气含量越低，K 值越小。

表 9-7　翅管空冷冷凝气传热系数的参考值

介质	$K/[W/(m^2 \cdot ℃)]$	介质	$K/[W/(m^2 \cdot ℃)]$
水蒸气	730～790	氟利昂-22	340～450
氨	570～690	甲醇甲酸	510

根据传热计算求得总的传热量后，便可由总传热方程估算所需传热面积（F），进而可选用或自行设计冷凝器。

（3）列管冷凝器设计　在列管冷凝器中一般冷却水走管程，蒸汽走壳程。列管冷凝器设计包括：计算管程流通截面积，确定管子尺寸、数目以及流程数；选择管子的排列方式，确定外壳直径；计算进出口连接管尺寸等。

① 管程流通截面积的计算　单程冷凝器的管程流通截面积（A_t）按下式计算：

$$A_t = \frac{M_t}{3600\rho_t u_t} \quad (m^2) \tag{9-65}$$

式中，M_t 为管程流体的质量流量，kg/h；ρ_t 为管程流体的密度，kg/m³；u_t 为管程流体的流速，m/s。

为保证流体依上述流量和流速通过冷凝器，则所需的管数（n）为：

$$n = \frac{4A_t}{\pi d_i^2} \qquad\qquad (9\text{-}66)$$

式中，d_i 为管子内径，m。

管子的长度（L）为：

$$L = F/(n\pi d) \qquad\qquad (9\text{-}67)$$

式中，d 为管子的计算直径，m；F 为热计算所需的传热面积，m²；n 为管子的根数。

在选定每一流程的管长时应该考虑到，当传热面积（F）一定时，增大管子长度可使换热器的直径减少，从而使热交换器的成本有所降低。另一方面，管子太长会给管子的清洗和拆换带来困难，又使检修时抽出管子所需空间增大。

目前所采用的换热管长度与壳体直径之比，一般在 4～25，常用 6～10；立式热交换器，其比值为 4～6。"换热器规定"推荐的换热管长度采用：1500mm、2000mm、2500mm、3000mm、4500mm、6000mm、7500mm、9000mm、12000mm 等。

因此，如果按式（9-67）所得管长过长时，就应做成多流程的热交换器。当管子的长度选定为 Z 之后，所需的管程数（Z_t）就可按下式确定，

$$Z_t = L/l \qquad\qquad (9\text{-}68)$$

那么总的管子根数为：

$$n_t = nZ_t \qquad\qquad (9\text{-}69)$$

式中，n_t 为管子的总根数；n 为每程管数。

在确定流程数时，还要考虑到程数过多会使隔板在管板上占用过多的面积，使管板上能排列的管数减少，流体穿过隔板垫片短路的机会就会增多。程数增多，也增加了流体的转弯次数，增加了流动阻力。此外，程数最好选取偶数，这样可使流体的进、出口连接管做在同一个封头管箱上，便于制造。

② 壳体直径的确定　在确定壳体直径时，首先应确定它的内径。尤其是确定多程热交换器内径的大小时，最可靠的方法是根据所选择的管径、管间距、管子排列方法以及计算出的实际管数及隔板的大小和尺寸，还需考虑壳体内径和最大布管圆直径之间的关系，通过作图法加以确定。

在初步设计中，也可用下述关系估计壳体内径（D_S）：

$$D_S = (b-1)S + 2b' \quad (\text{mm}) \qquad\qquad (9\text{-}70)$$

式中，b 为沿六边形对角线上的管子数；S 为相邻两管的中心距，$S = (1.3\sim1.5)d_0$；b' 为管数中心线上最外层管的中心至壳体内壁的距离，$b' = (1\sim1.5)d_0$；d_0 为管子的外径，mm。

按计算或作图得到的内径应圆整到标准尺寸。至于壳体厚度应该通过强度计算加以确定，并应符合《钢制压力容器》（GB 150—1998）中关于最小壁厚和壁厚附加量的要求。我国规定公称直径小于 400mm 的热交换器，采用无缝钢管作为壳体；公称直径≥400mm 的，用卷制壳体，以 400mm 为基础，以 100mm 作为进级挡，必要时允许以 50mm 为进级挡。

③ 进出口连接管直径的计算

$$D = 1.13\sqrt{\frac{M}{3600\rho u}} \quad (\text{mm}) \qquad\qquad (9\text{-}71)$$

式中，M 为流体质量流量，kg/h；ρ 为流体密度，kg/m³；u 为流速，m/s。

9.5 催化法净化原理与设备

催化法是利用催化剂的催化作用,将废气中的污染物转化为无害物质,甚至是有用的副产品,或者转化为更容易从气流中分离去除的物质。前一种催化操作直接完成了对污染物的净化过程;而后者还需要附加吸收或吸附等其他操作工序,才能实现全部的净化过程。利用催化法净化气态污染物,一般是属于前一种过程。催化法净化气态污染物的优点是:①提高了反应速率,从而减少了所需要的设备;②能够使反应在较低的温度下进行,从而减少了热力与动力的消耗;③催化剂使用过程中无需投加其他化学药品,既节省了费用,又不会有无用的副产品生成。

催化法是一项十分重要的环境污染治理技术。在应用催化法净化气态污染物时,需要把握3个关键步骤:①催化剂的选择;②催化过程中操作条件选择;③催化设备的选型与设计。

9.5.1 催化法净化原理

9.5.1.1 催化净化机理

催化法可分为催化氧化和催化还原两大类。催化氧化法是使废气中的污染物在催化剂的作用下被氧化,例如在处理高浓度的 SO_2 尾气时,以 V_2O_5 作为催化剂,SO_2 氧化成 SO_3,用水吸收制取硫酸,从而使尾气得以净化。催化还原法是使废气中的污染物在催化剂作用下,与还原性气体发生反应而转化成无害物质的净化过程。这种催化过程与吸收、吸附净化法的根本区别是:不必再把污染物从气流中分离出来,而是将其转化为无害物质,这样既不会发生二次污染,还大大简化了净化过程。

催化燃烧可以看作是催化净化的一个特殊分支,即使用催化剂使废气中的可燃物质在较低温度下氧化分解,该法主要用于碳氢化合物的废气净化处理。

9.5.1.2 催化作用

催化剂在化学反应过程中所起的作用称为催化作用,工业上通常根据催化剂和反应物系的状态将催化作用分为均相和多相两大类。

当催化剂和反应物同处在一个由溶液或气体混合物组成的均匀体系中时,其催化作用就称为均相催化作用。而当催化剂与反应物处在不同的相时(通常催化剂呈固体,反应物为液体或气体),其催化作用称为多相催化作用。催化净化气态污染物就属于多相催化作用。在多相催化作用中,反应物在催化剂表面上的接触非常重要。这种接触导致了反应物在催化剂表面上的吸附,并使它的化学键松弛,催化反应正是在接触面上发生的,因而旧时称固体催化剂为触媒。催化作用的化学本质是诱发了原反应所没有的中间反应,使化学反应沿着新的途径进行。

9.5.1.3 催化剂及其组成

凡是能够加速化学反应速率,而本身的化学性质在化学反应前后保持不变的物质,称为催化剂。工业催化剂通常是由多种物质组成的复杂体系,也有的只是一种物质。按照其存在的状态又可以分为气态、液态和固态三类。其中固体催化剂最重要,应用也最广泛,它通常由主活性物质、助催化剂和载体组成,有的还加入成型剂和造孔物质,以便制成所需要的形状和孔结构。

（1）活性物质 它是决定催化剂有无活性的关键组分，一般以该组分的名称来命名催化剂。铂的催化活性高，又具有化学惰性和稳定的耐高温性能，常常单独使用或与其他贵重金属联合使用作活性物质。以非贵重金属作活性物质的主要有铁、钡、锰、铬、钴、镍、铜和锌等，通常在这些金属中选择几种金属合制成一种多活性组分催化剂。

（2）助催化剂 它是加到催化剂中的少量物质，这种物质本身没有活性或者活性很小，能提高主要催化活性物质的活性、选择性及稳定性。

（3）载体 它是催化活性物质的分散剂、胶黏剂和支持物。载体提高了催化剂的机械强度和热稳定性。片粒状载体又包括片状、棒状、球状、圆柱状以及其他挤压成形的形式。蜂窝状结构由于压力损失小，对热冲击适应性强，是一种很有发展前途的结构。

9.5.2 一般催化法净化设备和工艺

9.5.2.1 催化设备的类型与选择

气态污染物的净化过程用的催化反应器一般是气-固相催化反应器，该反应器与吸附净化装置相类似，一般分为固定床和流化床两种。目前，气态污染物的净化主要采用中小型固定床反应器，且多为间歇式操作，而大型设备多为连续的流化床反应器。

（1）固定床催化反应器 固定床催化反应器体积小，结构简单，催化剂用量少，且在反应器内磨损较少，气体与催化剂接触紧密，催化效率高，而且气体在反应器内的停留时间容易控制，操作管理方便。但是这类反应器的缺点是催化剂层的温度不均匀，当床层较厚或气体穿过速度较高时，动力消耗大，不能采用细粒催化剂，以免被气流带走，催化剂更换或再生也不方便。

大多数催化反应是吸热或放热的过程，而在生产过程中，需要反应器内保持一定的温度，这就要求反应器能适当地输入或输出热量。根据换热要求和方式的不同，固定床催化反应器可以分为绝热式和换热式两种。用于气态污染物净化的反应器通常为绝热式反应器，又可将其分为单段式、多段式、列管式（见图 9-23）及径向反应器（见图 9-24）

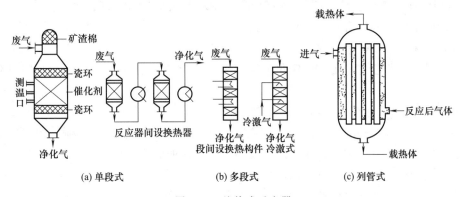

(a) 单段式 　　 (b) 多段式 　　 (c) 列管式

图 9-23 绝热式反应器

（2）流化床催化反应器 流化床催化反应器的原理与流化床吸附器相类似，形式有多种，这里仅对一种单层床且内部设有换热器的反应器进行简单介绍，如图 9-25 所示。

废气由底部的进气口送入，经过布气板进入流化床的反应区。催化剂在气流的作用下悬浮起来并呈流态化，反应产生的热量由冷却器吸收并向外输出，使冷却水转化成水蒸气再利用。在反应器上部设有预热器，使被处理的气体通过预热器吸收反应热，同时将反应后气体冷却。最后，反应后的气体经过多孔陶瓷过滤器排出。为了防止催化剂微粒堵塞过滤器，将压缩空气从顶部吹入进行反吹清灰操作。

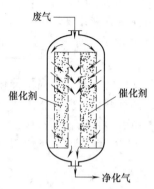

图 9-24　径向固定床反应器示意图

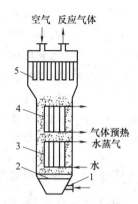

图 9-25　单层流化床反应器示意图
1—进气口；2—布气板；3—冷却器；
4—预热器；5—过滤器

流化床反应器的优点是能够采用较细的催化剂，从而提高了催化剂表面与废气接触的概率，相应地提高了反应转化率。流化床内催化剂床层的温度分布比较均匀。由于操作过程中催化剂在激烈运动中相互碰撞，因此其主要缺点是催化剂容易磨损和破碎，但催化剂的再生与更换比较方便。

（3）气-固反应器的选择　在选择气-固反应器的类型时，可遵循以下几条原则进行。

① 根据催化反应热的大小，以及催化剂的活性温度范围，选择合适的结构类型，并保证催化剂床层的温度控制在允许的范围内；

② 在净化气态污染物时，要使催化剂床层的阻力尽量减小，降低能耗；

③ 在满足温度条件的前提下，尽量提高催化剂的装填率，以提高反应设备的利用率；

④ 反应器操作方便、结构简单、安全可靠、投资省、运行费用低。

由于废气中的污染物含量低，反应热比较低，而废气量又很大，因此需要反应设备具有很高的催化效果，才能达到排放标准。各种单段绝热反应器在对气态污染物的催化时比较常用。现在对 NO_x 催化、有机废气催化燃烧以及汽车尾气净化中，大多采用单段式绝热反应器。

9.5.2.2　催化法净化废气的一般工艺

催化法净化废气的一般工艺过程包括：废气预处理去除催化剂毒物及固体颗粒物，废气预热到要求的反应温度范围，催化反应，废热和副产品的回收利用等。

（1）废气预处理　废气中含有的固体颗粒或液滴会覆盖在催化剂活性中心上而使其活性降低，废气中的微量致毒物会使催化剂中毒，所以必须除去。如非选择性还原法治理烟气中 NO_x 的流程中，常需在反应器前设置除尘器、水洗塔、碱洗塔等，以除去其中的粉尘及 SO_2 等。

（2）废气预热　废气预热是为了使废气温度在催化剂活性温度范围以内，使催化反应有一定的速度，否则废气温度低，减缓反应速率，达不到预期的去除效果。例如，选择性催化还原法去除 NO_x 废气的预热温度须达 200～220℃以上。

对于有机废气的催化燃烧，如果废气中有机物浓度较高，反应热效应大，则只需较低的预热温度，过高的预热温度会产生大量的中间产物，从而给后面的催化燃烧带来一些困难。废气预热可利用净化后气体的热焓，但在污染物浓度较低，反应热效应不足以将废气预热到反应温度时，需利用辅助燃料产生高温燃气与废气混合以升温。

（3）催化反应温度　调节催化反应的各项工艺参数中，温度是一项非常重要的参数。它对脱除污染物的效果及转化率都有很大影响。控制一个最佳的温度，使得在最少的催化剂用量下达到满意的脱除效果，是催化法的关键。

（4）废热和副产品的回收利用　废热常用于废气的预热。废热与副产品的回收利用关系到治理方法的经济效益，还关系到治理方法的二次污染，进而关系到治理方法有无生命力，所以必须予以重视。

9.6 燃烧法净化原理与设备

9.6.1 燃烧法净化原理

9.6.1.1 燃烧法净化理论

目前，关于燃烧法净化大气污染物主要有两种理论：热损失理论和自由基反应理论。前者认为，火焰是燃烧放出的热量，传播到火焰周围混合气体，使之达到着火温度而燃烧并继续传播；后者认为，在火焰中存在着大量的活性很强的自由基，它们极易与别的分子或自由基发生化学反应，在火焰中引起连锁反应，向四周传播。

以上两种理论都有一定的适用范围和局限性。例如对于含有少量水蒸气的火焰，自由基的作用要比温度（热量传播的推动力）重要得多；又如热力燃烧就是利用火焰中存在的过量自由基来加速废气中可燃组分的氧化销毁；而丙烷燃烧却与热传播理论相符，与自由基连锁反应理论不符。在实际应用中，可认为火焰传播是热量与自由基同时向外传播，只是不同的反应主次地位不同。

9.6.1.2 燃烧的必要条件

燃烧反应速度是燃烧过程的关键，氧化反应速度通常表示为：

$$\gamma = k_0 e^{-\frac{E}{RT}} C^n [O_2]^m \tag{9-72}$$

式中，γ 为单位时间内单位容积中反应物的减少量；C 为可燃气体浓度；$[O_2]$ 为氧的浓度，当氧足够时，氧浓度可近似看作常数；E 为可燃物质氧化反应的总活化能；k_0 为频率因子；n、m 分别是可燃物质和氧气的反应级数。

由此可看出，燃烧的必要条件是一定的可燃物浓度、一定的温度、一定的氧浓度及活化能。

9.6.1.3 爆炸极限浓度范围

一定浓度范围内的氧气和可燃组分混合，在某一点着火后所产生的热量，可以继续引燃周围的可燃混合气体，在有控制的条件下就形成火焰，维持燃烧；若在一个有限的空间内，无控制地迅速发展，就会形成气体爆炸。可以看出，可燃组分与空气混合物的燃烧（或爆炸）是在符合某些条件下发生的，这些条件包括混合物中可燃组分与氧气的相对浓度，混合物的浓度极限，点火源的存在以及混合物的流速等。燃烧与爆炸有几个重要的区别，但从混合气体的组分相对浓度来讲，可燃的混合气体就是爆炸性的混合气体，燃烧极限浓度范围也就是爆炸极限浓度范围。对于空气来说，由于其中的氧含量一定，故只要确定可燃组分浓度即可。

燃烧极限浓度范围是一个变值，它因可燃气与空气混合的温度、压力及进行实验的管子与设备的尺寸、混合气的流动速度等实验条件而变。爆炸浓度范围可从有关手册查得。当几种可燃物质与空气混合时，其爆炸极限浓度范围的近似值为：

$$A_{混} = \frac{100}{\dfrac{a}{A_1} + \dfrac{b}{A_2} + \dfrac{c}{A_3} + \cdots} \tag{9-73}$$

式中，$A_{混}$ 为几种可燃物与空气混合时的爆炸极限；A_1、A_2、A_3 为每个组分各自的爆炸极限；a、b、c 为各组分在混合物中的体积分数，%。

在燃烧净化中，往往把废气中可燃组分的浓度用爆炸下限浓度的百分数来表示，简写为 LEL（Lower Explosive Limit）。在实验中发现，某些可燃物质，虽然它们的爆炸浓度下限不同，但它们在爆炸浓度下限时的燃烧热值和燃烧时的升温都相差不多，这样就可以将爆炸浓度与过程效应联合起来。一般来说，每 1%LEL 浓度的碳氢化合物的燃烧值，大约可以使废气本身提高温度 15.3K。同时，为安全起见，可将废气中可燃物质的浓度控制在 20%～25% LEL，以防止爆炸。

9.6.2 燃烧法净化典型类型

按燃烧温度与状态可分为直接燃烧、热力燃烧及催化燃烧。

9.6.2.1 直接燃烧法

直接燃烧法也称为直接火焰燃烧法，它是指把废气中可燃的有害组分当作燃料直接烧掉。若可燃组分的浓度高于燃烧上限，则可以混入空气后燃烧，如可燃组分的浓度低于燃烧下限，则可以加入一定数量的辅助燃料如天然气等，以此来维持燃烧。该法可采用如窑、炉等设备的直接燃烧，或者是火炬燃烧。

9.6.2.2 热力燃烧法

该法适用于可燃有机物质含量较低的废气的净化处理。由于该类废气中可燃有机组分的含量很小，因此废气本身不能燃烧，并且其中可燃组分燃烧后放出的热量很低，不能维持燃烧。在热力燃烧中，被净化的废气不是作为燃烧所用的燃料，而是在含氧量足够时作为助燃气体，不含氧气时则作为燃烧的对象。在进行热力燃烧时，一般燃烧其他的燃料，如天然气、煤气、油等，来提高废气的温度，达到热力燃烧所需的温度，把其中的气态污染物进行氧化。

（1）燃烧过程　燃烧过程如图 9-26 所示，其具体过程是：①辅助燃料燃烧——提供热量；②废气与使废气高温的燃气混合——达到反应所需温度；③在反应温度下，保持废气有足够的停留时间，可燃的有害组分氧化分解——达到净化排气的目的。

为使废气温度提高到有害组分的分解温度，需用辅助燃料燃烧来提供热量。但燃料不能直接与全部要净化处理的废气混合，这会导致混合气中可燃物浓度低于燃烧下限，最终不能维持燃烧。若废气以空气为本底而含有足够的氧，用不到一半的废气来使辅助燃料燃烧，用高温燃气与剩余的废气混合以达到热力燃烧的温度。

（2）热力燃烧的条件及其影响因素　在燃烧过程中，废气中有害的可燃组分经氧化会生成 CO_2 和 H_2O，但不同组分燃烧的氧化条件不同。一般来说，大多数碳氢化合物在 590～820℃就可以完全氧化。影响热力燃烧的重要因素是温度和时间。不同的气态污染物，在燃

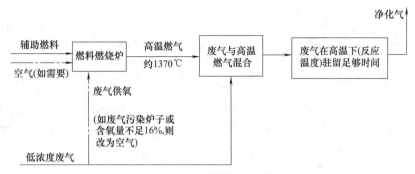

图 9-26　热力燃烧过程图解

烧炉中燃烧时所需的反应温度和停留时间不同。某些含碳氢化合物的废气在燃烧净化时所需的反应温度和停留时间列于表 9-8。

表 9-8　废气燃烧净化所需的温度、时间条件

废气净化范围	燃烧炉停留时间/s	反应温度/℃
碳氢化合物（HC 销毁 90％以上）	0.3～0.5	680～820
碳氢化合物＋CO（HC＋CO 销毁 90％以上）	0.3～0.5	680～820

在热力燃烧炉的设计当中，考虑到大多数碳氢化合物和 CO 的燃烧，一般反应温度采用 740℃，停留时间为 0.5s。

（3）热力燃烧装置　热力燃烧装置一般分为专用热力燃烧装置和普通燃烧炉。

① 专用热力燃烧装置　热力燃烧炉是指进行热力燃烧的专用装置，其结构要满足热力燃烧时的条件要求：能够获得 740℃ 以上的温度和 0.5s 左右的接触时间，这样才能保证对一般碳氢化合物及有机蒸气的燃烧净化。热力燃烧炉的主体结构包括燃烧器和燃烧室两部分。前者的作用是使辅助燃料燃烧生成高温燃气；后者的作用是使高温燃气与旁通废气湍流混合达到反应温度，并使废气在其中的停留时间达到要求。按使用的燃烧器不同，热力燃烧炉又可分为配焰燃烧系统和离焰燃烧系统。

② 普通燃烧炉　由于普通锅炉、生活用锅炉以及一般的加热炉炉内条件可以满足热力燃烧的要求，因此可以用作热力燃烧炉使用，这样不仅可以节省设备投资，也可以节省辅助燃料。

（4）燃烧法的热量回收　由于碳氢化合物在燃烧过程中会放出大量的热量，这些热量可以回收利用。此外，在进行热力燃烧时，所消耗的辅助燃料在其消耗过程中也会产生大量的热量，对这部分热量也应加以回收利用。热量回收的好坏也是评价燃烧净化方法是否经济合理的标准之一，常用回收燃烧热量的方法有以下 3 种。

① 热量回用加热进入废气，如图 9-27 所示，用管式热交换器或循环式的蓄热再生装置，使净化反应的高温气体与进入的低温废气进行热量交换，这样可以提高进入炉中废气的温度，从而节约辅助燃料。

② 热净化气部分再循环，如图 9-28 所示，该法已在烤箱、烘炉、干燥炉以及需要大量热气体的装置上得到了大量应用。由于这些装置所需的热气体温度较净化气的温度低，所以可使净化气与冷废气换热，再将换热后的气体引入到这些装置中作为工作气体。由于这些生产装置中的工作气体要不断地进入燃烧炉中净化，气体中的含氧量由于燃烧的不断消耗而降低，因此只能用部分净化气进行再循环。

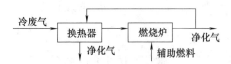

图 9-27 加热进入废气的回用热量示意

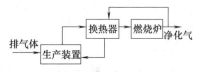

图 9-28 热净化气部分再循环示意

③ 废热利用若采用以上的方法不能全部利用净化气中的热量时，可采用以下措施将其余的热量应用到生产实际中去：如直接作为加热某些生产装置时的载热体；用其来加热水、油等；通到废热锅炉中生产热水或蒸汽而用于生产或生活中。

9.6.2.3 催化燃烧法

催化燃烧过程常用的催化剂一般采用以下几类。

（1）以 Al_2O_3 为载体的催化剂　该载体一般做成蜂窝状或粒状等，然后再将活性组分负载其上。现在使用的有蜂窝陶瓷铂催化剂、蜂窝陶瓷钯催化剂、蜂窝陶瓷非贵金属催化剂等。

（2）以金属作为载体的催化剂　如采用镍镉合金、镍镉镍铝合金、不锈钢等金属作为载体。现已应用的有不锈钢丝网钯催化剂、镍铬丝蓬体球钯催化剂、金属蜂窝的催化剂等。

 案例

高效低污染浸没燃烧法的展望

浸没燃烧法又称液中燃烧法，是一种新型燃烧技术。它将燃气与空气充分混合，送入燃烧室进行完全燃烧，高温烟气直接喷入液体中，将液体加热。浸没燃烧效率高，可达90％～96％以上，水在进行低温加热时热效率接近100％。由于高温烟气从液体中鼓泡排出，气液两相进行直接接触传热，且气液混合与搅动十分强烈，大大增加了气液间的传热面积，强化了传热过程，烟气的热量最大限度地传给了被加热液体，排烟温度低。浸没燃烧设备的维护简单，成本低，适合大流量的液体加热。它的优势是：①高温烟气从液体中鼓泡后排出，由于气液混合搅动十分强烈，大大增加了气液间的接触传热面积，强化了传热过程，因此排烟温度低，热效率高。②不需要固定传热面，节省了耐高温、耐腐蚀材料。③此外，浸没燃烧法排出的尾气中 NO_x 含量较低，也是一种低污染的燃烧方法。

浸没燃烧蒸发器应用较广，如海水、矿物水及酸碱洗液的加热，集中供热系统，采矿，造纸，木材加工，全自动汽车洗涤，纺织业，洗衣店，污水控制与处理池（维持池水温度以确保持续的高级生物分解，特别在那些一年四季温度相差很大的地区）等。可利用浸没燃烧所得的汽气混合气获得工艺所需气体（N_2 和 CO_2），并用它来清洗物体的内外表面、消毒和解毒。

现在，油气田采出水的处理为浸没燃烧提供了新的应用，在采油、采气过程中会随同采出大量的地层水。经过加工将油或气中的水分离出来，分离出来的水称为采出水。如油田采出水不仅为原油所污染，在高温高压油层中还溶解了地层中的各种盐类与气体。在采油过程中从油层携带许多悬浮固体。除这些天然杂质外，还有一些来改变采出水性质的化学添加剂，以及注入地层的酸类、除氧剂、表面活性剂、润滑剂、杀菌剂、防垢剂等。现在对油气田采出水有许多种处理，如浮选、过滤、分离、添加处理剂等。目前国外油气田采出水的处理应用浸没燃烧进行蒸发处理的较为普遍，但国内尚未启用，然而由于浸没燃烧在污水处理方面的优势明显（高效、易维护、适合大流量、能连续运转等），以后将会逐步普及。

思考与练习

1. 简述集气罩的集气机理。
2. 比较吸入流动与射流流动。
3. 简述吸收传质机理。
4. 吸收液的吸收方法主要有哪几种？
5. 催化转化固定床反应器种类有哪些？

第四篇 ▶▶

固体废物处理与资源化设备选用

第 10 章 ▶▶ 固体废物处理的资源化分析

本章摘要

随着我国城市化进程的不断加快和市场经济的快速发展，固体废物的产生量随之不断增加，需研究和选择科学合理的处置技术来解决当前城市固体废物污染环境问题，本章主要对固体废物的处理和资源化进行分析，包括固体废物的处理与资源化概述和固体废物处理设备选用基本要求两部分。

10.1 固体废物处理与资源化概述

固体废物（简称废物）是指在生产、生活和其他活动过程中产生的丧失原有的利用价值或者虽未丧失原有价值但被抛弃或者放弃的固体、半固体和置于容器中的气态物品、物质以及法律、行政法规规定纳入废物管理的物品、物质。各类生产活动中产生的固体废物俗称废渣；生活活动中产生的固体废物则称为垃圾。在具体生产环节中，由于原料的混杂程度、产品的选择性以原料、工艺设备的不同，被丢弃的这部分物质，从一个生产环节看，它们是废物，而从另一生产环节看，它们往往又可作为另外产品的原料，而是不废之物。所以，固体废物又被称为"放错地方的资源"。

10.1.1 固体废物处理方法

固体废物处理是指利用适当的方法使固体废物便于贮存、运输、无害化、资源化及最终处置。固体废物处理方法按其作用原理可分为物理、化学、生物、固化及热处理等。

（1）物理处理 物理处理是最简单的和最直接的处理方法，根据固体废物的物理性质，采用机械操作改变固体废物的结构，使之成为便于运输、贮存、利用或处置的形态。根据固体废物的特性可分别采用重力分选、磁力分选、电力分选、光电分选、弹道分选、摩擦分选和浮选等分选方法。物理处理也往往作为回收固体废物中有价物质的重要手段加以采用。

（2）化学处理 化学处理是采用化学的方法破坏固体废物中的有害成分，或将其转变成为便于进一步处理处置的形态。化学处理方法包括氧化、还原、中和、化学沉淀和化学浸出等。由于化学反应条件复杂，影响因素较多，故化学处理方法通常只用在所含成分单一或所含几种化学成分特性相似的废物处理方面。对于混合废物，不建议利用化学处理的方法。有些有害废物，经过化学处理后，还可能产生富含毒性成分的残渣，还须对残渣进行解毒处理或安全处置。

（3）生物处理 生物处理是利用微生物的作用处理固体废物。其基本原理是利用微生物的生物化学作用，将复杂有机物分解为简单物质，将有毒物质转化为无毒物质。生物处理方法包括好氧处理、厌氧处理和兼性厌氧处理。固体废物经过生物处理，在容积、形态、组成等方面均发生重大变化，因而便于运输、贮存、利用和处置。与化学处理方法相比，生物处理的优点是在经济上一般比较便宜，应用也相当普遍，但处理效率有时不够稳定，处理过程耗时较长。

（4）固化处理　固化处理是利用物理或化学方法将有害废物与能聚结成固体的某些惰性基材混合，从而使固体废物固定或包容在惰性固体基材中，使之具有化学稳定性或密封性的一种无害化处理技术。固化处理的对象主要是有害废物和放射性废物。由于处理过程需加入较多的固化基材，因而固化体的容积远比原废物的容积来得大。

（5）热处理　热处理是通过高温破坏和改变固体废物的组成和结构，同时达到减容、无害化、资源化的目的。热处理方法包括焚烧、热解、湿式氧化以及焙烧、烧结等。

10.1.2　固体废物资源化技术

固体废物资源化指采取管理和工艺措施从固体废物中回收有用的物质和能源。众所周知，人类赖以生存和发展的自然资源有许多是不可再生的，一经用于生产和生活将从生态圈中永久消失。从资源开发过程看，固体废物资源化同原生资源相比，可以省去开矿、采掘、选别、富集等一系列复杂过程，保护和延续原生资源寿命，弥补资源不足，保证资源永续，且可以减少环境污染，保持生态平衡，节省大量的投资，降低成本，具有显著的社会效益。

10.2　固体废物处理设备选用基本要求

由于固体废物组成的复杂性与固体废物处理设备的多样性，要处理一种具体的固体废物，正确选用固体废物处理设备是保证处理设备正常运转并保持应有处理效果的前提条件。若设备选择出现偏差，不仅会浪费资金、人力，而且常常达不到应有的处理效果，甚至可能根本无法正常运行。为了能够选择价格低廉、操作和维护简便、节省能源的处理设备，又能满足当地环境保护要求，必须综合考虑以下主要因素：①固体废物的性质；②固体废物处理的目的；③固体废物处理设备的技术适应性。

10.2.1　固体废物的性质

固体废物的性质是选择固体废物处理设备的决定性因素。需要了解和掌握的固体废物性质包括以下几个方面。

① 废物的物理特性，如形状（液体、乳浊液、泥浆、污泥、固体粉末或块状固体）、黏性、熔点、沸点、蒸气压、热值、相对密度、磁性、电性、光电性、弹性、摩擦性、表面特性等。

② 废物的有害特性，如易燃性、腐蚀性、反应性、急性毒性、浸出毒性、放射性及其他有害特性等。

③ 废物的化学组成。

④ 废物的来源、体积、数量。

⑤ 典型的物理化学性质的变化范围。

10.2.2　固体废物处理的目的

弄清处理的目的，能有效地建立起一个用以判别满足各种变动方案的标准，以便于优选出适宜于处理给定废物的设备。关于处理目的方面需了解的内容包括以下几个方面。

① 必须遵循的大气、水和其他环境质量标准。

② 排出物流循环或重复利用所要求的化学性质和物理性质。

③ 要使废物排放所必须去除的成分以及去除的水平。

④ 处理目的或目标以及优先次序。例如，净化、资源化回收利用、去除毒性、减容、安全土地处理、安全处置水体等，是否与管理标准相一致。

⑤ 排出物作土地处置或排入水体所要求的化学性质和物理性质。

10.2.3　固体废物处理设备的技术适应性

了解处理设备在技术上的适应性是为了从技术上可以分别处理给定废物的设备与不适用设备。处理设备的技术适应性主要包括以下几个方面。

① 哪些设备能单独或者组合起来实现处理目标？

② 处理系统的关键设备能否满足处理废物的目的？在技术上是否确有吸引力？

③ 如果需要一系列设备组合成一个处理系统来实现处理目标，这些设备如何进行组合？相互之间是否匹配？

④ 废物中是否存在某种组分会影响技术上有吸引力的关键设备的采用？这些影响能否尽可能减少或消除？

⑤ 选定设备的主要技术参数，如处理效率、处理能力、运行参数与操作条件等。

 案例

中国农村固体废物污染现状与防治的解决方案

农村固体废物主要来自四个方面：一是农田和果园的残留物，如秸秆、杂草、落叶、藤蔓等；二是牲畜和家禽粪便以及栏圈用的铺垫物；三是农产品加工废弃物；四是人粪尿以及生活废弃物。

农村固体废物污染从本质上来说是农业产业结构和布局不合理所造成的，因此必须作好各个地区的农业长远发展规划，调整现有农业产业结构。借鉴工业上清洁生产的成功经验和思路，大力发展农业清洁生产，即打破传统的末端治理的模式，开展全过程的污染控制，从源头抓起，在生产的每个阶段都注意防止污染物产生，使废物产量最小化，并将每个环节产生的副产品与废物及时回收，综合利用。

借助国家对"三农"问题大力扶持的契机，通过多种途径、多种渠道利用资金，将环保投资纳入国内生产总值中的比例的同时，还应积极吸引社会资金，鼓励民间资本参与环境基础设施建设，在农村实施垃圾清运制度，建设垃圾堆放池和生活垃圾处理系统，使生活垃圾在集中堆放的基础上进行处理。大力推广农田秸秆、禽畜粪便制沼气技术和政府投入资金建设秸秆、人畜粪尿堆肥化处理设施，使农田秸秆、人畜粪尿等有机固体废物得到处理的同时实现资源回收利用。

农村经济整体水平不高，农民科学文化素质偏低，生活垃圾随意丢弃，禽畜粪便未经稳定化直接施入农田，由此加重了农村水体和土壤污染。因此，必须充分利用现有的宣传、教育设施，运用广播、电视及报纸等农民能经常接触到的大众媒体，大力宣传农村生态环境与资源保护的方针、政策和法规；同时要持之以恒地培养农村中小学生的环保意识，在农村学校开展环境教育活动，有条件的学校还可以考虑将环境教育内容加入到课堂，组织学生对一些热点环境问题进行讨论，提高他们对环境保护的认识。

中国有将近70％的人口在农村，没有农村环境改善，农民的小康也就失去了意义。我国应积极调整农业结构，发展生态农业、有机农业，提高农业生产的环境效益和经济效益；加强秸秆还田，保护农业和农村生态环境；加大对农村环保基础设施建设，开展农村生活垃圾、禽畜养殖场废物环境综合整治；面向乡镇干部、农民和农村中小学生开展环境宣传教育，提高他们的环境保护意识，最终从根本上解决农村固体废物污染问题，保证农村经济可持续发展和农村生态环境进一步改善。

思考与练习

1. 固体废物的处理方法主要有哪些？
2. 固体废物管理的"三化"原则是什么？
3. 固体废物处理设备的技术适应性包括哪些？

第 11 章 ▶▶ 固体废物处理设备选型

本章摘要

　　固体废物处理设备是环境资源化技术中极为重要的环保设备。本章介绍固体废物处理设备的目的是让学生了解和熟悉其设备的结构、性能、特点和工作原理，以便对设备作到更好的应用和维护。固体废物处理采用的方法包括压实、破碎、分选、脱水、焚烧、热分解和堆肥化，使用的机械设备分为压实设备、破碎设备、分选设备、脱水设备、焚烧设备、热分解设备和堆肥化设备。本章系统地对这些设备作了介绍。

11.1 固体废物的压实设备

　　压实亦称压缩，即是利用机械的方法增加固体废物的聚集程度，增大容重和减小体积，便于装卸、运输、贮存和填埋。固体废物中适合压实处理的主要是压缩性能大而复原性小的物质，如金属加工出来的金属细丝、金属碎片、冰箱与洗衣机，以及纸箱、纸袋、纤维等。有些固体废物，如木头、玻璃、金属、塑料块等已经很密实的固体，以及焦油、污泥等液态废物不宜作压缩处理。

　　压实的主要原理是减少空隙率，将空气排出。若采用高压压实，除减少空隙外，在分子之间可能产生晶格的破坏，使物质变性。

　　目前常用的压实设备有：三向联合压实器（仅用于压制）、颚式压实器（仅用于压制）、大型压实器（压制和贮存）、小型压实器（压制和贮存）、压-涂机（压制和涂敷）、挤压成型机（压制和挤压）。

11.1.1 固体废物压实设备设计原理

　　压实机主要包括钢轮压实机、羊角压实机、充气轮胎压实机、自有动力振动式空心轮压实机等。压实器的选择主要是选择合适的压缩比和使用压力。此外，对不同的废物采用不同的压实机械，同时还需考虑后续处理过程，如是否会出现水分等。

　　(1) 装载面尺寸　装载面尺寸要足以容纳需要压缩的最大件废物。如果压实器的容器用垃圾车装填，为了操作方便，其容积至少能够处理一垃圾车的废物。垃圾压实器的装载面一般为 $0.765 \sim 9.18 \mathrm{m}^2$。

　　(2) 循环时间　循环时间是指压头的压面从装料箱把废物压入容器，然后再回到原来完全缩回的位置，准备接受下一次装载废物所需要的时间。循环时间变化范围在 $20 \sim 60 \mathrm{s}$。循环时间和一次压实废料的量有关，量小则循环时间短。

（3）压面压力　固定式压实器的压面压力一般为 $103 \sim 3432 \mathrm{kPa}$。由于压实比和压面压力并不是线性关系，所以应根据废物的压缩特性来选择。

（4）压面的行程　压面的行程是指压头压入容器的深度。压头压入容器中越深，压实比越大。所以应先确定压实比，再选择合适的压面行程。

（5）体积排率体　积排率即处理率，等于压头每次压入容器的可压缩废物体积与每小时机器的循环次数之积。体积排率略大于废物产生率。

（6）其他压实器　应与容器相匹配，最好由同一厂家制造。此外，使用压实器的场所要与压实器相适应。

相应的压实设备与废弃物种类处理方法如表 11-1 所示。

表 11-1　废弃物处理方法

处理方法	废 弃 物 种 类										
	有机或无机物软渣	废塑料	橡胶废料	废纸	木片	废织物	粉尘	炉渣	渣	废金属	混合垃圾
压制	△	△	△	△	△	△	△	△	△	♯	△
压制和贮存	△	♯	♯	♯	○	♯	○	○	○	○	♯
压制并涂敷	○	○	△	△	△	△	△	△	△	△	○
压制并捆绑	△	○	♯	♯	○	♯	△	△	△	△	○
压制并挤压	○	♯	△	△	△	△	△	○	○	△	△

注：♯表示推荐；○表示可采用或有条件地选用，△表示不能用。

11.1.2　国内外典型固体废物压实设备

11.1.2.1　金属类废物压实器

金属类废物压实器主要有三向联合式和回转式两种。

（1）三向联合式压实器　图 11-1 是适合于压实松散金属废物的三向联合式压实器。它具有三个互相垂直的压头，金属等类废物被置于容器单元内，而后依次启动 1、2、3 三个压头，逐渐使固体废物的空间体积缩小，容重增大，最终达到一定的尺寸，压后尺寸一般在 $200 \sim 1000 \mathrm{mm}$。

（2）回转式压实器　图 11-2 是回转式压实器的示意图。废物装入容器单元后，先按水平式压头的方向压缩，然后按箭头的运动方向驱动旋动式压头，使废物致密化，最后按水平压头的运动方向将废物压至一定尺寸排出。适于压实体积小、质量轻的废物。废物装入容器

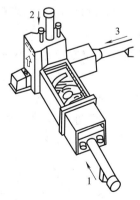

图 11-1　三向联合压实器

1、2、3—压头

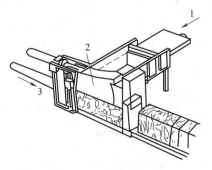

图 11-2　回转式压实器

1、3 水平压头；2 旋动式压头

单元后，先按水平压头 1 的方向压缩，然后按箭头运动方向驱动旋动式压头 2 使废物致密化，最后按水平压头 3 的运动方向将废物压至一定尺寸排出。

11.1.2.2　城市垃圾压实器

（1）高层住宅垃圾滑道下的压实器　图 11-3 是这种压实器工作的示意图：（a）为压缩循环开始，从滑道中落下的垃圾进入料斗；（b）为压缩臂全部缩回处于起始状态，压缩室内充入垃圾；当压臂全部伸展，垃圾被压入容器中，如图（c）所示。垃圾不断充入最后在容器中压实，并将压实的垃圾装入袋内。

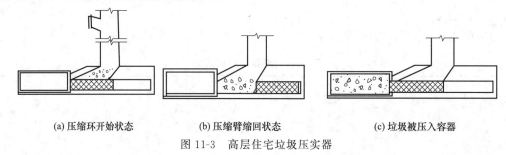

(a) 压缩环开始状态　　　　(b) 压缩臂缩回状态　　　　(c) 垃圾被压入容器

图 11-3　高层住宅垃圾压实器

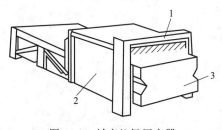

图 11-4　城市垃圾压实器

1—破碎杆；2—装料室；3—压面

（2）城市垃圾压实器　这种压实器与金属类废物压实器构造相似。为了防止垃圾中有机物腐败，要求在压实器的四周涂敷沥青。图 11-4 是用于压实城市垃圾的水平式压实器。先将垃圾加入装料室，启动具有压面的水平压头，使垃圾致密化和定形，然后将坯块推出。推出过程中，坯块表面的杂乱废物受破碎杆作用而被破碎，不致妨碍坯块移出。

其他在垃圾收集车辆上的压实器、废纸包装机、塑料热压机等结构基本相似，原理相同。

11.2　固体废物的破碎设备

用外力克服固体废物质点间的内聚力而使大块固体废物分裂成小块的过程称为破碎，使小块固体废物颗粒分裂成细粉的过程称为磨碎。固体废物破碎设备，通常用作运输、贮存、焚烧、热分解、熔融、压实、磁选、填埋等的预处理，在固体废物处理与资源化过程中应用相当普通。

固体废物破碎和磨碎的目的如下：①使固体废物的尺寸减小，从而增加容重，便于运输和贮存；②为固体废物的分选提供所要求的入选粒度，或将原来连接在一起的异种物质分开，以便有效地回收固体废物中的某种成分；③使固体废物的比表面积增加，提高焚烧、热分解、熔融等作业的稳定性和热效率；④为固体废物的下一步加工处理作准备，例如，煤矸石制砖、制水泥，都要求把煤矸石破碎和磨碎到一定粒度以下，以便进一步加工制备使用；⑤用破碎后的生活垃圾进行填埋处理时，压实密度高而均匀，可以加快覆土还原；⑥防止粗大、锋利的固体废物损坏分选、焚烧和热解等设备。

11.2.1　固体废物破碎设备设计原理

目前广泛应用的是机械能破碎，主要有压碎、劈碎、折断、磨碎及冲击破碎等方法。选择破碎方法时，需视固体废物的机械强度，特别是废物的硬度而定。对坚硬废物采用挤压破碎和冲击破碎十分有效；对韧性废物采用剪切破碎和冲击破碎或剪切破碎和磨碎较好；对脆性废物则采用劈碎、冲击破碎为宜。

一般破碎机都是由两种或两种以上的破碎方法联合作用对固体废物进行破碎的，例如压碎和折断、冲击破碎和磨碎等。

选择破碎机类型时，必须综合考虑下列因素：①所需要的破碎能力；②固体废物的性质（如破碎特性、硬度、密度、形状、含水率等）和颗粒的大小；③对破碎产品粒径大小、粒度组成、形状的要求；④供料方式；⑤安装操作场所情况等。

破碎固体废物常用的破碎机类型有颚式破碎机、锤式破碎机、冲击式破碎机、剪切式破碎机、辊式破碎机和球磨机等。

安装方式有固定和移动两种。表 11-2 所列情况可供选择破碎机械时参考。

表 11-2　破碎设备的选用

功能结构			废塑料(软)	废塑料(硬)	废橡胶	动植物残骸	废纸	木片	废织物	炉渣	废金属	破玻璃片	建筑废弃物	厨房垃圾	散料垃圾
干式	卧式	摆锤	△	#	○	△	#	#	#	#	#	#	#	#	#
		钟锤	△	#	○	△	#	#	#	#	#	#	#	#	#
		冲击	△	#	○	△	#	#	△	#	△	△	#	#	#
旋转	卧式	1单轴	○	#	○	○	#	#	#						○	
破碎	卧式	1双轴	#	#	#	○	#	#	#						○	
	立式	摆锤型	△	#	○	#	#	#	#	#	#	#	#	#	#
		钟锤型	△	#	○	△	#	#	#	#	#	#	#	#	#
湿式	卧式	转鼓切割				#	#							#	
旋转	立式	摆锤				○	#								○

注：# 表示推荐；○表示可用；△表示不可用。

需要指出的是：选用旋转式破碎机，当处理能力与废弃物初始尺寸成为决定因素时，如果待处理的废弃物初始尺寸大而要求破碎设备的进料口足以允许其通过的话，往往会造成设备的加工能力过大。此时，应选择较小型的设备，对待处理物料则应采用粗加工设备进行预处理。

11.2.2　国内外典型固体废物破碎设备

按破碎固体废物所用的外力，即消耗能量的形式可分为机械能破碎设备和非机械能破碎设备两大类。机械能破碎设备是利用破碎工具（破碎机的齿板、锤子、球磨机的钢球等）对固体施力而将其破碎。非机械能破碎设备是利用电能、热能等对固体废物进行破碎，如低温破碎设备、减压破碎设备及超声波破碎设备等。因非机械能破碎设备大多数未达到大规模实用的程度，下面仅介绍几种典型的机械能破碎设备。

11.2.2.1　冲击式破碎机

冲击式破碎机具有破碎比高、适应性强、构造简单、外形尺寸小、操作简便、易于维护等特点，适用于破碎中等硬度、软性、脆性、韧性以及纤维状等多种固体废物。破碎过程中，固体废物在转子冲击作用下受到第一次破碎，然后从转子获得能量加速抛射到冲击板上，进行第二次破碎，然后被反弹回去，再次受到锤头冲击或与抛射过来的物料对撞，使物料得到反复破碎。

冲击式破碎机主要有 Universa 型冲击式破碎机和 Hazemag 型冲击式破碎机两种类型。

图 11-5 是 Universa 型冲击式破碎机的构造图。该机的板锤只有两个,利用一般楔块或液压装置固定在转子的槽内,冲击板用弹簧支承,由一组钢条组成(约 10 个)。冲击板下面是研磨板,后面有筛条。当要求的破碎产品粒度为 40mm 时,仅用冲击板即可,研磨板和筛条可以拆除,当要求粒度为 20mm 时,需装上研磨板;当要求粒度较小或软物料且容重较轻时,则冲击板、研磨板和筛条都应装上。由于研磨板和筛条可以装上或拆下,因而对各种固体废物的破碎适应性较强。

图 11-6 是 Hazemag 型冲击式破碎机的构造图。该机主要用于破碎家具、电视机、杂器等生活废物。对于破布、金属丝等废物可通过月牙形、齿状打击刀和冲击板间隙进行挤压和剪切破碎。

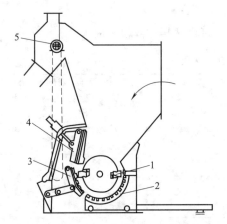

图 11-5 Universa 型冲击式破碎机

1—板锤;2—筛条;3—研磨板;4—冲击板;5—链幕

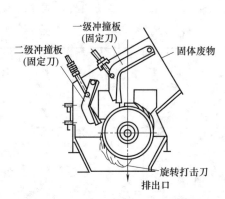

图 11-6 Hazemag 型冲击式破碎机

我国在水泥、火力发电、玻璃、化工、建材、冶金等工业部门广泛应用冲击式破碎机。

11.2.2.2 剪切式破碎机

剪切式破碎机是通过固定刀和可动刀(往复式刀或旋转式刀)之间的啮合作用,将固体废物切开或割裂成适宜的形状和尺寸,它是固废处理破碎行业的通用设备,主要结构是由两条刀轴组成,由马达带动刀轴,通过刀具剪切、挤压、撕裂,减小物料尺寸。这种垃圾破碎机广泛应用于废塑料、废橡胶、木材和其他大体积废弃物的破碎工作上,特别适合破碎低二氧化硅含量的松散物料。

斯瑞德环保设备科技发展有限公司将欧美制造该类设备 30 多年的经验引进中国,并根据国内实际情况进行改进、研发,推出技术成熟和设计先进的双轴垃圾破碎机系列,为我国的废物回收利用前期的破碎、减容处理提供质量可靠的设备。

剪切式破碎机的特点是刀轴转速低,高效、节能、噪声低,破碎比大,出料粒度大。

剪切式破碎机相对刀辊上的刀与刀之间的间隙是固定的,如果设计不合理,则可能无法有效地应用于混杂垃圾的粉碎工作。在大块物料的粉碎过程中,剪切时需要很大的力,如果调大刀间隙,那么比较薄的垃圾就会挤在刀的间隙里面剪不到,甚至缠绕在轴上;如果调小间隙,那大块物料粉碎就很费力,而且摩擦耗能比较高。所以,这种机器看似简单,实际上需要多年的经验积累和巧妙的结构设计,否则可能会很不好用。

Von Roll 型往复剪切式破碎机:这种破碎机(图 11-7)由装配在横梁上的可动机架和固定框架构成。在框架下面连接着轴,往复刀和固定刀交错排列。当呈开口状态时,从侧面看，往复刀和固定刀呈 V 字形。庞大废物由上方给入，当 V 字形闭合时，废物被挤压破碎。虽然驱动速度慢，但驱动力很大。当破碎阻力超过最大值时，破碎机自然开启，避免损坏刀具，其处理量为 80～150m³/h（因废物种类而异），剪切尺寸为 300mm，剪切普通钢废物时厚度达 200mm，适用于城市垃圾焚烧厂的废物破碎。

Linclemann 型剪切式破碎机：该机借助预压机缩盖的闭合将废物压碎（图 11-8），然后再经剪切机剪断，剪切长度可由推料杆控制。

11.2.2.3　旋转剪切式破碎机

废物给入料斗，被夹在转刀和固定刀之间

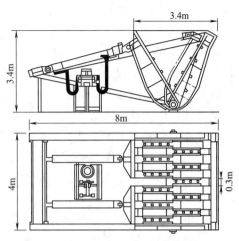

图 11-7　Von Roll 型往复剪切式破碎机

的间隙内而被剪切破碎（图 11-9），破碎产品下落，经筛缝排出机外。该机的缺点是当混进硬度大的杂物时，易发生操作事故。

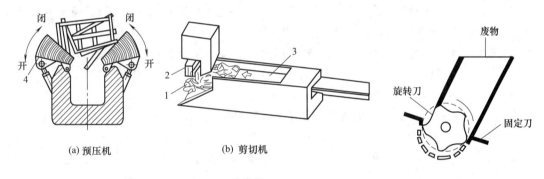

(a) 预压机　　　　　(b) 剪切机

图 11-8　Linclemann 破碎机
1—夯锤；2—刀具；3—推料杆

图 11-9　旋转剪切式破碎机

11.2.2.4　辊式破碎机

辊式破碎机适用于在水泥、化工、电力、冶金、建材、耐火材料等工业部门破碎中等硬度的物料，如石灰石、炉渣、焦炭、煤等物料的中碎、细碎作业。该系列对辊式破碎机主要由辊轮、辊轮支撑轴承、压紧和调节装置以及驱动装置等部分组成。

按辊式的特点可分为光辊破碎机和齿辊破碎机两种。光辊破碎机的辊子表面光滑，靠压挤破碎兼有研磨作用，可用于硬度较大的固体废物的中碎和细碎。齿辊破碎机辊子表面带有齿牙，主要破碎形式是劈碎，用于破碎脆性和含泥黏性废物。齿辊破碎机按齿辊数目又可分为单齿辊和双齿辊破碎机两种（见图 11-10）。

双齿辊破碎机由两个相对转动的齿辊组成，如图 11-10（a）所示，固体废物由上方给入两齿辊中间，当两齿辊同步相对转动时，辊面上

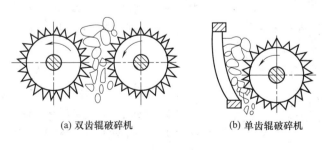

(a) 双齿辊破碎机　　　(b) 单齿辊破碎机

图 11-10　齿辊破碎机工作原理

的齿牙将物料咬住并加以劈碎，破碎后产品随齿辊转动从下部排出。破碎产品粒度由两齿辊的间隙决定。

单齿辊破碎机如图 11-10（b）所示，由一个旋转的齿辊和一个固定的弧形破碎板组成。破碎板与齿辊之间形成上宽下窄的破碎腔。固体废物由上方给入破碎腔，大块物料在破碎腔上部被长齿劈碎，随后在破碎腔下部进一步被齿辊轧碎，合格破碎产品从下部缝隙排出。

辊式破碎机的特点是能耗低，产品过度粉碎程度小，构造简单，工作可靠等。辊式破碎机是一种非常古老的破碎设备，它的构造简单，主要用于水泥、硅酸盐等工业部门对矿石的中碎、细碎作业。破碎辊是破碎机的主要工作机构，它由轴、轮毂和辊皮构成。辊皮的磨损程度对辊式破碎机的工作效率影响很大，只有辊皮处于良好的状态，破碎机才能获得较高的生产能力。

正是由于辊皮的重要性，因此了解影响辊皮磨损的因素与正确修理辊皮有重要的意义。

影响辊皮磨损的因素主要有：被破碎物料的硬度和粒度、辊皮的材质、辊子的规格尺寸和表面形状、给矿方式等。

针对这些影响因素，正确的做法如下。

① 物料分布尽量均匀，以减少辊子表面出现环状沟槽与辊皮磨损程度。

② 在破碎机的运转中，尤其是粗碎过程中，要注意给矿块的大小，防止给矿块过大，造成破碎机产生剧烈的振动，从而严重磨损辊皮。

③ 选择耐磨性能好的辊皮，可减少辊皮的磨损程度，从而延长辊子的使用寿命。

④ 给矿机的长度应该与辊子的长度保持一致，以保证沿着辊子长度均匀给矿。另外，为了连续进行给矿，给矿机的速度应该比辊子的速度要快 1～3 倍。

⑤ 经常检查破碎产品的粒度，且应该在一定时间内将其中一个辊子沿轴向移动一次，移动距离大约等于给矿粒径的 1/3 即可。

此外，还要注意辊子的润滑，并需要在安全罩子上留有检查孔，方便观察辊皮的磨损情况。

11.2.2.5　湿式破碎机

湿式破碎是利用特制的破碎机将投入机内的含纸垃圾和大量水流一起剧烈搅拌和破碎成为浆液的过程，从而可以回收垃圾中的纸纤维。这种使含纸垃圾浆液化的特制破碎机称为湿式破碎机。

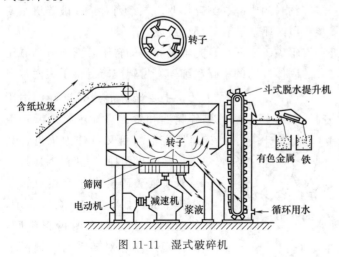

图 11-11　湿式破碎机

图 11-11 是湿式破碎机的构造示意图。在该机圆形槽底设有多孔筛，靠筛上安装的切割回转器（装有 6 把破碎刀）的旋转使投入的含纸垃圾随大量水流一起在水槽中剧烈回旋搅拌和破碎，成为浆液。浆液由底部筛孔排出，经固液分离将其中残渣分离出来，纸浆送至纸浆纤维回收工序进行洗涤、过筛脱水。难以破碎的筛上物质（如金属）从破碎机侧口排出，再用斗式脱水提升机送至

装有磁选器的皮带运输机，将铁与非铁物质分离。

湿式破碎具有以下优点：①使含纸垃圾变成均质浆状物，可按流体处理；②不孳生蚊蝇、无恶臭、卫生条件好；③噪声低，无发热、爆炸、粉尘等危害；④适用于回收垃圾中的纸类、玻璃及金属材料。

11.2.2.6　盆式破碎机

典型的盆式破碎机结构如图 11-12 所示。主要构件有盆式进料口 2、板锤组 6 和底架 1 等，盆式破碎机的盆是可以旋转的，转速根据秸秆粉碎的难易程度在 10r/min 以内选择，板锤组的长度与盆底的半径相等，盆壁每旋转一圈，物料即被粉碎一层。板锤的转速由尾部的变速箱控制，调节杆 4 用来调节秸秆与板锤间的距离，以适应不同硬度的物料的吃刀深度，一般不用筛板控制粉碎粒径，粉碎后的秸秆通过螺旋输送器 7 送到皮带运输机排出。设备下面有轮子，但要另加动力方可移动。

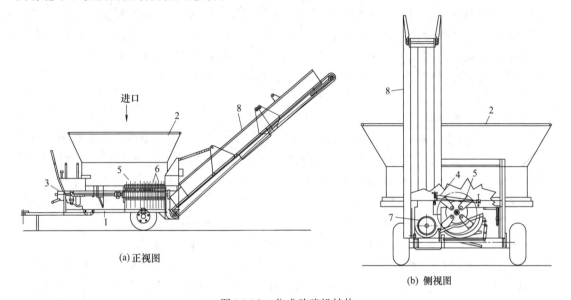

图 11-12　盆式破碎机结构

1—底架；2—盆式进料口；3—变速箱；4—调节杆；5—活动锤体；6—板锤组；7—螺旋输送器；8—皮带运输机

11.3　固体废物的分选设备

固体废物分选简称废物分选，是废物处理的一种方法（单元操作），目的是将其中可回收利用的或不利于后续处理、处置工艺要求的物料分离出来。

废物分选是根据物质的粒度、密度、磁性、电性、光电性、摩擦性、弹性以及表面润湿性的不同而在不同的分选设备中进行分选的。固体废物分选设备包括筛分设备、重选设备、磁选设备、电选设备、光电分选设备、摩擦与弹性分选设备以及浮选设备等。

11.3.1　固体废物分选设备设计原理

分选设备的选用主要依据待分选物料的性质、分选目的物的要求及分选设备的性能三个方面，其中以物料性质与设备性能最为重要，例如，当混合垃圾用钉轮和转刷组合式分选设备分选时，能分成三组情况。

11.3.2 国内外典型固体废物分选设备

11.3.2.1 筛分设备

筛分是将松散的混合物料通过单层或多层筛面的筛子，按照粒度分成两种或若干个不同粒级的过程。生产中，根据筛分作业的目的和用途，采用各种筛分机筛分时，通过筛孔的物料称为筛下产品，留在筛面上的物料称为筛上产品。若用多层筛面来筛分物料，则可得到多种产品。筛分常和粉碎合为一个设备。

(1) 筛分的基本原理　筛分分离过程可看作是由物料分层和细粒透筛两个阶段组成的，物料分层是完成分离的条件，细粒透筛是分离的目的。为了使粗细物料通过筛分而分离，必须使物料和筛面之间具有适当的相对运动，使筛面上的物料层处于松散状态，即按颗粒大小分层，形成粗粒位于上层、细粒位于下层的规则排列，细粒到达筛面并透过筛孔。同时，物料和筛面的相对运动还可使堵在筛孔上的颗粒脱离筛孔，以利于细粒通过筛子，细粒透筛时，尽管粒度都小于筛孔，但它们透筛的难易程度却不同。粒度小于筛孔尺寸 3/4 的颗粒，很容易通过粗粒形成的间隙到达筛面而透筛，称为"易筛粒"；粒度大于筛子尺寸 3/4 的颗粒，很难通过粗粒形成的间隙，而且粒度越接近筛孔尺寸就越难透筛，这种颗粒称为"难筛粒"。

(2) 筛分效率影响因素

① 固体废物性质的影响。固体废物的粒度组成对筛分效率的影响较大，废物中"易筛粒"含量越多，筛分效率越高；而粒度接近筛孔尺寸的"难筛粒"越多，筛分效率则越低。固体废物的含水率和含泥量对筛分效率也有一定的影响。废物外表水分会使细粒结团或附在粗粒上而不易透筛。当筛孔较大、废物含水率较高时，造成颗粒活动性的提高。此时水分有促进细粒透筛的作用，但此时已属于湿式筛分法，即湿式筛分法的筛分效率较高。水分影响还与含泥量有关，当废物中含泥量高时，稍有水分就能引起细粒结团。

废物颗粒形状对筛分效率也有影响，一般球形、立方体、多边形颗粒相对而言，筛分效率较高；而颗粒呈扁平状或长方形时，用方形或圆形筛孔的筛子筛分，其筛分效率较低。

② 筛分设备性能的影响。常见的筛面有棒条筛面、钢板冲孔筛面及钢丝编织筛网 3 种。棒条筛面有效面积小，筛分效率低；编织筛网则相反，有效面积大，筛分效率高；冲筛面介于两者之间。

筛的运动方式对筛分效率有较大的影响，当一种固体废物采用不同类型的筛子进行筛分时，其筛分效率大致如表 11-3 所列。

表 11-3　不同类型筛子的筛分效率

筛子类型	固定筛	转筒筛	摇动筛	振动筛
筛分效率/%	50~60	60	70~80	90 以上

即使是同一类型的筛子，如振动筛，它的筛分效率也受运动强度的影响而有差别。如果筛子运动强度不足，筛面上物料不易松散和分层，细粒不易透筛，筛分效率就不高；但运动强度过大，又使废物很快通过筛面排出，筛分效率也不高。

筛面宽度主要影响筛子的处理能力，其长度则影响筛分效率。负荷相等时，过窄的筛面使废物层增厚而不利于细粒接近筛面；过宽的筛面则又使废物筛分时间太短，一般宽长比为 1：(2.5~3)。

筛面倾角是为了便于筛上产品的排出，倾角过小起不到此作用；倾角过大时，废物排出速度过快，筛分时间短，筛分效率低。一般筛面倾角以 15°～20°较适宜。

③ 筛分操作条件的影响。在筛分操作中应注意连续均匀给料，使废物沿整个筛面宽度铺成一薄层，既充分利用筛面，又便于细粒透筛，可以提高筛子的处理能力和筛分效率。及时清理和维修筛面也是保证筛分效率的重要条件。

（3）筛分设备类型及应用　在固体废物处理中，最常用的筛分设备有以下几种类型。

① 固定筛　筛面由许多平行排列的筛条组成，可以水平安装或倾斜安装。由于构造简单，不耗用动力，设备费用低和维修方便，故在固体废物处理中被广泛应用。固定筛又分格筛和条筛两种。格筛一般安装在粗碎机之前，以保证入料块度适宜。条筛主要用于粗碎和中碎之前，安装倾角应大于废物对筛面的摩擦角，一般为 30°～50°，以保证废物沿筛面下滑。条筛筛孔尺寸为要求筛下粒度的 1.1～1.2 倍，一般筛孔尺寸不小于 50mm，筛条宽度应大于固体废物中最大块度的 2.5 倍。该筛适用于筛分粒度大于 50mm 的粗粒物料。

② 滚筒筛　滚筒筛亦叫转筒筛。筛面为带孔的圆柱形筒体或截头圆锥筒体。在转动装置带动下，筛筒绕轴缓缓旋转。为使废物在筒内沿轴线方向前进，圆柱形筛筒的轴线应倾斜 3°～5°安装。截头圆锥形筛筒本身已有坡度，其轴线可水平安装。固体废物由筛筒一端给入，被旋转的筒体带起，当达到一定高度后因重力作用自行落下，如此不断地起落运动，使小于筛孔尺寸的细粒透筛，而筛上产品则逐渐移至筛筒的另一端排出。

③ 惯性振动筛　惯性振动筛是通过由不平衡体的旋转所产生的离心惯性力使筛箱产生振动的一种筛子，其构造及工作原理见图 11-13。

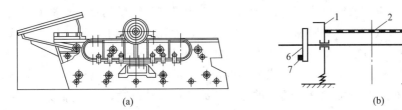

(a)   (b)

图 11-13　惯性振动筛构造及工作原理示意图

1—筛箱；2—筛网；3—皮带轮；4—主轴；5—轴承；6—配重轮；7—重块

当电动机带动皮带轮作高速旋转时，配重轮上的重块即产生离心惯性力，其水平分力使弹簧作横向变形，由于弹簧横向刚度大，所以水平分力被横向刚度所吸收。而垂直分力则垂直于筛面通过筛箱作用于弹簧，强迫弹簧作拉伸及压缩的强迫运动。因此，筛箱的运动轨迹为椭圆或近似于圆。由于该种筛子的激振力是离心惯性力，故称为惯性振动筛。惯性振动筛适用于细粒废物（0.1～15mm）的筛分，也可用于潮湿及黏性废物的筛分。

④ 共振筛　共振筛是利用连杆上装有弹簧的曲柄连杆机构驱动，使筛子在共振状态下进行筛分的。当电动机带动装在下机体上的偏心轴转动时，轴上的偏心连杆作往复运动。连杆通过其顶端的弹簧将作用力传给筛箱，与此同时下机体也受到相反的作用力，使筛箱和下机体沿着倾斜方向振动，但它们的运动方向相反，所以达到动力平衡。筛箱、弹簧及下机体组成一个弹性系统，该弹性系统固有的振动频率与传动装置的强迫振动频率接近或相同时，使筛子在共振状态下筛分，故称为共振筛。当共振筛的筛箱压缩弹簧运动时，其运动速度和动能都逐渐减小，被压缩的弹簧所储存的位能却逐渐增加。当筛箱的运动速度和动能等于零时，弹簧被压缩到极限，它所储存的位能达到最大值，接着筛箱向相反方向运动，弹簧释放

出所储存的位能，转化为筛箱的动能，因而筛箱的运动速度增加。当筛箱的运动速度和动能达到最大值时，弹簧伸长到极限，所储存的位能也就最小。可见，共振筛的工作过程是筛箱的动能和弹簧位能相互转化的过程。所以，在每次振动中，只需要补充克服阻尼的能量，就能维持筛子的连续振动。这种筛子虽大，但功率消耗却很小。共振筛具有处理能力大、筛分效率高、耗电少以及结构紧凑等优点，是一种有发展前途的筛子，但其也有制造工艺复杂、机体重大、橡胶弹簧易老化等缺点。共振筛的应用很广，适用于废物的中细粒的筛分，还可用于废物分选作业的脱水、脱重介质和脱泥筛分等。其示意图如图 11-14 所示。

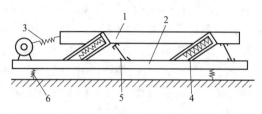

图 11-14　共振筛的原理示意图
1—上筛箱；2—下机体；3—传动装置；4—共振弹簧；
5—板簧；6—支持弹簧

11.3.2.2　重选设备

重力分选简称重选，是根据固体废物中不同物质颗粒间的密度差异，在运动介质中受到重力、介质动力和机械力的作用，使颗粒群产生松散分层和迁移分离，从而得到不同密度产品的分选过程。固体废物重选方法按分选介质和作用原理的不同可以分为重介质分选、跳汰分选、风力分选等。固体废物重选常用的设备主要有重介质分选机、跳汰机、风力分选机。

重介质通常将密度大于水的介质称为重介质，在重介质中使固体废物中的颗粒群按密度分开的方法称为重介质分选。为使分选过程有效地进行，选择的重介质密度（阶）需介于固体废物中轻物料密度和重物料密度之间，凡颗粒密度大于重介质密度的重物料都下沉，集中于分选设备的底部成为重产物；颗粒密度小于重介质密度的轻物料都上浮，集中于分选设备的上部成为轻产物。它们分别排出，从而达到分选的目的。

重介质是由高密度的固体微粒和水构成的固液两相分散体系，它是密度高于水的非均质介质。高密度的固体微粒起着加大介质密度的作用，故把这些固体微粒称为加重质。用于重介质分选的常用加重质有硅铁、磁铁矿等。硅铁含硅量为 $13\%\sim18\%$，其密度为 $6.8g/cm^3$，可配制成密度为 $3.2\sim3.5g/cm^3$ 的重介质。硅铁具有耐氧化、硬度大、带强磁化性等特点，使用后经筛分和磁选可以回收再生。纯磁铁矿密度为 $5.0g/cm^3$，用含铁 60% 以上的铁精矿粉可配制得重介质，其密度达 $2.5g/cm^3$。磁铁矿在水中不易氧化，可用弱磁选法回收再生利用。

构造图 11-15 是鼓型重介质分选机的构造和工作原理。设备外形是一圆筒形转鼓，由四个辊轮支撑，通过圆筒腰间的大齿轮由传动装置带动旋转。在圆筒的内壁沿纵向设有扬板，用以提升重产物到溜槽内。圆筒水平安装，固体废物和重介质一起由圆筒一端给入，在向另一端流动过程中，密度大的重介质的颗粒沉于槽底，由扬板提升落入溜槽内，被排出槽外成为重产物；密度小于重介质的颗粒随重介质流入圆筒溢流口排出，成为轻产物。

鼓形重介质分选机适用于分离粒度较粗（40～60mm）的固体废物。具有结构简单、紧凑，便于操作，分选机内密度分布均匀，动力消耗低等优点。缺点是轻重产物量调节不方便。

11.3.2.3　跳汰分选设备

跳汰分选是在垂直变速介质流中按密度分选固体废物的一种方法，它使磨细的混合废物中的不同粒子群，在垂直脉动运动介质中按密度分层，小密度的颗粒群位于上层，大密度的颗粒群（重质组分）位于下层，从而实现物料的分离（见图 11-16）。

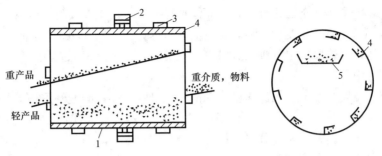

图 11-15　重介质分选机的构造和工作原理

1—圆筒形转鼓；2—大齿轮；3—辊轮；4—扬板；5—溜槽；

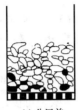 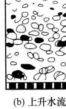  

(a) 分层前　　(b) 上升水流　　(c) 颗粒在水中　　(d) 下降水流，床层

图 11-16　颗粒在跳汰时的分层过程

在生产过程中，原料不断地送进跳汰装置，轻重物质不断分离并被淘汰掉，这样可形成连续不断的跳汰过程。跳汰介质可以是水或空气，但目前用于固体废物分选的介质都是水。

介质是水，称为水力跳汰，水力跳汰分选设备称为跳汰机。图 11-17 是跳汰分选机的构造及工作原理示意图。机体的主要部分是固定水箱，它被隔板分成二室，右为隔膜室，左为跳汰室。隔膜在隔膜室中，由偏心轮带动旋转，做上下往复运动，这样就使筛网附近的水产生上下交变的水流。物料给到筛网上，在上下交变的水流作用下，按密度分层：密度大的在下层（重产物），密度小的在上层（轻产物）。

在运行中，当隔膜向下时跳汰室内的物料受上升水流作用，由静止逐渐由下而上升起，松散成为悬浮状态，这时固体颗粒按密度和粒度差别做相应的上升运动。随着上升水流的逐渐减弱，粗重颗粒开始下沉，此时物料达到最大程度的松散，造成颗粒按密度和粒度分层的有利条件。当上升水流停止，并开始下降时，固体颗粒按密度和粒度的不同，做沉降运动，筛上物料逐渐转为紧密状态，以后粗粒便逐渐受到干涉不能继续下沉，而在下降水流的继续作用下，细小颗粒在粗粒间隙内继续向下运动。下降水流结束后，分层作用停止，完成了一次跳汰。每次跳汰，颗粒都受到一定的分选作用，达到了一定程度的分层。经过多次反复后，分层就更为完全，上层为小密度的颗粒，下层为大密度的颗粒。跳汰分选装置主要用作混合金属废物的分离。

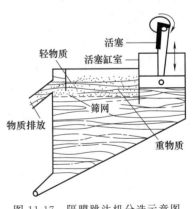

图 11-17　隔膜跳汰机分选示意图

11.3.2.4　风选设备

按气流吹入分选设备的方向不同，风选设备可分为两种类型：水平气流风选机（又称为卧式风力分选机）和上升气流风选机（又称为立式风力分选机）。

图 11-18 是卧式风力分选机的构造和工作原理示意图。该机从侧面送风，固体废物经破碎机破碎和圆筛筛分使其粒度均匀后，定量给入机内，当废物在机内下落时，被鼓风机鼓入的水平气流吹散，固体废物中各种组分沿着不同运动轨迹分别落入重质组分、中重质组分和轻质组分收集槽中。

当分选城市垃圾时，水平气流速度为 5m/s，在回收的轻质组分中废纸约占 90%；重质组分中黑色金属占 100%；中重质组分主要是木块、硬塑料等。实践表明，卧式风力分选机的最佳风速为 20m/s。卧式风力分选机构造简单，维修方便，但是其分选精度并不高，一般情况下很少单独使用，常常与破碎、筛分、立式风力分选机组合在一起进行使用。

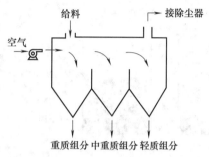

图 11-18　卧式风力分选机工作原理示意图

抽吸的曲折形风力分选机：经破碎后的城市垃圾从中部给入风力分选机，物料在上升气流作用下，垃圾中各组分按密度进行分离，重质组分从底部排出，轻质组分从顶部排出，经旋风分离器进行气固分离。与卧式风力分选机比较，立式曲折形风力分选机分选精度较高。由于沿曲折管路管壁下落的废物可受到来自下方的高速上升气流的顶吹，可以避免直管路中管壁附近与管中心流速不同而降低分选精度的缺点，同时可以使结块垃圾因受到曲折处高速气流而被吹散，因此，能够提高分选精度。曲折风路形状为 Z 字形，其倾斜度为 60°。

11.3.2.5　磁力分选设备

固体废物的磁力分选（简称磁选）是借助磁选设备产生的磁场使铁磁物质组分分离的一种方法。在固体废物的处理系统中，磁选主要用作回收或富集黑色金属，或是在某些工艺中用以排除物料中的铁质物质。

固体废物可依磁性分为强磁性、中磁性、弱磁性和非磁性等组分。这些不同磁性的组分通过磁场时，磁性较强的颗粒（通常为黑色金属）就会被吸附到产生磁场的磁选设备上，而磁性弱和非磁性颗粒就会被输送设备带走或受自身重力（或离心力）的作用掉落到预定的区域内，从而完成磁选过程。

磁选机主要由磁力滚筒和输送带组成，磁力滚筒是其关键部件。磁力滚筒有永磁和电磁两类。电磁滚筒的主要优点是其磁力可通过激磁线圈电流的大小来加以控制，但电磁滚筒的价格却比永磁滚筒高许多。因此，在实际中，永磁滚筒应用得较多。永磁滚筒的结构如图 11-19 所示，它的主要组成部件是一个回转的多极磁系和套在磁系外面的用不锈钢或铜、铝等非导磁材料制成的圆筒。一般磁系的包角为 360°，但也有小于此角度的。磁系与圆筒通常固定在同一个轴上，安装在皮带运输机的头部（代替传动滚筒）。

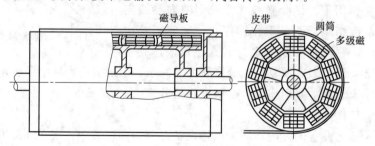

图 11-19　永磁滚筒结构示意

将固体废物均匀地放在皮带运输机上，当废物经过磁力滚筒时，非磁性或磁性很弱的物质在离心力和重力的作用下脱离皮带面；而磁性较强的物质受磁力的作用被吸在皮带面上，并由皮带带到磁力滚筒的下部，当皮带离开磁力滚筒时，由于磁场强度减弱而落入磁性物质收集槽中。目前，在废物处理系统中，最常用的磁选设备就是滚筒式磁选机和悬挂带式磁选机。

(1) 滚筒式磁选机　滚筒式磁选机由磁力滚筒和输送带组成，它的工作方式如图 11-20 所示。磁力滚筒也是皮带输送机的驱动滚筒。当皮带上的混合垃圾通过磁力滚筒时，非磁性物质在重力及惯性力的作用下，被抛落到该筒的前方，而铁磁性物质则在磁力作用下被吸附到皮带上，并随皮带一起继续向前运动。当铁磁物质传到滚筒下方逐渐远离磁力滚筒时，磁力就会逐渐减小。这时，铁磁物质就会在重力和惯性力的作用下脱离皮带，并落入预定的收集区。

(2) 带式磁选机　图 11-21 为带式磁选机的工作原理。物料放置在输送带上，输送带以与书面垂直的方向缓慢向前运动。在输送带的上方，悬挂一大型固定磁铁，并配有一传送带。在传送带不停的转动过程中，由于磁力的作用，输送带上的铁磁物质就会被吸附到位于磁铁下部磁性区段的传送带上，并随传送带一起向一端移动。当传送带离开磁性区时，铁磁物质就会在重力的作用下脱落下来，从而实现铁磁物

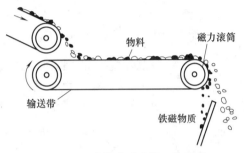

图 11-20　滚筒式磁选机工作示意

质的分离。需要注意的是，磁选机下通过的物料输送皮带的速度不能太高，一般不超过 1.2m/s，且磁铁离被分选的物料的高度通常应小于 500mm。

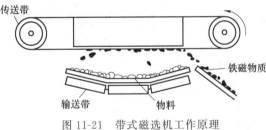

图 11-21　带式磁选机工作原理

11.3.2.6　电选设备

电力分选是利用固体废物中各种组分在高压电场中电性的差异实现分选的一种方法。电选分离过程是在电选设备中进行的。废物颗粒在电晕-静电复合电场电选设备中的分离过程如图 11-22 所示。给料斗把物料均匀地送入滚筒上，物料随着滚筒的旋转进入电晕电场区。由于电场区空间带有电荷，导体和非

导体颗粒都获得负电荷，导体颗粒一面荷电，一面又把电荷传给滚筒（接地电极），其放电速度快。因此当废物颗粒随滚筒旋转离开电晕电场区而进入静电场区时，导体颗粒的剩余电荷少，而非导体颗粒则因放电较慢，致使剩余电荷多。导体颗粒进入静电场后不再获得负电荷，但仍继续放电，直至放完全部电荷，并从滚筒上得到正电荷而被滚筒排斥，在电力、离心力和重力的综合作用下，其运动轨迹偏离滚筒，而在滚筒前方落下。非导体颗粒由于较多的剩余负电荷，将与滚筒相吸，被吸附在滚筒下，带到滚筒后方，被毛刷强制刷下；半导体颗粒的运动轨迹则介于导体与非导体颗粒之间，成为半导体产品落下，从而完成电选分离过程。

(1) 静电分选机　图 11-23 是辊筒式静电分选机的构造和原理示意图。将含有铝和玻璃的废物，通过电振给料器均匀地给到带电辊筒上，铝为良导体可从辊筒电极获得相同符号的大量电荷，因而被辊筒电极排斥落入铝收集槽内。玻璃为非导体，与带电辊筒接触被极化，在靠近辊筒一端产生相反的束缚电荷，被辊筒吸住，随辊筒带至后面，被毛刷强制刷落进入玻璃收集槽，从而实现铝与玻璃的分离。

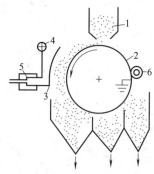

图 11-22 电选分离过程示意

1—给料斗；2—滚筒电极；3—电晕电极；

4—偏向电极；5—高压绝缘子；6—毛刷

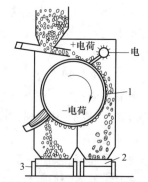

图 11-23 静电鼓式分选过程示意图

1—电辊筒；2—铝收集槽；3—玻璃收集槽

（2）YD-4 型高压电选机　这种电选机的构造如图 11-24 所示。该机特点是具有较宽的电晕电场区、特殊的下料装置和防积灰漏电措施，整机密封性能好，采用双筒并列式，结构合理、紧凑，处理能力大，效率高，可作为粉煤灰专用设备。

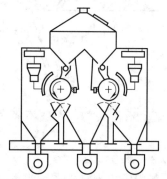

图 11-24　YD-4 型高压电选机结构示意图

　　该机的工作原理是将粉煤灰均匀给到旋转接地辊筒上，带入电晕电场后，炭粒由于导电性良好，很快失去电荷，进入静电场后从辊筒电极获得相同符号的电荷而被排斥，在离心力、重力及静电斥力综合作用下落入集炭槽成为精煤。而灰粒由于导电性较差，能保持电荷，与带电符号相反的辊筒相吸，并牢固地吸附在辊筒上，最后被毛刷强制落入集灰槽，从而实现炭灰分离。粉煤灰经二级电选分离的脱炭灰，其含炭率小于 8%，可作为建材原料。精煤含炭率大于 50% 可作为煤原料。

11.3.2.7　浮选设备

（1）浮选过程　浮选是在固体废物与水调制的料浆中加入浮选药剂，并通入空气形成无数细小气泡，使欲选物质颗粒黏附在气泡上，随气泡上浮于料浆表面成为泡沫层，然后刮出回收；不浮的颗粒仍留在料浆内，通过适当处理后废弃。

　　固体废物浮选主要是利用欲选物质对气泡黏附的选择性。其中有些物质表面的疏水性较强，容易黏附在气泡上，而另一类物质表面亲水，不易黏附在气泡上。物质表面的亲水、疏水性能，可以通过浮选药剂的作用而加强。因此，在浮选工艺中正确选择、使用浮选药剂是调整物质可浮选的主要外因条件。药剂根据在浮选过程中的作用不同，可分为捕收剂、起泡剂和调整剂三大类。

　　捕收剂能够选择性地吸附在欲选物质颗粒表面上，使其疏水性增强，提高可浮性，并牢固地黏附在气泡上而上浮。常用的捕收剂有异极性捕收剂和非极性油类捕收剂两类。典型的异极性捕收剂有黄药、油酸等。从煤矸石中回收黄铁矿时，常用黄药作捕收剂。非极性油类捕收剂主要成分是脂肪烷烃和环烷烃，最常用的是煤油，从粉煤灰中回收炭，常用煤油作捕收剂。气泡剂是一种表面活性物质，主要作用在水-气界面上，使其界面张力降低，促使空气在料浆中弥散，形成小气泡，防止气泡兼并，增大分选界面，提高气泡与颗粒的黏附和上浮过程中的稳定性，以保证气泡上浮形成泡沫层。常用的气泡剂有松油、松醇油、脂肪醇等。调整剂的作用主要是调整其他药剂（主要是捕收剂）与物料颗粒表面之间的作用，还可调整料浆的性质，提高浮选过程的选择性。调整剂的种类较多，它包括活化剂、抑制剂、介质调整剂和分散与混凝剂等。

（2）浮选设备结构　图 11-25 是机械搅拌式浮选机结构示意图。大型浮选机每两个槽为一组，第一个槽为吸入槽，第二个槽为直流槽。小型浮选机多以 4～6 个槽为一组，每排可以配置 2～20 个槽。每组有一个中间室和料浆面调节装置。

浮选工作时，料浆由进浆管进入，给到盖板与叶轮中心处，由于叶轮的高速旋转，在盖板与叶轮中心处造成一定的负压，空气由进气管和套管吸入，与料浆混合后一起被叶轮甩出。在强烈的搅拌下，气流被分割成无数微细气泡。预选物质颗粒与气泡碰撞黏附在气泡上而浮升至料浆表面形成泡沫层，经刮泡机刮出成为泡沫产品，再经消泡脱水后即可回收。

浮选是固体废物资源化的一种重要技术，我国已应用于从粉煤灰中回收炭，从煤矸石中回收硫铁矿，从焚烧炉渣中回收金属等。浮选法的主要缺点是有些工业固体废物浮选前需要破碎到一定的细度；浮选时要消耗一定数量的浮选药剂并易造成环境污染；另外，还需要一些辅助工序如浓缩、过滤、脱水、干燥等。因此，在生产实践中应根据固体废物的性质经技术经济综合比较后确定是否采用浮选设备。

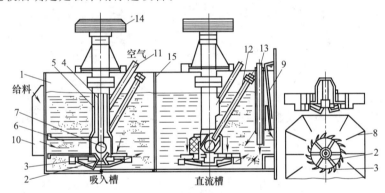

图 11-25　机械搅拌式浮选机

1—槽子；2—叶轮；3—盖板；4—轴；5—套管；6—进浆管；7—循环孔；8—稳流板；9—闸门；
10—受浆箱；11—进气管；12—调节循环量的闸门；13—闸门；14—皮带轮；15—槽间隔板

11.3.2.8　摩擦与弹跳分选设备

摩擦与弹跳分选是根据固体废物中各组分的摩擦系数和碰撞系数的差异，使其在斜面上运动或与斜面碰撞弹跳时产生的不同运动速度和弹跳轨迹，从而实现彼此分离的一种分离方法。

目前根据摩擦与弹跳分选原理设计并获得广泛应用的分选设备主要有带式筛、斜板运输分选机反弹滚筒分选机等。

（1）带式筛　带式筛是一种倾斜安装带有振打装置的运输带，如图 11-26 所示。其带面由筛网或有刻沟的胶带制成。带面安装倾角口大于颗粒废物的摩擦角，小于纤维废物的摩擦角。废物从带面的下半部由上方给入，由于带面的振动，颗粒废物在带面上作弹性碰撞，向带的下部弹跳，又因带面的倾角大于颗粒废物的摩擦角，所以颗粒废物还有下滑的运动，最后从带的下端排出。纤维废物与带面为塑性碰撞，不产生弹跳，并且带面倾角小于纤维废物的摩擦角，所以纤维废物不沿带面下滑，而随带面一起向上运动，从带的上端排出。在向上运动过程中，由于带面的振动使一些细粒灰土透过筛孔从筛下排出，从而使颗粒状废物与纤维状废物分离。

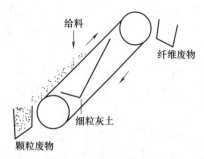

图 11-26　带式筛示意图

（2）斜板运输分选机　图 12-27 是斜板运输分选机的工作原理示意图。城市垃圾由给料皮带运输机从斜板运输分选机的下半部的上方向给入，其中砖瓦、铁块、玻璃等与斜板板面产生弹性碰撞，向板面下部弹跳，从斜板分选机下端排入重的弹性产物收集仓，而纤维织物、木屑等与斜板板面为塑性碰撞，不产生弹跳，因而随斜板运输板向上运动，从斜板上端排入轻的非弹性产物收集仓，从而实现分离。

（3）反弹滚筒分选机　该分选系统由抛物皮带运输机、回弹板、分料滚筒和产品收集仓组成，如图 11-28 所示。其工作过程是将城市垃圾由倾斜抛物皮带运输机抛出，与回弹板碰撞，其中铁块、砖瓦、玻璃等与回弹板、分料滚筒产生弹性碰撞，被抛入重的弹性产品收集仓，而纤维废物、木屑等与回弹板为塑性碰撞，不产生弹跳，被分料滚筒抛入轻的非弹性产品收集仓，实现分离。

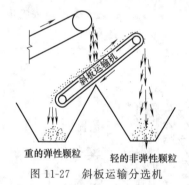

图 11-27　斜板运输分选机

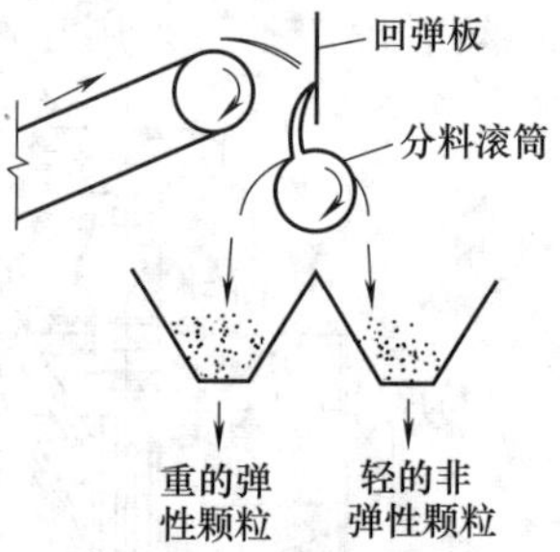

图 11-28　反弹滚筒分选机

11.3.2.9　其他分选机

除了上面介绍的常见分选方法外，还有根据物料的电性、磁性、光学等性质差别进行物料分选的方法，如光学分离技术、涡电流分离技术等。

（1）光学分离技术　这是一种利用物质表面反射特性的不同而分离物料的方法。这种方法现已用于按颜色分选玻璃的工艺中，图 11-29 就是此类设备的工作原理。

运输机送来各色玻璃的混合物料，它们通过振动溜槽时，连续均匀地落入光学箱中。在标准色板上预先选定一种标准色，当颗粒在光学箱内下落的途中反射与标准色不同的光时，光电子元件将改变光电放大管的输出电压，这样再经电子装置增幅控制，压缩空气喷管瞬间喷射出气流改变异色颗粒的下落轨迹，从而实现标准色玻璃的分选。

（2）涡电流分离技术　当含有非磁性导体金属（如铅、铜、锌等物质）的垃圾流以一定的速度通过一个交变磁场时，这些非磁性导体金属中会产生感应涡流。由于垃圾流与磁场有

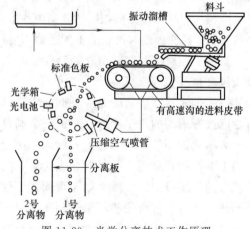

图 11-29　光学分离技术工作原理

一个相对运动的速度，从而对产生涡流的金属片块有一个推力。利用此原理可使一些有色金属从混合垃圾流中分离出来。作用于金属上的推力取决于金属片块的尺寸、形状和不规整的程度。

分离推力的方向与磁场方向及垃圾流的方向均呈 90°。图 11-30 为按此原理设计的涡流分离器。图中 1 为直线感应器，在此感应器中由两相交流电在其绕组中产生一交变的直线移动的磁场，此磁场的方向与输送机皮带 3 的运动方向垂直。当皮带 3 上的物料从感应器 1 下通过时，物料中的有色金属将产生涡电流，从而产生向带侧运动的排斥力。此分离装置由上下两个直线感应器组成，能保证产生足够大的电磁力，将物料中的有色金属推入带侧的集料斗 2 中。当然，此分选

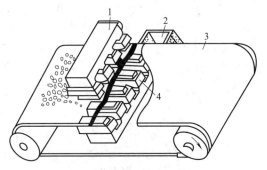

图 11-30　涡电流分离工作原理
1,4—直线感应器；2—集料斗；3—皮带

过程带速不宜过高。涡电流分离技术是从固体废物中回收有色金属的一种有效方法，具有广阔的应用前景。

11.4　固体废物的脱水设备

固体废物的脱水处理常用于城市污水与工业废水处理厂产生的污泥以及类似于污泥含水率的其他固体废物。凡含水率超过 90% 的固体废物，必须先脱水减容，以便于包装与运输，固体废物的脱水设备可以分为机械脱水设备与自然干化脱水设备两类。

11.4.1　固体废物脱水设备设计原理

表 11-4 为固体废物脱水设备的选用特点。

表 11-4　脱水设备的选用

设备类型	优　点	缺　点	适 用 范 围
真空过滤机	能连续操作,运行平稳,可自动控制,处理量较大	污泥脱水前需进行预处理,附属设备多,工序复杂,运行费用较高	适用于各种污泥的脱水
板框压滤机	制造较方便,适应性强,可自动操作,滤饼含水率较低	间歇操作,处理量较低	适用于各种污泥的脱水
滚压带式压滤机	可连续操作,设备构造简单,滤饼含水率较低	操作麻烦,处理量较低	不适于黏性较大的污泥脱水
离心脱水机	占地面积小,附属设备少,投资低,自动化程度高	分离液不清,电耗较大,机械部件磨损较大	不适用于含砂量高的污泥脱水
污泥干化场	构造简单,易于操作维护,含水率较低	占地面积大,卫生条件差,受季节气候影响大	适用于各种污泥的脱水

11.4.2　国内外典型固体废物脱水设备

（1）真空抽滤脱水机　真空抽滤是在负压条件下操作的脱水过程。在含水固体废物脱水中常用的真空抽滤脱水机为转鼓式，其构造及工作原理见图 11-31。这种过滤机的主要部件是一个外表面包有滤布，部分浸入污泥槽的转鼓。转鼓分隔为若干小室，于旋转轴附近连接

真空与压缩空气系统。在转鼓旋转的一个周期中，浸入污泥槽内的小室恰与真空系统相接，以实现水分的吸滤，水通过过滤进入小室，经抽空管、气液分离器排出，固体泥渣均匀地附着于滤布表面形成滤饼。小室脱离污泥槽之后的一段行程中，仍处于负压下继续脱水，当旋转至某一部位后，该小室脱离真空系统，开始与压缩空气系统相接，被吸干的滤饼经松动后由刮板刮下，落入料斗或传送带运走，转鼓即进入下一循环。

真空抽滤机为连续性操作，效率高，操作稳定，易于维护，适用于各类污泥脱水。脱水后污饼含水率为 75%～80%。该设备的缺点是运行费用高，建筑面积大，因过滤介质紧包在转鼓上，清洗再生不便，容易堵塞，影响过滤效率。

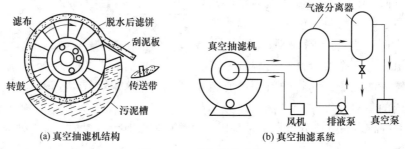

图 11-31　真空抽滤系统

（2）压滤脱水机　压滤是在外加一定力的条件下使含水固体废物过滤脱水的操作，可分为间歇型与连续型两种。间歇型压滤机为板框压滤机，连续型的为带式压滤机。

板框压滤机结构如图 11-32 所示，由滤板与滤框相间排列组成。滤框双侧用滤布包夹在中间，两端用夹板固定。板与框均开有沟槽与孔相连，形成导管。过滤时，用泵将污浆由导管压入机内，分别导入各滤框空间，然后压紧板框，滤液通过滤布，沿滤板沟槽汇于排液管排出，滤饼留在框内。过滤过程结束后松开板框卸出滤饼。该机具有结构简单、处理污泥含水率范围较大、适应性强、滤饼含水率与滤液悬浮物浓度均相对较低、滤布寿命较长等特点，因而得到广泛应用。缺点是操作比较繁琐。

带式压滤机结构（见图 11-33）是由上下两组同向运动的传动滤布组成，泥浆由双带之间通过，经上下压辊挤压，滤液透过滤布而排出。该机为连续操作，适用于真空抽滤机难以脱水的各种污泥，生产能力大，占地面积较小，滤饼含水率为 70%～80%。

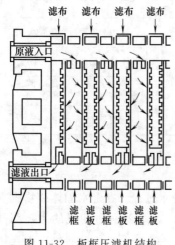

图 11-32　板框压滤机结构

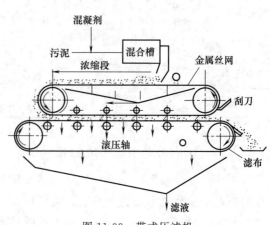

图 11-33　带式压滤机

（3）离心脱水机　离心脱水是利用高速旋转作用产生的离心力将密度大于水的固体颗粒与水分离的操作。离心脱水机按几何形状可分为转筒离心机、盘式离心机和板式离心机三种，常用的离心机为转筒式。图11-34是卧式螺旋转筒离心机结构示意图。这种离心机主体部件由螺旋输送器与转筒组成。转轴为变径空心轴，泥浆由空心轴腔输入至螺旋器的扩大空心轴中，并通过空心轴上的孔排至转筒中，在高速旋转过程中，固体泥渣被甩至筒壁形成泥饼，密度较小的液体则浮于泥饼表面，由筒体末端排出。泥饼在螺旋器推动下，刮向锥体端出口排出。

离心脱水机具有操作简便、设备紧凑、运行条件良好、脱水效率高等优点，适用于各种不同性质泥渣的脱水。脱水后泥饼含水率可降至70%。缺点是能耗较大。

（4）自然干化脱水设备　污泥自然干化脱水设备称为污泥干化场，是一种较简便、采用广泛的污泥脱水设备，依靠渗透、蒸发与撇除三种方式脱除水分，见图11-35。

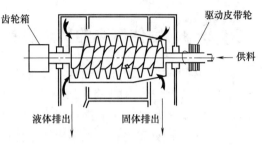

图 11-34　卧式螺旋转筒离心机结构

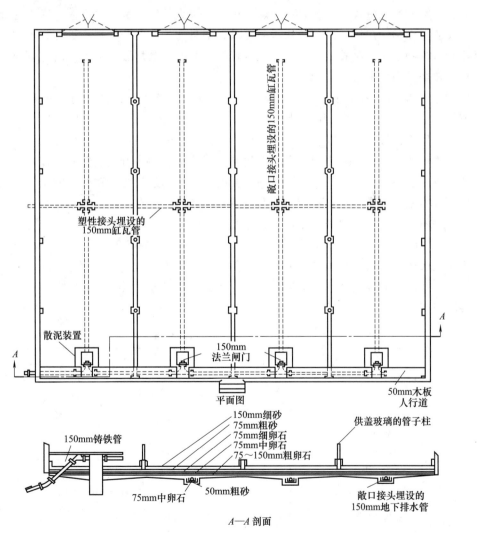

图 11-35　典型污泥干化场平剖面图

干化场四周建有围堤，中间用隔堤等分成若干区段（区段数一般不少于 3 段）。为便于起运脱水污泥，一般每区段宽不大于 10m，长 6～30m。渗滤水经排水管汇集排出。污泥分配装置的排泥口设有散泥板，使污泥能均匀地分布于整个区段面积上，并防止冲刷滤层。干化场运行时，一次集中放满一块区段，放泥厚度为 30～50cm。污泥干化周期随季节而异，在良好条件下，为 10～15 天。脱水后污泥含水率可降至 70%。自然干化脱水设备简单，干化污泥含水率低，但占地面积大，卫生条件差，受季节、气候影响大。

11.5 固体废物的焚烧设备

许多固体废物含有潜在的能量，可通过焚烧回收利用；固体废物经过焚烧，其体积可减少 80%～99%；此外，对于有害固体废物，焚烧可以破坏其组成结构或杀灭病原菌，达到解毒除害的目的。因此，可燃固体废物的燃烧处理，可同时实现减量化、无害化、资源化，是一条重要的处理处置途径。根据废物燃烧热值的高低，其焚烧所产生的热能可用于发电或供热。

固体废物的焚烧过程和普通燃料的燃烧过程有很大差别。焚烧处理固体废物的装置必须具有较大的操作弹性，能适应多种物料的要求。到目前为止，焚烧炉的设计和操作过程主要依靠经验。控制二次污染技术和能量回收装置的研究，是焚烧装置设计的研究方向。选用固体废物的焚烧处理应考虑如下问题。

① 适合焚烧的固体废物主要是垃圾和剩余污泥。焚烧垃圾的热值有一定要求，一般低位热值应大于 3360kJ/kg，否则要消耗燃料。废物的热值可通过氧弹测热仪测量或通过元素组成作近似计算。最常用的方法是，求出混合固体废物中的各组成物百分比，再通过测定各组成物质的热值，最后采用比例求和法得到混合固体废物的热值。热值有两种表示法，高位热值和低位热值。高位热值是指废物在一定温度下反应到达最终产物的焓的变化。低位热值与高位热值的意义相同，只是产物的状态不同，前者水是液态，后者水是气态。所以，二者之差就是水的汽化潜热。用氧弹测热仪测量的是高位热值。

表 11-5 列出部分生活垃圾的热值。表中污泥的热值是指市政污水处理的剩余污泥，而某些工业废水产生的剩余污泥热值可能会大很多，例如石油化工企业的含油污泥。近年来，对于剩余活性污泥的焚烧处理有所进展，主要问题仍是热值过低，一般要预干燥，有时还需加燃料混烧。

表 11-5 城市生活垃圾的热值 单位：kcal/kg

垃圾成分名称			干 基		湿 基	
			高位热值	低位热值	高位热值	低位热值
纸类	一般状态时	报纸	4516	4287	469l	3852
		纸板盒	4093	3764	4498	3410
		广告纸	3060	2785	4048	2609
			4505	4164	4532	3807
		包装纸	3913	3589	4262	3325
		纸屑	4296	3945	4532	3636
			4714	4093	4480	3821
	垃圾储坑中	报纸	4520	4212	4602	2938
		纸板盒	4216	3897	4457	2718
		包装纸	4415	4102	4510	2860

续表

垃圾成分名称			干　基		湿　基	
			高位热值	低位热值	高位热值	低位热值
厨余垃圾	一般状态时	植物性厨余垃圾	4304	3980	4521	1900
		动物性厨余垃圾	5710	5310	6011	1398
		剩饭	4170	3819	4204	1658
	垃圾储坑中	厨余垃圾	4364	4035	4817	809
纤维类	一般状态时	棉絮	4146	3784	3179	3583
		毛线	4891	5331	5756	4862
		尼龙	7368	6839	7383	6660
		聚丙烯	7116	6803	7123	6669
		聚酯	5473	5252	5478	5193
草木、皮革	一般状态时	草	4603	4262	4944	2589
		木	4753	4429	4777	2694
		钱包	5670	5335	6061	4670
		皮带	5659	5313	5757	4556
橡胶	一般状态时	轮胎	8710	8343	8852	8262
		皮管	7293	6942	10045	6844
		橡皮筋	9907	9335	10110	9823
塑料类	一般状态时	塑料袋	10748	10041	10770	10009
		垃圾袋	10964	10235	11008	10224
		塑料盒	11046	10279	11090	10268
		垃圾箱	11074	11825	11085	10253
		点心袋	10943	10176	10987	9971
		酸奶袋	9886	9470	9896	9440
		食品袋	9995	9468	10055	9518
		泡沫	9661	9256	9749	9157
		玩具	9576	9049	9587	9008
		洗衣粉袋	5577	5275	5585	9538
		酱油瓶	5464	5243	5469	5219
		饮料瓶	8356	8143	9865	8354
		海绵	5493	5061	5716	4699
塑料类	垃圾储坑中	塑料袋	10523	9805	10782	7441
		垃圾袋	10359	9793	11032	7386
		泡沫塑料	9525	9109	9690	7217
污泥	一般状态时	消石灰处理的污泥	3134	2891	5498	7230
		热处理的污泥	2997	2776	6350	389
		高分子药剂处理的污泥	4869	4523	5755	4587

注：1k＝4.2kJ。

② 很多固体废物都含有重金属，如某些工业污泥、聚氯乙烯塑料（在添加剂中往往含有重金属）。在燃烧过程中，重金属被氧化后，部分混到尾气中，此时排烟洗涤水则需要严格处理。由于重金属的催化作用，加速了腐蚀性气体对炉体、废热锅炉等设备的腐蚀作用。此外，灰渣中的重金属降低了灰渣的使用价值，也增加了处置的困难程度。

③ 固体废物焚烧炉炉膛温度应维持在850℃以上，并通过二次风的混合搅拌使烟气在此高温区域内停留至少2s以上，减少固体废物焚烧炉出口烟气中二噁英（Dioxin）等污染物浓度。

在焚烧处理固体废物中如果含有塑料、树脂类废物，燃烧尾气中可能会产生氯化氢、氯气、光气、氰化氢、氨、一氧化碳、氮氧化物等物质。例如聚氯乙烯类塑料燃烧时产生大量氯化氢；当空气过剩系数为 3 时，燃烧尾气中氯化氢浓度高达 2.7×10^9，同时还有 0～

1.0×10^7 的光气（$COCl_2$）和 $0\sim1\times10^6$ 的氮气产生；含有氨基塑料物质燃烧时，产生 $0\sim$ 1.0×10^{13} 的氰化氢和氨气；所有塑料类物质燃烧时都会产生一氧化碳。

从理论上讲，如果能使塑料类物质保持完全燃烧状态，就不会产生一氧化碳、氨、氰化氢等物质，但是氯化氢的产生几乎与燃烧状态无关，而氯化氢不仅造成大气污染，还会腐蚀设备。

④ 前期投入费用极为昂贵。建设一个日处理垃圾 1000t 的焚烧炉及附属热能回收设备，需要 7 亿～8 亿元人民币。其所需设备可参考表 11-6。

表 11-6　焚烧设备的选择

分类	物理性质分组	焚 烧 设 备							
		栅格式燃烧室	单层燃烧室				沸腾床燃烧室	浮悬燃烧室	高温熔化炉
			固定式	旋转式	多段式	转窑式			
有机泥	水处理污泥	#	○	○	#	#	#	#	#
	废涂料	○	○	#	#	#	#	a	#
	其他泥渣	○	○	○	#	#	#	a	#
废油	焦油、沥青	△	○	○	△	#	@	△	@
	含油废弃物	#	○	○	△	@	○	△	#
废塑料		○	#	#	@	○	○	△	#
橡胶废料		△	#	#	△	○	○	△	#
动植物残骸		#	○	○	△	#	#	○	#
废纸		#	@	@	△	#	#	@	#
废织物		#	@	@	△	#	#	@	#
混合垃圾		#	@	@	△	#	#	@	#

注：# 表示推荐采用；△ 表示不能用；@ 表示可用；○ 表示可混合燃烧。

11.6　固体废物的热分解设备

热分解是有机物在无氧或缺氧条件下的高温加热分解技术，热分解反应属吸热反应。在燃烧有机物过程中，其主要生成物为二氧化碳和水，而热分解主要是可燃的低分子化合物，气态的有氢、甲烷、一氧化碳、二氧化碳等；液态的有甲醇、丙酮、醋酸、乙醛，含其他有机物的焦油、溶剂油、水溶液等；固态的主要为炭黑。

由于固体废物在还原性气氛中进行热分解，在此过程中，其中的有价金属不会发生氧化反应，有利于有价金属的回收利用，同时固体废物中的 Cu、Fe 等金属在还原性气氛下不易生成促进二噁英形成的催化剂，从而抑制二噁英类物质的产生。此外，固体废物热分解产生可燃气体燃烧时是低氧燃烧，过量空气系数较低，因此产生烟气量大大降低，可有效降低 NO_x 的排放量，降低烟气净化处理系统设备的建设投资及设备运行费用，在一定程度上提高能源利用率。另外焚烧灰渣在高于 1300℃ 的高温状态下熔融，可有效抑制二噁英类毒性物质的形成，经过高温熔融的灰渣，可实现再生利用。

固体废物热分解的优点主要表现为能回收可贮存、可输送的燃料；当所需热量发生变化时，应变能力强；热分解过程 NO 产生量较焚烧法少得多。

热分解设备用于处理高热值废弃物，设备选择时着重评价其能量回收率，并兼顾其他因素。常用热解设备的选用情况列于表 11-7。

表 11-7　热解设备的选择

设备种类	废弃物种类								
	有机污泥	废油	废塑料	橡胶废料	动植物残骸	废纸	木片	废织物	混合垃圾
流化床	♯	♯	♯	♯	A	A	♯	○	♯
沸腾床	♯	♯	♯	♯	A	○	♯	○	♯
转窑	♯	♯	○	♯	A	○	♯	○	♯
双塔流化床	♯	♯	♯	♯	○	A	♯	○	♯
立窑	♯	♯	○	♯	A	A	♯	○	♯

注：♯为推荐；A为不能用；○为可用。

11.7　固体废物的堆肥化设备

堆肥化（composting）又叫好氧堆肥化处理，在人工控制的条件下，依靠自然界中广泛分布的细菌、放线菌、真菌等微生物，人为地促进可生物降解的有机物向稳定的腐殖质转化的微生物学过程。堆肥化的产物称为堆肥，即人工腐殖质。

人类利用有机固体废物生产堆肥，已有几千年历史，但都是采用传统的手工操作，依靠自发的生物转化作用，发酵周期长、处理量小，原料也多限于农林废物和人畜粪便。20 世纪 20 年代出现了机械堆制技术，现已发展成为处理生活垃圾、污水处理污泥、人畜粪便以及农林废物的重要方法之一。

11.7.1　固体废物堆肥化设备设计原理

堆肥化工艺按堆制方式可分为间歇堆积法和连续堆积法；按原料发酵所处状态可分为静态发酵法和动态发酵法；按堆制过程中的需氧情况可分为好氧法和厌氧法。

现代化堆肥工艺，特别是城市垃圾堆肥工艺，大都是好氧堆肥。其工艺过程通常由前处理、原料发酵、后处理三个工序组成。前处理的主要任务是破碎及分选，去除非堆肥化物质，调整粒度、水分和 C/N。发酵工序包括通风、温度控制、翻堆、水分控制、无害化控制、堆肥的腐熟等几个方面，经发酵的物料在后处理工序中进一步去除杂质和进行必要的破碎处理，然后包装贮存或外运。

堆肥化系统的设备主要包括进料和供料设备、预处理设备、发酵设备、后处理设备以及脱臭设备。其中发酵设备是整个系统的关键设备。

11.7.2　国内外典型固体废物堆肥化设备

（1）游泳池型发酵设备　这是一种两侧墙围成宽 2～3m、长 20m、深 2m 的细长游泳池型发酵仓，大多数设有从仓底供气的设备，物料的仓内被堆成 1～2m 高度。由于一个仓的容量有限，当处理量大时，可并排相邻设置若干个发酵仓。

游泳池型发酵仓有多种形式，其主要差别在于搅拌发酵物料的翻堆机不同，大多数翻堆机兼有运送物料的作用。其中使用最多的是链板运输机式翻堆机，如图 11-36 所示。

链板环状相连组成翻堆机，在各链板上安装

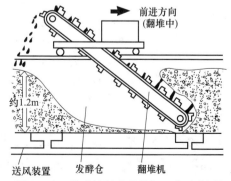

图 11-36　移动链板式翻堆机工作示意图

附加挡板形成戽斗式刮刀，以此来掏送物料。在仓的两个侧墙上装有带滚子的可移动小车。操作时使运输机倾斜，其低的一头向前，每一次来回翻堆可将物料移动 2m 距离。一般每天翻堆一次，根据物料的情况可适当增加或减少翻堆次数，物料经过 7～10 天的发酵时间完成一次发酵，基本达到无害化，成为堆肥。

（2）卧式回转筒式发酵设备　卧式回转筒式发酵设备系回转窑式圆筒型发酵仓，有达诺式（Dano）、单元式、双层圆筒式等多种形式。其中最著名的是达诺式，被世界各国广泛采用，其装置如图 11-37 所示。

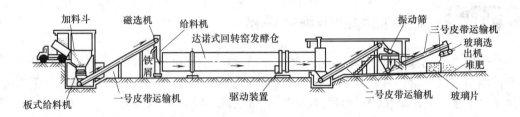

图 11-37　卧式回转圆筒型城市垃圾堆肥化装置（达诺式）

加入料斗的垃圾经过料斗底部的板式给料机和一号皮带输送机送到磁选机除去铁类后，由给料机供料给低速旋转的达诺式回转窑发酵仓。垃圾在仓内经通风并补充必要的水分，一边混合、腐蚀和破碎，一边发酵，依靠微生物分解放出的热量使温度保持在 60～70℃，经过 3～5 天的时间完成一次发酵过程后成为堆肥排出仓外。随后靠振动筛筛分为筛上物及筛下物两部分，筛上物通过溜槽排出，通常被焚烧处理或填埋处置。筛下物经玻璃选出机去除玻璃后，即为堆肥产品。各种回转筒式发酵设备均存在动力费用与设备费用较高的问题，有待研究解决。

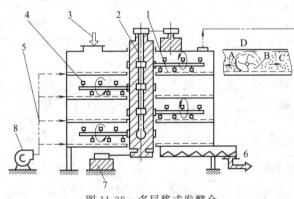

图 11-38　多层桨式发酵仓

1—空气管道；2—旋转主轴；3—进料口；4—旋转桨叶；
5—空气；6—堆肥；7—电动机；8—鼓风机；
A—搅拌轴的运动方向；B—搅拌轴的旋转方向；
C—可堆肥物的运动方向；D—可堆肥物的轨迹线

（3）立式发酵设备　立式发酵设备主要有多阶段立式发酵仓、多层立式发酵仓、多层桨式发酵仓、活动层多阶段发酵仓、直落式发酵仓、窑形发酵仓等几种形式。图 11-38 是多层桨式发酵仓的构造示意图。发酵仓的外形类似多段焚烧炉，外壁由隔热材料做成，是一种可保温的、具有多阶段发酵仓的圆筒，一般有 5 个发酵槽，分别由混凝土或钢板做成。装置中心有一垂直空心主轴（旋转主轴），相对于主轴的每段发酵槽内，按横向位置各装设有一组旋转桨叶，每段发酵槽底，各开一个孔口，各孔口逐次错开

一定位向。全部搅拌系统通过由设在主轴中心的垂直轴和齿轮组成的传动装置，形成一个以较快速度一起驱动的系统，主轴与桨叶的速度可分别调节，物料经搅拌并发生位移。工作时物料被桨叶搅起并被甩到主轴旋转方向相反的方位。通过转动，由最上层喂入的原料在槽内

一面受到搅拌，一面通过槽底孔口进入下一段发酵槽，同时受来自以下各层热空气的作用，发生生物降解过程。

桨式发酵塔便于选定最适当的运行条件，通风均匀，物料不结块，在槽内停留时间不同的发酵物料不会混杂，易于使发酵过程处于最佳状态。

 案例

亿维 PLC 在垃圾焚烧电厂项目中的应用

垃圾焚烧可以实现垃圾处理的减量化、资源化、无害化，回收其热量用于发电、供热等。垃圾焚烧处理已成为一些发达国家处理垃圾的主要方式。此垃圾焚烧处理发电厂是我国广东省与加拿大合作建设的一座总投资 4.1 亿元的垃圾焚烧发电厂，总占地面积 3 万多平方米。设计有四台垃圾焚烧炉、四台余热锅炉、两台 6MW 汽轮发电机组。四条生产线共设计日处理垃圾 600t，年发电量为 8797kW·h，1t 垃圾可产生不少于 300kW·h 的电能。该工程的核心技术为世界第三代 CAPS 技术，即控气型固体废物热分解处理技术，使用此技术建设了 4 台 CAPS 热解炉。4 台余热锅炉产生的蒸汽供给两台 6MW 汽轮机发电机组发电，真正实现了变废物为资源。

此垃圾焚烧电厂的垃圾焚烧炉采用加拿大制造的顺推多级机械炉排焚烧炉。焚烧炉应用了世界第三代控气型固体废物热分解处理技术（CAPS），可有效减少焚烧产生的有毒气体。

垃圾由汽车运到处理厂后倒入垃圾仓内。新入仓的垃圾在仓内存放 3 天后就可入炉燃烧。垃圾在仓内存放时经过发酵、排出渗滤水后可提高进炉垃圾的热值，又使垃圾容易着火燃烧。在仓内，用吊车的抓斗将垃圾送至炉前料斗。垃圾焚烧炉为往复式顺推多级机械炉排焚烧炉。焚烧炉内由一个给料器和 8 个燃烧炉排单元组成，包括干燥段的两级炉排、气化燃烧段的四级炉排和燃尽段的两级炉排。焚烧炉内温度控制在 700℃ 以内。燃尽的垃圾从最后一级炉排离开焚烧炉落入灰槽中。通过给料器（Loading Ram）将落入料斗的垃圾从防火门前推入燃烧室。给料器只负责给料，不提供燃烧空气，并通过防火门与燃烧区隔离。防火门在给料器收回时保持关闭状态。关闭防火门可使炉膛与外界隔开，维持炉内负压。同时，燃烧室的入口处有温度测点，当燃烧室入口的垃圾温度过高时，电磁阀将控制防火门后的喷雾器喷水以防止防火门打开时给料斜槽上的垃圾将料斗中的垃圾引燃。八级燃烧炉排分为两级干燥炉排、四级气化燃烧炉排和两级燃尽段炉排。每级炉排下面都有液压驱动的脉冲推动装置。8 级推动装置（推床）按一定顺序推动垃圾，使进入焚烧炉的垃圾依次被与各级炉排相配合的推床推到下一级炉排上。炉排上有均匀分布的小孔，用于喷出燃烧所需一次风。供燃的一次风由炉排下的一次风管供给。垃圾在炉排推送过程中受到燃烧器和炉内的热辐射以及一次风的吹烘，水分迅速蒸发，着火燃烧。烟气由余热锅炉排出后首先进入半干式洗气塔，塔中利用雾化器将熟石灰浆从塔顶喷入塔内，与烟气中酸性气体中和，可有效清除 HCl、HF 等气体。在洗气塔出口管道上有活性炭喷嘴，活性炭用于吸附烟气中的二噁英、呋喃类物质。烟气之后即进入布袋除尘器，使烟气中的颗粒物、重金属被吸附去除。最后将烟气从烟囱排入大气。

生活垃圾焚烧烟气中的二噁英是近几年来世界各国所普遍关心的问题。二噁英类剧毒物质对环境造成很大危害，有效控制二噁英类物质的产生与扩散，直接关系到垃圾焚烧及垃圾发电技术的推广和应用。

思考与练习

1. 固体废物破碎和磨碎的目的有哪些？
2. 选择破碎机类型时，必须综合考虑的因素有哪些？
3. 影响辊皮磨损的因素主要有哪些？针对这些因素采取的措施有哪些？
4. 请简述筛分设备类型及应用。
5. 固体废物脱水设备的选用特点以及优点、缺点、适用范围是什么？
6. 流化床焚烧炉的优点有哪些？

第五篇
环保设备设计与应用经济分析指标

第 12 章 ▶▶ 垃圾收集运输及粉煤灰等综合利用设备

本章摘要

本章介绍了垃圾收集运输及粉煤灰等综合利用设备，包括垃圾收集运输设备和粉煤灰综合利用设备两部分。

12.1 垃圾收集运输设备

12.1.1 QN99 型城市混装生活垃圾拣选系统

12.1.1.1 概述

在引进美国、德国的环保设备制造技术基础上，结合我国城市生活垃圾的构成特点，研制了适合我国城市混装生活垃圾处理的 QN99 型拣选系统（生产线）。与国外同类进口设备相比，该系统功能相同但制造价格较低，可以完全替代进口的同类设备，满足我国城市混装生活垃圾拣选处理的需要。

12.1.1.2 使用范围

QN99 型城市混装生活垃圾拣选系统，适用于所有需要对垃圾进行前置处理的垃圾再利用生产工艺系统，经该系统处理后的生活垃圾可用于堆肥发酵，或进行填埋和进一步焚烧发电。

12.1.1.3 生产流程

混装生活垃圾进场-经抓斗机等转载设备使垃圾输送到拣选系统（生产线）-人工监拣（拣出大件物品、石块等）-破袋机破袋，使袋装垃圾散开-二次人工监拣，拣出大块物品-除臭-强磁拣选垃圾层表面的磁性物质-人工拣选出玻璃、纸张、塑料等-定向磁选拣出垃圾底层的小件磁性物质-进入涡流拣选机，拣选垃圾中的非磁性金属物质-进入破碎筛分系统分选，筛上物送出填埋或焚烧，筛下物送出进一步深化处理（堆肥等），拣选处理工作完成。

12.1.2 后装压缩式垃圾车

12.1.2.1 3t 后装压缩式垃圾车技术特点（LSS5061ZLJ 型）

手动全液压半自动控制；模块式液压元件，全部进口液压密封件；填塞器设有污水槽；全部钢材经酸洗磷化处理，面漆采用高氯聚乙烯硫化，防腐性能优异；垃圾箱内设有液压推板，用于双向压缩和卸料；按用户需要可配装 300L 圆桶或 240L 方桶的翻桶机构。

LSS5061ZLJ 型垃圾车外形见图 12-1，主要技术参数见表 12-1。

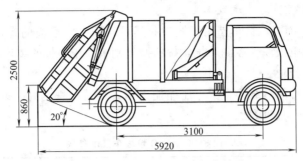

图 12-1　LSS5061ZLJ 型垃圾车外形

表 12-1　LSS5061ZLJ 型垃圾车技术参数

名　称	参　数	名　称	参　数
底盘型号	EQ1061T5D	最大爬坡度/%	30
外形尺寸(长×宽×高)/(mm×mm×mm)	5920×2140×2500	最小离地间隙/mm	176
最大总质量/kg	6600	前悬/mm	1160
整备质量/kg	4300	后悬/mm	1660
装载质量/kg	2300	垃圾箱容积/m³	5.5
前轴载荷(空载/满载)/kg	1750/2050	油耗/(L/100km)	≤11
后轴载荷(空载/满载)/kg	2550/4550	发动机型号	CY4012BQ-11
质量利用系数	0.535	形式	直列四缸、水冷、直喷柴油机动机
轴距/mm	3100	额定功率	70kW,3200r/min
轮距(前/后)/mm	1750/1586	额定扭矩	245N·m,2200r/mm
接近角/(°)	≥18	压缩比	17.5
离去角/(°)	≥20	填料口高度/mm	860
最高车速/(km/h)	≥90	填料口尺寸/mm	1800×750
最小转弯直径/m	14	填塞器容积/m³	0.65

12.1.2.2　2.75t 后装车技术特点 (LSS5062ZLJ 型)

重庆五十铃 NKR55LL 型二类底盘为五十铃公司最新一代产品；手动全液压控制方式，操作简单，维修方便，后填塞口可选配手控电控双操作方式；全部进口液压密件；后倾翻卸料最大节约储料空间；整车体积小，驾驶灵活，适用于窄小街道、弄堂的工作环境；全部板材经过酸洗磷化处理，主要技术参数见表 12-2。

表 12-2　LSS5062ZLJ 型垃圾车主要技术参数

名　称	参　数	名　称	参　数
底盘型号	NKR55LLA	液压系统压力/MPa	16
外形尺寸(长×宽×高)/(mm×mm×mm)	6100×1880×2320	填塞器一次工作循环时间/s	≤30
额定装载质量/kg	1980	卸料时间/s	≤40
整备质量/kg	3740	车厢容积/m³	5
前轴/kg	1350	填料口尺寸(宽×高)/(mm×mm)	1450×700
后轴/kg	2390	填料口高度/mm	820
最大总质量/kg	5720	填塞器最大开角/(°)	60±2
前轴/kg	2280	填塞器容积/m³	0.41
后轴/kg	3440	车厢最大倾斜翻角/(°)	45
离去角/(°)	≥20		

12.1.2.3　SIMACO 城市垃圾车

SIMACO 后装压缩式垃圾车是用于城市收运可压缩生活垃圾的专用车辆。关键件采用德国原装配置。采用电液联锁控制系统，按钮操作刮板、压缩板的装填机械，能够对垃圾进行压缩、装填、推卸作业。

该车填装简便，垃圾装载容量大，压缩能力强，自动化程度高，设有防二次污染装置，运输效率高。其技术参数见表 12-3。

表 12-3　SIMACO 垃圾车技术参数

名　称	参　数	名　称	参　数
车型	NR5060ZLJ	投入口容积/m³	0.54
底盘型号	EQ3061TJ	投入口尺寸(宽×高)/(mm×mm)	1420×830
外形尺寸(长×宽×高)/(mm×mm×mm)	6000×2140×2600	液压系统压力/MPa	18
轴距/mm	3100	填塞器一次工作循环时间/s	≤20
最小转弯直径/m	≤13	推板卸料循环时间/s	≤40
最小离地间隙/mm	176	填塞器最大开角/(°)	65±3
整备质量/kg	4550	污水箱容积/L	50
满载总质量/kg	6600	车厢容积/m³	5.5

12.1.2.4　自装卸压缩垃圾车

（1）5t 侧装垃圾车技术特点　采用液压拉杆提升系统，手动全液压控制；可提升 300L 圆垃圾桶或 240L 方塑料垃圾桶；垃圾箱内设置液压推板用来压缩已装入的垃圾和卸料；可改装为顶装压缩垃圾车；全部钢材均经酸洗磷化处理。技术参数见表 12-4。

表 12-4　5t 侧装垃圾车技术参数

名　称	参　数	名　称	参　数
底盘型号	EQ1092F 或 CA1092	最小转弯直径/m	16
外形尺寸(长×宽×高)/(mm×mm×mm)	6490×2390×3000	最大爬坡度/%	28
最大总质量/kg	9120	最小离地间隙/mm	260
整备质量/kg	5120	前悬/mm	1064
装载质量/kg	4000	后悬/mm	1476
前轴负荷(空载/满载)/kg	2360/2562	垃圾箱容积/m³	7.6
后轴负荷(空载/满载)/kg	2760/6558	油耗/(L/100km)	26.5
轴距/mm	3950	液压系统额定工作压力/MPa	8
轮距(前/后)/mm	1810/1800	发动机型号	EQ6100.1 型
接近角/(°)	≥35	形式	四行程、水冷、直列六缸顶置气门油器汽油发动机
离去角/(°)	≥30	额定功率	70kW,3200r/min
最高车速/(km/h)	≥90	额定扭矩	353N·m,1200～1400r/mm

（2）5t 拉臂式自卸垃圾车技术特点　全车板经过酸洗磷化处理延长使用 1/4 寿命；手动全液压控制方式，易操作、维修简单；模块化液压元件设计，全部进口液压密封件；增加了驾驶室内操作装置；全套引进澳大利亚生产设备、工艺装备；每部主机可配用多个转运箱。其技术参数见表 12-5。

表 12-5　5t 拉臂式垃圾车技术参数

名　称	参　数	名　称	参　数
底盘型号	EQ1092F	最高车速/(km/h)	≥90
外形尺寸(长×宽×高)/(mm×mm×mm)	6600×2380×2510	最小转弯直径/m	16
最大总质量/kg	10000	最大爬坡度/%	≥28
整备质量/kg	5500	最小离地间隙/mm	260
装载质量/kg	4500	前悬/mm	1064
前轴负荷(空载/满载)/kg	2200/2600	后悬/mm	1586
后轴负荷(空载/满载)/kg	3300/7400	垃圾箱容积/m³	7.5
轴距/mm	3950	倾翻角/(°)	45±2
轮距(前/后)/mm	1810/1800	油耗/(L/100km)	≤27
接近角	≥36	液压系统额定工作压力/MPa	16
离去角	≥24	发动机型号	EQ6100-1 型
额定功率	90kW,3000r/min	额定扭矩	353N·m,1200～1400r/min

（3）LSS5100ZLJ 型 5t 后装压缩式垃圾车技术特点　手动全液压半自动控制；模块式液压元件，全部进口液压密封件；填塞器设有污水槽；全部钢材均酸洗磷化处理，面漆采用高氯聚乙烯硫化，防腐性能优异；垃圾箱内设有液压推板，用于双向压缩和卸料；按用户需要可配装 300L 圆桶或 240L 方桶的翻桶机构。

其外形见图 12-2，技术参数见表 12-6。

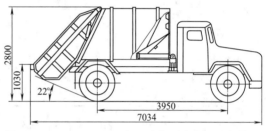

图 12-2　LSS5100ZLJ 型 5t 后装压缩式垃圾车外形

表 12-6　LSS5100ZLJ 型 5t 后装压缩式垃圾车技术参数

名　称	参　数	名　称	参　数
底盘型号	EQ1092F	最小离地间隙/mm	260
外形尺寸(长×宽×高)/(mm×mm×mm)	7034×2400×2800	前悬/mm	1064
最大总质量/kg	10000	后悬/mm	2020
整备质量/kg	5660	垃圾箱容积/m³	8
装载质量/kg	4340	油耗/(L/100km)	≤25.5
前轴负荷/kg	1910/2600	液压系统最高工作压力/MPa	16
后轴负荷(空载/满载)/kg	3750/7400	发动机型号	EQ6100-1 型
轴距/mm	3950	形式	四行程、水冷、直列六缸置气门化油器汽油发动机
轮距(前/后)/mm	1810/1800	额定功率	99kW,3000r/min
接近角/(°)	33	额定扭矩	353N·m,1200～1400r/min
离去角/(°)	≥22	填料口高度/mm	1030
最高车速/(km/h)	≥85	填料口尺寸/mm	1900×750
最小转弯直径/m	16	填塞器容积/m³	1.1
最大爬坡度/%	28		

（4）LSS51502YSA 型 8t 后装压缩式垃圾车技术特点　全车板材经过酸洗磷处理延长使用 1/4 寿命；手动全液压控制方式，易操作，维修简单；模块化液压元件设计，全部进口液压密封件。前后箱均设有污水槽；后箱采用 16MnSi 板材，提高质量、延长使用寿命；选用了过氯乙烯涂料，防腐性能优异；全套引用澳大利亚生产设备；发动机自动定速装置；东风

8平柴底盘，康明斯发动机。技术参数见表12-7。

表 12-7　LSS51502YSA 型 8t 垃圾车技术参数

名　称	参　数	名　称	参　数
底盘型号	EQ1141G	最小转弯直径/m	16
外形尺寸(长×宽×高)/(mm×mm×mm)	7990×2470×2840	最大爬坡度/%	≥25
整备质量/kg	8280	最小离地间隙/mm	248
装载质量/kg	7220	垃圾箱容积/m³	12
前轴/kg	3140	液压系统最高工作压力/MPa	16
后轴/kg	5140	填塞器一次工作循环时间/s	≤30
最大总质量/kg	15500	卸料一次工作循环时间/s	≤45
前轴/kg	4565	直接档最低稳定车速/(km/h)	≤20
后轴/kg	10935	最高车速/(km/h)	≥80
质量利用系数	≥0.87	填料口高度/mm	1150
轴距/mm	4500	填料口尺寸(宽×高)/(mm×mm)	2030×800
轮距(前/后)/mm	1940/1860	填塞器最大开角/(°)	47.5±2
接近角/(°)	≥34	填塞器容积/m³	1
离去角/(°)	≥22		

(5) LSS5151ZLJ 型 8t 拉臂式自卸垃圾车技术特点　全车板材经过酸洗磷化处理延长使用 1/4 寿命；手动全液压控制方式，易操作，维修简单；模块化液压元件设计，全部进口液压密封件，前后箱均设有污水槽；增加了驾驶室内操作装置；全套引进澳大利亚生产设备；每部主机可配用多个转运箱。技术参数见表12-8。

表 12-8　LSS5151ZLJ 型 8t 自卸垃圾车技术参数

名　称	参　数	名　称	参　数
底盘型号	EQ3141G	最大爬坡度/%	26
外形尺寸(长×宽×高)/(mm×mm×mm)	6900×2470×3000	最小离地间隙/mm	245
最大总质量/kg	15500	前悬/mm	1270
整备质量/kg	8350	后悬/mm	1830
装载质量/kg	7150	垃圾箱容积/m³	12
前轴负荷(空载/满载)/kg	3450/5000	倾翻角/(°)	50±1
后轴负荷(空载/满载)/kg	4900/10500	油耗/(L/100km)	20
质量利用系数	0.85	液压系统额定工作压力/MPa	17
轴距/mm	3800	发动机型号	6BT118-01 型
轮距(前/后)/mm	1940/1860	形式	四冲程、直列六缸、水冷、喷式增压柴油机
接近角/(°)	31	额定功率	118kW,2500r/min
离去角/(°)	11	额定扭矩	583N·m,1500r/min
最高车速/(km/h)	≥80	压缩比	17.5
最小转弯直径/m	13		

12.1.2.5　YLS-C 型压缩式生活垃圾收集机

(1) YLS-C1 型　本收集机技术参数见表12-9，整个操作运行程序见图12-3。

表 12-9 YLS-C1 型压缩式垃圾收集机技术参数

名　称	参　数	名　称	参　数
压缩工作能力/(m³/h)	60	最大工作压力/MPa	15
垃圾斗容积/m³	0.6	电机功率/kW	7.5
垃圾箱容积/m³	7.5	外形尺寸(长×宽×高)/(mm×mm×mm)	7100×3000×3100

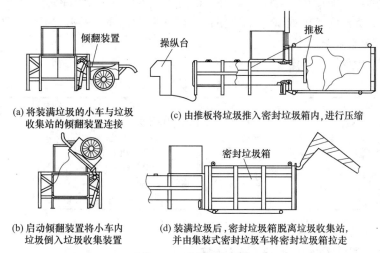

(a) 将装满垃圾的小车与垃圾收集站的倾翻装置连接

(b) 启动倾翻装置将小车内垃圾倒入垃圾收集装置

(c) 由推板将垃圾推入密封垃圾箱内,进行压缩

(d) 装满垃圾后,密封垃圾箱脱离垃圾收集站,并由集装式密封垃圾车将密封垃圾箱拉走

图 12-3 运行操作程序

（2）YLS-C2 型　其特点如下。

① 压缩减容效果显著,压缩比达 2∶1 以上,每循环处理量达 0.66m³,装载效率高。

② 进料装置采用自动控制、液压翻斗或输送装置等多种形式。压缩机与集装箱连接可选用自动以及手动方式。

③ 单台压缩机可配套多个集装箱,具有压缩机移位及集装箱移位方式,通用性及经济性良好。与各类 2~8 t 级拉臂车配套,密闭装载,污水排放均符合环保要求。

④ 占地面积小,对建筑无承载要求,土建成本低。

技术参数见表 12-10。

表 12-10 YLS-C2 型压缩式垃圾收集机技术参数

名　称	参　数
压缩机最大工作能力/(m³/h)	60
翻斗容积/m³	0.66
主机功率/kW	4
最大工作推力/t	10
正常工作推力/t	≥5
整机循环工作周期/s	≤45
移位速度/(mm/s)	120
压缩行程/mm	1200
集装箱容积/m³	8
压缩机外形尺寸(长×宽×高)/(mm×mm×mm)	3000×1100×1250
整机外形尺寸 (长×宽×高) /(mm×mm×mm)	整机固定式 6830×2200×2800
	整机移动式 6830×6000×2800
	集装箱移动式 6830×9800×3400

12.1.2.6　YLS-T 型压缩式生活垃圾收集机

（1）概述　YLS-T 型压缩式生活垃圾收集机适合于小型的生活垃圾中转站使用,由移动式压缩机配以若干专用垃圾集装箱组成。生活垃圾可由不同收集方式运至收集站,由翻桶或翻斗机构将垃圾倒入压缩机内，再通过液压压缩头压入专用垃圾集装箱内。装满垃圾的专用集装箱由拉臂车运至处理场或大型中转站。

(2) 主要特点

① 移动式压缩机，变位方便，占地最少，土建最省（二箱位收集站最小占地面积 60m²）。

② 压缩装载，压缩比达 2 以上，作业效率高，经济性好。电液控制，方便、省力。

③ 一台压缩机可配一个或多个集装箱体，配比随意，通用性强，经济性好。压缩口上移，保证集装箱装满，装载量大。

主要参数见表 12-11。

表 12-11　YLS-T 型压缩式垃圾收集机技术参数

名　称	参　数	名　称	参　数
压缩力/kN	100	压缩机生产力/(m³/h)	77
液压泵电机功率/kW	7.5	压缩机平移速度/(m/min)	7
行走电机功率/kW	0.55	压缩机质量/kg	2200
每压缩行程容积/m³	0.75	压缩机外形尺寸 (长×宽×高)/(mm×mm×mm)	3000×2710×3420
每压缩循环时间/s	35	标准配备的垃圾集装箱容积/m³	7.5

12.2　粉煤灰综合利用设备

12.2.1　粉煤灰制砖原料处理设备

(1) LNP 型湿式混合轮碾机　该机是粉煤灰、煤矸石、页岩、黏土等原料进行混合均化、碾炼增塑、破碎细化的设备。其技术参数见表 12-12。

表 12-12　LNP 型湿式混合轮碾机技术参数表

规格型号	生产能力/(m³/h)	碾盘有效直径/mm	装机容量/kW	外形尺寸(长×宽×高)/(mm×mm×mm)	自重/kg
LNP-360	30～40	3600	55	4700×3800×5400	46000
LNP-315	25～30	3150	45	4470×3590×5501	38000

(2) DWY40-950 型液压多斗挖土机　该机适用于室内挖取陈化后的物料，是一种新型原料挖掘设备。技术参数见表 12-13。

表 12-13　DWY40-950 型液压多斗挖土机技术参数

规格型号	DWY40-950	规格型号	DWY40-950
生产能力/(m³/h)	40	斗架最大俯角/(°)	20
料斗容积/m³	0.034	装机容量/kW	21.5～28
斗架长度/m	7.0～16	外形尺寸(长×宽×高)/(mm×mm×mm)	13500×3000×3200
斗架最大仰角/(°)	35	自重/kg	8200

(3) SJJ 型搅拌挤出机　该机用于对破碎后的物料连续搅拌、输送和挤炼，并可加水调整物料的含水率。其技术参数见表 12-14。

表 12-14　SJJ 型搅拌挤出机技术参数

规格型号	生产能力/(m³/h)	装机容量/kW	外形尺寸(长×宽×高)/(mm×mm×mm)	自重/kg
SJJ300-42	25～30	75	6100×1800×1240	8850
SJJ240-36	23～25	55	5196×1700×1003	6200

（4）SJ 型强力搅拌机　该机适用于对破碎后物料进行连续加水搅拌，全保护性搅拌轴设计。其技术参数见表 12-15。

表 12-15　SJ 型强力搅拌机技术参数

规格型号	生产能力/(m³/h)	装机容量/kW	外形尺寸(长×宽×高)/(mm×mm×mm)	自重/kg
SJ300-42	25～30	45	6000×1974×1145	7850
SJ240-36	23～25	37	5275×1700×1003	6700

（5）XGB800 型箱式给料机　该机适用于各种干、湿、散碎状物料，是控制给料速度、调整给料量的设备。其技术参数见表 12-16。

表 12-16　XGB800 型箱式给料机技术参数

规格型号	XGB800	规格型号	XGB800
生产能力/(m³/h)	30～50	输送带宽/mm	800
拨料棒回转直径/mm	500	外形尺寸(长×宽×高)/(mm×mm×mm)	6110×2600×1900
驱动滚筒直径/mm	500	自重/kg	4235

（6）CP900×900 型锤式破碎机　该机适用于破碎含水率<8%的非黏性中等硬度以下的物料，如煤矸石、页岩等。其技术参数见表 12-17。

表 12-17　CP900×900 型锤式破碎机技术参数

规格型号	CP900×900	规格型号	CP900×900
生产能力/(t/h)	13	装机容量/kW	75
进料粒度/mm	≤50	外形尺寸(长×宽×高)/(mm×mm×mm)	2097×2350×1500
出料粒度/mm	<3	自重/kg	3866

（7）BG120×400 型板式给料机　该机为间歇性给料设备，可将物料间歇均匀地输送给下道工序。适用于各种散、块状物料，是控制给料速度、调整给料量的设备。其技术参数见表 12-18。

表 12-18　BG120×400 型板式给料机技术参数

规格型号	BG120×400	规格型号	BG120×400
生产能力/(m³/h)	35～210	外形尺寸(长×宽×高)/(mm×mm×mm)	5680×3200×1120
最大进料粒度/mm	200	自重/kg	5600

12.2.2　CJC 型反击锤式破碎机

CJC 型反击锤式破碎机适用于大体积非金属矿物和其他中硬度物料的一段式破碎。它可广泛应用于水泥建材、化工、冶金、煤炭、火力发电等工业部门石灰石、石膏、黏土、磷酸盐、岩盐、泥灰岩、硬质原煤等物料的粉碎作业。

CJC 型反击锤式破碎机的破碎比大，被破碎物料的抗压强度≤140MPa，破碎物料的最大湿度小于 8%，该机具有运行能耗低、处理能力大、坚固可靠、易损件寿命长、适用性强、操作维护方便、工艺流程简单、综合技术经济指标高等特点。CJC2014 型破碎机还有随机的抽轴装置的检修平台和反击板开启装置。其技术参数见表 12-19。

表 12-19　CJC 型反击锤式破碎机技术参数

型号	喂料口尺寸(宽×高)/(mm×mm)	最大喂料尺寸/mm	出料粒度/mm	处理能力/(t/h)	电机功率/kW	质量/t
CJC2014	1445×1450	1000	15	140～160	315	52
CJ11612	1357×1280	850	25	100～140	220	31
CJC1609	1337×950	600	25	50～70	132(石灰石),115(石膏)	25.5

12.2.3　破碎机

(1) LP1000×300 型笼式破碎机　该机主要适用于页岩、煤矸石及干黏土等原料的破碎，其工作机构是由两个互为反向旋转的转笼组成。物料从转笼圆心处投入，与飞转的笼子钢棒冲击碰撞而碎。其技术参数见表 12-20。

表 12-20　LP1000×300 型笼式破碎机技术参数

型号	LP1000×300	型号	LP1000×300
生产能力/(m³/h)	15～25	进料粒度/mm	≤50
驱动功率/kW	2×75(可选配)	质量/kg	5300

(2) XCP 型细碎锤式破碎机　该机适用于将页岩、煤矸石等工业废渣经过反击板的破碎，锤头与筛板之间的挤压、揉搓，一次破碎达到制作空心砖的要求。其技术参数见表 12-21。

表 12-21　XCP 型细碎锤式破碎机技术参数

型　号	XCP-800	XCP-900	型　号	XCP-800	XCP-900
生产能力/(m³/h)	15～25	15～30	进料粒度/mm	≤50	≤50
驱动功率/kW	75	75	质量/kg	5173	6003

12.2.4　PEX 型颚式破碎机

广泛用于矿山、冶金、建材、化工、非金属矿等行业中的物料破碎。技术参数见表 12-22。

表 12-22　PEX 型颚式破碎机技术参数

型　号	进料口尺寸 (宽×高) /(mm×mm)	排料口调整 范围/mm	公称排料口 处理能力/t	最大进料 粒度/mm	偏心轴转速 /(r/min)	电机功率/kW	质量(不包括 电动机)/t
PEX250×400	250×400	20～80	4～14	210	300	15(11)	2.8
PEX250×500	250×500	20～80	6～16	210	275	18.5	3.2
PEX400×600	400×600	40～100	8～25	350	250	30	6.5
PEX600×900	600×900	75～200	40～100	500	250	80	18

12.2.5　PWX 型卧式防尘细碎机

(1) 概述　PWX 型卧式防尘细碎机广泛用于水泥、选煤、火力发电、冶金、耐火材料等工业部门，对石灰石、水泥熟料、混合材料、页岩、白云石、石膏等中硬物料进行细碎。主要参数见表 12-23。

表 12-23　PWX 型卧式防尘细碎机技术参数

型　号	PWX-600	PWX-800	PWX-1000	PWX-1200	PWX-1400
生产能力/(t/h)	25～30	35～40	45～55	55～65	65～75
进料粒度/mm	<50	<60	<60	<60	<60
出料粒度/mm	<4,其中 85%以上是粉状				
电机型号	Y225M-4	Y250M-4	Y280M-4	Y280M-4	Y315S-4
主轴转速/(r/min)	1000	818	818	800	800
电机功率/kW	45	55	75	90	110

（2）性能特点　创新设计的工作锤头：改变了传统的铸造工艺，采用耐磨、耐冲击的全新合金组合材料，其使用寿命比传统铸造锤头提高了 5～10 倍。可调的筛板结构：可根据不同用户的要求，合理调节出料粒度，调节范围宽，筛板调整方便、可靠。合理的全机体密封结构，解决了破碎车间的粉尘污染和机体漏灰的问题。全新的整体设计，具有造型美观、结构紧凑、易损件少、维修方便等优点。

12.2.6　喷射气流粉碎机

（1）概述　在目前粉碎机中，喷射气流粉碎机是能得到最小微粒的粉碎机，已粉碎到亚微米级，在需要超微粉的各产业领域中广泛应用。其基本原理为：空气压缩机产生的压缩空气从喷嘴喷出，粉体在其喷射气流中互相碰撞进行超微粉碎。最大特点是产品的粒度明显，不发热。该设备分为 SOM 型和 STJ 型。

（2）原理

① SOM 型粉碎机。原料从进料斗投入，经文丘里喷嘴加速到超声速，导入粉碎机内部，在设于粉碎机下部的研磨喷嘴喷出的介质所形成的粉碎带内互相碰撞，互相摩擦粉碎。粉碎的微粉，经上升上架导入分级部，由导叶调整，只生产超微粉；粗粉经降下下架，与投入原料会合循环粉碎。技术参数见表 12-24，结构示意图见图 12-4。

表 12-24　SOM 型粉碎机技术参数

型　号	SOM-0101C4C	SOM-0202C4C	SOM-0304F4C	SOM-0405F4C	SOM-0608F4C	SOM-0808F4C
压力/MPa	0.65～0.7					
风量/(m³/min)	1.0	2.6	7.6	16.1	26.4	35.0
需要动力/(kW/h)	11	22	55	125	150	220
处理量/(kg/h)	0.5～2.0	2.0～20	20～100	50～300	200～600	400～1000

② STJ 型粉碎机

原料由送料斗投入，经文丘里喷嘴加速到超声速，导入粉碎机内部，在粉碎机内部研磨喷嘴喷出的流体形成的粉碎带内，相互碰撞，相互摩擦粉碎而成微粉，失去离心力，被导入粉碎机的中心，只生产超微粉；粗粉不失离心力，在粉碎带中循环继续粉碎。结构示意图见图 12-5，技术参数见表 12-25。

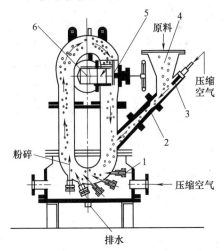

图 12-4　SOM 型粉碎机结构示意图

1—研磨喷嘴；2—文丘里喷嘴；3—推料喷嘴；

4—进料斗；5—导叶（分级部）；6—出口

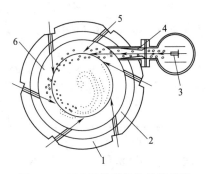

图 12-5　STJ 型粉碎机结构示意图

1—外壳；2—铝补垫；3—推料喷嘴；

4—文丘里喷嘴；5—研磨喷嘴；6—粉碎带

表 12-25　STJ 型粉碎机技术参数

型　号	100	200	315	400	475	560	670	750
压力/MPa	0.65～0.7							
风量/(m³/min)	1.2	2.7	5.2	7.7	10.6	17.5	30.7	41.4
需要动力/(kW/h)	11	22	37	55	75	125	180	255
处理料/(kg/h)	0.5～2.0	2.0～20	10～50	20～200	50～200	100～350	300～800	600～1200

注：1. 表内均是压缩空气为介质时的处理量；使用过热蒸汽时的处理量增加到 2～3 倍。

2. 所需动力表示空气压缩机的适用容量。

3. 处理量视原料的特性和产品要求粒度等而不同，只在各型号上注明最大和最小处理量以供参考。

12.2.7　SFJ 型粉碎机

（1）SFJ-300 型　该机利用活动齿盘和固定齿盘间的高速相对运动，使被粉碎物经齿冲击剪切、摩擦及物料彼此间等综合作用得到粉碎。其有关参数见表 12-26。

表 12-26　SFJ-300 型主要技术参数

主轴转数/(r/min)	总功率/kW	生产能力/(kg/h)	齿盘直径/mm	最大进料粒度/mm	成品粒度	整机质量/kg	外形尺寸（长×宽×高）/(mm×mm×mm)
3800	5.5	100～200	318	5	0.173～0.117（80～150 目）	290	720×590×1400

（2）SFJ-400 型　该机采用冲击式粉碎方式，物料进入粉碎室后受到高速回转的单排六只活动锤体冲击，经齿圈和物料相互撞击而粉碎，被粉碎的物料通过筛孔进入盛粉袋。技术参数见表 12-27。

表 12-27　SFJ-400 型主要技术参数（A 型为不锈钢，B 型为碳钢）

主轴转数/(r/min)	电机功率/kW	生产能力/(kg/h)	进料粒度/mm	粉碎粒度/目	工作噪声/dB	工作温度/℃	损耗率/%	整机质量/kg	外形尺寸（长×宽×高）/(mm×mm×mm)
3500	7.5	75～200	70×60	25～300	95	<40	<0.5	300	1600×1300×700

（3）SFJ-500 型　该机采用冲击式粉碎方式，物料进入粉碎室后受到高速回转的单排六只活动锤体冲击，经齿圈和物料相互撞击而粉碎，被粉碎的物料在吸风机的作用下通过筛孔进入盛粉袋。其主要技术参数见表 12-28。

表 12-28　SFJ-500 型主要技术参数

主轴转数/(r/min)	电机功率/kW(B 型)	电机功率/kW(A 型)	生产能力/(kg/h)	进料粒度/mm	粉碎粒度/目	工作噪声/dB	工作温度/℃	损耗率/%	整机质量/kg	外形尺寸（长×宽×高）/(mm×mm×mm)
3000	11.4	18.54	200～500	80×80	25～300	<95	<35	<1	1000	2000×900×1250

（4）SFJ-8213 型　该机采用冲击式粉碎方式，物料进入粉碎室后受到高速回转的单排六只活动锤体冲击，经齿圈和物料相互撞击而粉碎，被粉碎的物料通过筛孔进入盛粉袋。主要技术参数见表 12-29。

表 12-29　SFJ-8213 型主要技术参数（A 型电压为 380 V，B 型电压为 220 V）

主轴转数/(r/min)	电机功率/kW	生产能力/(kg/h)	粉碎粒度/目	工作噪声/dB	工作温度/℃	损耗率/%	整机质量/kg	外形尺寸（长×宽×高）/(mm×mm×mm)
5000	1.5	5～15	40～350	<95	<55	<0.5	110	610×420×1200

12.2.8　柱磨机

（1）概述　柱磨机采用连续反复低压力的辊压粉磨原理，能大幅度节能降耗，粉磨性能优越。

（2）适用范围　适用于水泥、玻璃、陶瓷、搪瓷、砖瓦、新型建材等建材行业中粉磨水泥生料和熟料（可作终磨亦可作预磨）、砂岩、白云石、废玻璃、长石、石英、刚玉、高岭土、凹凸棒、石膏、石灰、粉煤灰和工业废渣等矿石或物料。主要技术参数见表 12-30。

表 12-30　柱磨机主要技术参数

型　号	ZHM-240	ZHM-300	ZHM-400	ZMJ-350	ZMJ-450	ZMJ-500	ZMJ-750
生产能力/(t/h)	0.2~0.6	0.2~2	1.5~3.5	1.5~3.5	2~4.5	4~6	10~14
最大进料粒度/mm	6	8	10	10	15	25	30
产品细度/目	20~400	20~400	20~400	20~400	20~400	20~325	20~325
电机功率/kW	11	18.5	30	30	37	55(45)	90(75)
外形尺寸(直径·高)/(m×m)	0.7×1.02	0.9×1.1	1.06×1.75	1.25×1.7	1.5×1.85	1.84×2.5	2.1×2.7

12.2.9　LNX-1600A 型行星式轮碾混合机

LNX 型行星式轮碾混合机是轮碾和搅拌合二为一的机型，生产效率高，节能效果显著，结构轻巧，各项技术性能指标均达到国内先进水平。LNX-1600A 型行星式轮碾混合机可针对粉煤灰原料容量小，体积大，碾压效果要求高，与其他塑性原料混合均匀度要求严等特点。

12.2.10　LN 型湿式轮碾机

该机适用于将陈化、加水搅拌后的制砖原料，特别是利用工业废渣（如粉煤灰、煤矸石等）制砖的原料进行进一步的碾炼、增塑、破碎后进入挤砖机挤出成型，可大大提高成品砖的质量。下设分料盘，转载方便，节约成本。其主要技术参数见表 12-31。

表 12-31　LN 型湿式轮碾机技术参数

型　号	LN3300	LN3600
生产能力/(m³/h)	30~40	35~45
碾盘有效直径/mm	3300	3600
主轴转速/(r/min)	18	16
驱动功率/kW	55	55
泵站工作压力/MPa	16	16
整机质量/kg	45840	50400
外形尺寸(长×宽×高)/(mm×mm×mm)	4160×3450×3650	3720×3720×3200

12.2.11　CJZ 型连续振动磨

（1）概述　CJZ 型连续振动磨可广泛用于冶金、建材、选矿、耐火、化工、非金属等行业。结构见图 12-6。

（2）特点

① 与普通球磨机相比，效率提高 3~5 倍，节约能耗 30%~40%，节约磨介消耗 60%~70%。

② 主轴系统和磨筒设有冷却系统，可适应三班制运转和干法生产工艺条件。

③ 整机安装及调试方便，装配式筒体可通过不同的组装方式（单进单出，双进双出）适应不同的粒度要求。

④ 设有光电保护装置，一旦弹簧疲劳断裂，可在 5s 内停车，不致损坏主轴。

⑤ 整体式衬板设计，更换方便、快捷。

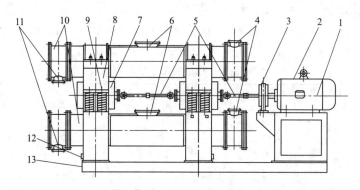

图 12-6 CJZ 型连续振动磨

1—电机座；2—电机；3—外抱块式制动器；4—进料口；5—万向联轴器；6—加球口；7—罩壳；
8—轴承座；9—弹簧；10—筒体；11—出料口；12—光电保护装置；13—底座

（3）技术参数 见表 12-32。

表 12-32 CJZ 型连续振动磨技术参数

筒体容积/L	100	200	400	800	1600
振动频率/Hz	24	24.3	24.5	16.3	16.2
振动强度/g	6～9	6～9	6～9	6～9	6～9
电机功率/kW	7.5	15	30	55	110
冷却水用量/(t/h)	0.2	0.4	0.6	1.2	2.0
质量/t	1	2	31.8	7.5	10

12.2.12 XLH 型行星式轮碾混合机

XLH 型行星式轮碾混合机适宜于拌合颗粒状、粉尘状的干料、半干料、湿料，以及耐火泥料、黏土、红壤土、粉煤灰、尾矿、炉渣、型砂、磨料、化工原料等物料，可广泛用于建材、耐火材料、陶瓷、化工、铸造等领域。其技术参数见表 12-33，结构见图 12-7。

该设备混合效率高，物料在机内混合 4～5min 即可均匀；碾炼质量好，不成团，颗粒不易再粉碎；电耗低；整机密封，环境污染小，噪声小，质量轻，可整机吊装；安装容易、操作方便，维修简单，具有轻型、高效、节能等优点。

表 12-33 XLH 型行星式轮碾混合机主要技术参数

型 号	XLH-1200	XLH-800	XLH-500	XLH-300	XLH-200
混合盘规格/(mm×mm)	2400×450	2200×360	1800×300	1500×340	1274×260
混合盘容量/L	1200	800	500	300	200
碾轮规格(2件)/(mm×mm)	750×250	700×250	550×230	480×180	400×140
碾轮质量/kg	800×2	600×2	450×2	313×2	200×2
行星搅拌铲数量	2×3(每组 3 块)				
每次投料量/kg	1200	800	500	300	200
每拌时间/min	3～5				
电机功率/kW	22	18.5	15	11	7.5
生产能力/(t/h)	14	10	6	4	2.5
K 值/[kg/(kW·min)]	10.6	11.11	6.67	6.06	5.6
整机质量/kg	7500	5500	4500	3500	2500
外形尺寸(长×宽×高)/(mm×mm×mm)	4000×2930×2800	4000×2300×2200	3000×1900×1900	2434×1900×1125	2632×1480×1450

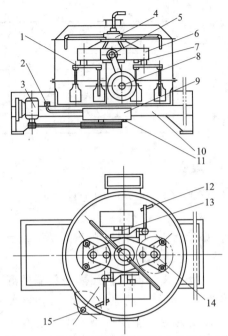

图 12-7　XLH 型行星式轮碾混合机结构示意图

1—行星铲装置；2—减速箱注油杯；3—电动机；4—喷水装置；5—挂臂；6—行星齿轮箱；
7—行星齿轮箱放油螺钉；8—碾轮；9—减速箱；10—机架；11—减速箱放油螺钉；
12—侧刮板；13—碾轮轴套；14—行星齿轮轴承；15—出料门轴

12.2.13　SLH 型双螺旋锥形混合机

SLH 型双螺旋锥形混合机广泛应用于化工、染料、医药、农药、冶金、矿山、石油、机械、建筑、食品、味精、调料以及农业种子和饲料等部门的粉（粒）料混合。该机对混合物料适应性强；对热敏性物料不产生过热现象，对颗粒物料不会压溃和粉碎，对密度差异悬殊和粒度不同的物料组成的混合不发生分层离析现象；对粗料和超细粉等各种颗粒、纤维中片状物料的混合也能较好地适应。

该机混合形式先进，结构设计合理，混合速度快，混合精度高，动力消耗低，装载系数大，使用寿命长。

其结构见图 12-8，技术参数见表 12-34。

表 12-34　SLH 型双螺旋锥形混合机技术参数

型号项目	SLH-0.5	SLH-1	SLH-2	SLH-4	SLH-6	SLH-10
全容积/m³	0.5	1	2	4	6	10
装载高度	不超过螺杆顶端叶片(密度≤1.2×10^3kg/m³)					
产量/(t/h)	0.5~1.2	0.6~1.2	2~4	3~6.5	6.5~8.5	12
工作压力	常压、微压或微真空					
总功率/kW	2.2	4	5.5	11/1.5	15/1.1	18.5/1.1
混合物料	双组分或多组分粉料 20~400 目			40~500 目		
支座中心距/mm	1140	1380	1780	2150	2550	3000
支座至筒盖高/mm	260	300	300	350	350	350
进料口直径/mm	250	400	500	600	600	600
出料口直径/mm	225	225	225	440	440	440
筒体高/mm	1295	1500	2050	2460	2960	3560

续表

型号项目	SLH-0.5	SLH-1	SLH-2	SLH-4	SLH-6	SLH-10
进料口中心距/mm	810	1000	1200	1500	1800	2200
支座孔径/mm	4-22	4-22	4-22	4-30	4-30	4-30
外形尺寸 （最大外径×总高） /(mm×mm)	1230×2130	1530×2460	1940×3090	2310×4130	2710×4750	3160×5200
设备自重/kg	820	1200	1500	3150	3400	3155

12.2.14　混凝土砌块地砖成型机

① 生产线系列全。年产量 $6000\sim300000m^3$ 的全自动生产线，共有近20种系列，以满足不同投资规模的需要。

② 坚固可靠的机械结构。所有设备均采用高强型钢结构，确保机器使用寿命长而设备维护费极低。

③ 高效精确的搅拌系统。行星轮式强制搅拌站配有精确的湿度控制和加水系统，采用特殊的搅拌运动和不同的搅拌速度，确保不同原材料拌合物的混合高度均匀。

④ 先进的振动成型技术。最新的专利振动成型技术可以真正地确保砌块、地砖的密实度和强度。

⑤ 先进的电子控制系统。采用最新 PLC 控制系统以及故障诊断和错误纠正功能，确保生产线各部位高效可靠地工作，最大限度地提高产品质量及其稳定性。

12.2.15　QWS-120型水泥瓦成型机

该成型机是在引进国外最新成型工艺基础上开发成功的新型机。采用塑性混凝土经压滤成型的水泥瓦，具有密度大、外观漂亮等优点，是粉煤灰综合利用设备之一，技术参数见表12-35。

表 12-35　QWS-120 型水泥瓦成型机主要技术参数

名　称	参　数	名　称	参　数
成型压力/kN	1200	装机容量/kW	7
成型周期/s	12～15	主机质量/t	5
班产量/张	2000～2500	主机外形尺寸(长×宽×高) /(mm×mm×mm)	3100×1640×2650

12.2.16　QF3-35型路面砖砌块成型机

QF3-35 型砌块成型机通过更换模具可生产彩色路面砖、草坪砖、薄壁空心砌块、路沿石、花墙砌块、树坑砖、护坡砌块等。产品质量优良，生产效率高，可广泛用于市政、建筑、园林、小区建设等领域。生产中可大量掺加粉煤灰、炉渣等工业废料。技术参数见表12-36。

表 12-36　QF3-35 型路面砖砌块成型机主要技术参数

名　称	参　数	名　称	参　数
每次成型块数	10块(S型连锁路面砖) 或3块(砌块)	托板规格(钢板)(长×宽×高) /(mm×mm×mm)	660×540×6
		装机容量/kW	11
成型周期(每次)/s	25～35	整机质量/t	3
设计生产能力(每班)/m²	150～200	整机外形尺寸(长×宽×高) /(mm×mm×mm)	4000×3500×2300

12.2.17　硬塑挤砖机

（1）JZK50Y-35 型双级真空硬塑挤砖机　JZK50Y-35 型双级真空硬塑挤砖机，挤出压力大，真空度高，挤出的泥条密实，外观整洁。湿坯强度达 $(3.5\sim4)\times10^5$ Pa。生产率高，成型含水率低，降低了在生产中的能耗和损失。工艺简单，适合中型砖厂使用。其技术参数见表 12-37。

表 12-37　JZK50Y-35 型双级真空硬塑挤砖机技术参数

名　　称	参　　数	名　　称	参　　数
生产能力/（标块/h）	7000～9000	挤出压力/MPa	3.5
成型水分/%	13～15	电机功率/kW	55＋110
真空度/%	≥92	主轴转速/（r/min）	26

易损件采用耐磨材料制作并经严格淬火处理，硬度高，耐磨性能好，不需经常更换易损件，生产效率高，节约维修时间。

结构紧凑，采用硬齿面减速器，传动平稳，使用寿命长，装有一套备用机口，节约更换机口的时间，配套能力好。

（2）JZK60Y-35 型双级真空硬塑挤砖机　JZK60Y-35 型双级真空硬塑挤砖机性能优良，耐磨件寿命长，是生产全煤矸石、高掺量粉煤灰、页岩砖的设备。其技术参数见表 12-38。

表 12-38　JZK60Y-35 型双级真空硬塑挤砖机技术参数

参　　数	型　　号	
	JZK60Y-35I	JZK60Y-35 II
生产能力/（标块/h）	11000～13000	11000～13000
电机功率/kW	90＋160	90＋160
成型水分/%	13～15	13～15
真空度/%	≥92	≥92
挤出压力/MPa	3.5	3.5
主轴转速/（r/min）	26	27

（3）JZK75Y-35 型双级真空硬塑挤砖机　JZK75Y-35 型双级真空硬塑挤砖机，挤出压力大，真空度高，挤出的泥条密实，外观整洁。易损件采用耐磨材料制作并经严格淬火处理，硬度高，耐磨性能好，不需经常更换易损件，生产效率高，节约维修时间。采用硬齿面减速器，强制润滑，传动平稳，使用寿命长。

12.2.18　粉煤灰建材成型设备

（1）JZK70/60-38 型双级真空挤砖机　主要特点是绞刀轴为自定心结构；泥缸衬套采用非金属耐磨材料（除 JZK50/45-20 外），可用一年以上；内机口成型，减少了成型阻力，且芯头由特殊材料制成；上级搅拌轴全保护性结构；硬齿面齿轮减速器，挤出压力大，坚固耐用。此外尚有 JZK50/45-30 型及 JZK50/45-20 型设备。

（2）ZQP 型自动切坯机　采用程控机控制，全自动操作。调整钢丝不需停机，无机械离合装置和滑动摩擦接触件，钢丝的自由调整可满足各种规格砖坯的切割。其技术参数见表 12-39。

表 12-39　ZQP 型自动切坯机技术参数

型号	生产能力/（标块/h）	切坯数量/（块/次）	最大切坯次数/（次/min）	装机容量	外形尺寸（长×宽×高）/（mm×mm×mm）	自重/kg
ZQP24	14400	24	15	3.0＋0.75	4960×2068×1683	1357
ZQP12	12960	12	18	3.0＋0.75	4960×2403×1683	1237

（3）ZQG12 型自动切割机　一机完成切条、切坯，动作准确，基本无泥头，全自动操作，是人工干燥、人工码坯工艺的切割设备。其技术参数见表 12-40。

（4）ZQT 型自动切条机　全自动操作，垂直切割，两级安全防护装置。其技术参数见表 12-41。

表 12-40　ZQG12 型自动切割机技术参数

型号	生产能力 /（标块/h）	切坯数量 /（标块/次）	最大切坯次数 /（次/min）	装机容量 /kW	外形尺寸（长×宽×高） /（mm×mm×mm）	自重/kg
ZQG12	14400	12(20)	20	2.2	4260×1248×1648	1000

表 12-41　ZQT 型自动切条机技术参数

型　号	ZQT600×200	ZQT300×200
切割速度/（次/min）	30	30
切割长度范围/mm	≥240	≥240
切割断面/（mm×mm）	600×200	300×200
装机容量/kW	0.75	0.55
外形尺寸（长×宽×高） /（mm×mm×mm）	4200×1570×1890	4200×1290×1890
自重/kg	620	450

（5）ZMP 型自动码坯机　该机是向窑车码放坯料的机械手，由程控机控制，气动与机械联动，夹坯力度可调，动作准确可靠。其技术参数见表 12-42。

表 12-42　ZMP 型自动码坯机技术参数

型　号	ZMP923-4	ZMP690-3	ZMP460-2
生产能力/（标块/h）	13600	11900	6820
适用宽度/mm	9230	6900	4600
码坯最高高度/mm	1152	1344	1400
装机容量/kW	15.75	15.75	13.25
外形尺寸（长×宽×高） /（mm×mm×mm）	12440×6010×6610	9700×6001×7410	7700×5980×8570
自重/kg	16500	14000	13500

（6）FP-8 型翻坯机组　该机组是配合自动码坯机的专用翻坯系统，全自动操作，连续性强，不损伤坯体。其技术参数见表 12-43。

表 12-43　FP-8 型翻坯机组技术参数

型　号	生产能力/（标块/h）	装机容量/kW	外形尺寸（长×宽×高） /（mm×mm×mm）	自重/kg
FP-8	8640(14600)	15.05	5300×4500×940	4350

（7）HXT 型换向台　该机是使切割后的坯体改变行走方向的专用设备，全自动操作。其技术参数见表 12-44。

表 12-44　HXT 型换向台技术参数

型号	坯体运动速度/（m/min）	装机容量/kW	外形尺寸（长×宽×高） /（mm×mm×mm）	自重/kg
HXT-24	19.6	1.65	2060×1895×914	1832

12.2.19　粉煤灰气流分选机

经过气灰混合器的混合气（原灰＋气），被负压由进料口输送到分选仓，在分选仓中，由于颗粒受到离心力 F_c（与颗粒直径的立方成正比）与气动阻力 F_d（与颗粒的直径成正比）所产生的合力作用不同，较细颗粒由于 $F_d > F_c$ 而向涡轮靠拢，并由涡轮导向到出料口（细灰＋气），经旋风收集器收集成为用户要求的成品细灰；较粗颗粒由于 $F_d < F_c$ 而向外运行，在周边处减速，因重力作用下沉成为粗灰。二次风口也通向分选仓，二次风可使较粗颗粒中的细灰被再次托举进入分级仓进行分选，最大限度地提高了分选效率。同时，涡轮转速是由调速电机控制的，通过变频器可以任意调节涡轮转速，涡轮转速越快，离心力 F_r 越大，进入分级涡轮的颗粒越细，即成品细灰颗粒越细。一旦涡轮转速确定，系统风量不变，则分级机分级颗粒也保持相对稳定。FXⅢ分选机技术参数见表 12-45。

表 12-45　FXⅢ分选机技术参数

型号	处理量/(t/h)	系统能耗/kW	分级粒径/m	分级效率/%	标准外形尺寸/mm	
					直径	高度
FXⅢ-20	15～20	120	—	—	2300	3950
FXⅢ-30	20～30	150	—	—	2300	4360
FXⅢ-40	25～40	170	30～45	≥85	2500	4780
FXⅢ-50	50	250			2500	5200

 案例

城市生活垃圾物流中的垃圾中转站功能再造研究

1984 年，天津市率先建成集建筑和机械一体化的垃圾收集设施，即垃圾转运站。垃圾中转站又称为垃圾压缩转运站，是对大量混合垃圾进行压缩处理，从而提高运输效率的产品。在城市生活垃圾增长数字与 GDP 比肩的今天，垃圾中转站发挥了重要作用，但是也间接助长了垃圾混合收集数量的增长和趋势。因此，必须从垃圾分类收集和垃圾资源化利用的视角重新探讨城市垃圾中转站的功能，为新的垃圾中转站的建设提供参考依据。

现有的城市生活垃圾收集流程由居民收集、小区保洁员和环卫工人收集、垃圾中转站汇集、垃圾处理场最终处理环节构成。其中，涉及 4 个节点：居民家庭节点、小区物业节点、垃圾中转站节点和垃圾处理场节点，其流程应为：居民家庭-住宅小区-垃圾中转站-垃圾处理中心。在这 4 个节点中，居民家庭起最初的收集作用，物业小区和垃圾中转站起分次汇集作用，垃圾处理中心进行垃圾的最终处理。其中首要环节是居民收集方式，如果居民不进行分类收集，就会为住宅小区保洁员分类收集增加困难，所以保洁员也不会进行分类收集，只是使用更大的容器进行汇集，然后送到垃圾中转站进行集中压缩处理，最后送到垃圾处理中心，然后几乎全部进行卫生填埋。这就是目前城市生活垃圾物流的基本流程和生活垃圾处理现状。

思考与练习

1. 后装压缩式垃圾车的技术特点是什么？
2. 请简述喷射气流粉碎机的原理。

第 13 章 ▶▶ 环保设备经济指标及分析

本章摘要

本章从环保设备或环保系统的特点出发，其经济指标大致可以分为三类：一类是反映已形成使用价值的收益类指标；一类是反映使用价值的消耗类指标；第三类是与上述两类指标相联系，反映技术经济效益的综合指标，对这三种指标进行了介绍，并介绍了影响环保设备设计的因素及成本，最后对环保设备投资以及运行管理进行了分析。

13.1 收益类指标

（1）处理能力　处理能力是指单位时间内处理"三废"物质的多少。例如水处理设备的流量大小，除尘设备的风量大小等。显然，环保设备的处理能力与处理工艺、设备、体积、材料消耗以及总造价密切相关。一般，应按照系列化要求，对处理能力进行合理分级，力求单位处理能力的总投资最少。

（2）处理效率　处理效率是指通过处理后的污染物去除率。环保设备的处理效率与处理对象有关，如除尘设备的分级效率就对尘粒大小很敏感。同时，环保设备的处理效率又随着所采用的处理工艺不同而具有很大差别。

（3）设备运行寿命　设备运行寿命是指既能保证环境治理质量，又能符合经济运行要求的环保设备运行寿命。实质上，它也代表着环保设备投资的有效期。

（4）"三废"资源化能力　"三废"资源化能力是指通过环保设备对污染源进行治理后，可以变废为宝，从中获得直接经济价值的能力。

（5）降低损失水平　降低损失水平是指通过环保设备对污染源进行治理后，改善了环境质量，减少或免交治理前须交纳的有关环境污染赔偿费（如排污费等），或减少了生产资源的损失（如水资源造成捕鱼量下降等）。

（6）非货币计量收益　非货币计量收益是指通过环保设备对污染源进行治理后，产生不能直接用货币计量的收益，如空气净化、环境优雅、舒适等。

13.2 耗费类指标

（1）投资总额　投资总额是指设置（包括购置和建造）环保设备而支出的全部费用，包括直接费用（如设备购买与安装费用、建筑物费用等）和非直接费用（如管理费用等）。

（2）运行费用　运行费用是指使环保设备正常运行所需的费用，包括直接运行费用（如直接人工、直接材料等）和间接运行费用（如管理费用、折旧费等），一般用年运行费用来表示。

（3）设置耗用时间　设置耗用时间是指环保设备从开始投资到实际运行所耗用的时间，它反映了从购买（或建造）到形成使用价值的速度。

（4）有效运行时间　有效运行时间是指环保设备每年实际运行的时间，常用有效利用率表示。实际上它代表着环保设备不开动的时间所造成的耗费。

13.3 综合类指标

（1）寿命周期费用　环保设备的寿命周期费用是指环保设备在整个寿命周期过程中所发生的全部费用。所谓寿命周期，是指从研究开发开始，经过制造和长期使用，直至报废或被其他设备取代所经历的整个时期，见图 13-1。

从图 13-1 可以看出，环保设备寿命周期费用是由开发设计费用、制造（或建造）费用和使用费用组成。一般，通常从提供设备和使用设备的角度，将环保设备寿命周期费用分为设置费用和使用费用两部分。设置费用是指将环保设备调试至正常运行所需要的一切费用，包括开发设计费用，试制费用，制造或建造过程中的直接或间接费用，以

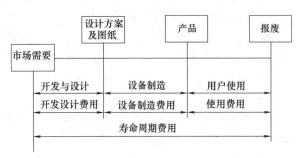

图 13-1　环保设备的寿命周期和寿命周期费用

及运输、安装、调试等费用；使用费用指包括使用过程中的燃料、动力、原料、辅料、维修、人工等各种费用的总和。

（2）环境效益指数　环境效益指数是反映应用环保设备后，改善环境质量的综合指标。

$$环境效益指数 = \frac{治理前后某污染物排放量之差}{该污染物的允许排放量} \tag{13-1}$$

（3）投资回收期　投资回收期，是以环保设备的净收益（包括直接和间接的收益）抵偿全部投资所需要的时间。一般以年为单位，是考虑环保设备投资回收能力的重要指标。投资回收期按是否考虑货币资金的时间价值，可分为静态投资回收期和动态投资回收期。

静态投资回收期的计算公式：

$$N_t = \frac{TI}{M} \tag{13-2}$$

式中，N_t 为静态回收投资期，a；TI 为投资总额；M 为年平均净收益。

动态投资回收期的计算公式：

$$N_d = \frac{-\lg[1 - TIi/M]}{\lg(1+i)} \tag{13-3}$$

式中，N_d 为动态投资回收期，a；i 为年利率或投资收益率，%。

 案例

企业环保所得税优惠政策案例分析

环保企业投资专用设备计算抵免企业所得税时应该注意以下六个方面。

1. 享受优惠的专用设备范围

享受优惠的专用设备必须符合以下优惠目录范围。

① 《财政部、国家税务总局、国家发展改革委关于公布节能节水专用设备企业所得税优惠目录（2008 年版）和环境保护专用设备企业所得税优惠目录（2008 年版）的通知》（财税〔2008〕115 号）；

② 《财政部、国家税务总局、安全监督总局关于公布安全生产专用设备企业所得税优惠目录（2008 年版）的通知》（财税〔2008〕118 号）。

2. 专用设备投资额的资金来源

财税〔2008〕48 号文件第四条规定，企业利用自筹资金和银行贷款购置专用设备的投资额，可以按企业所得税法的规定抵免企业应纳所得税额；企业利用财政拨款购置专用设备的投资额，不得抵免企业应纳所得税额。

3. 专用设备投资额的构成

财税〔2008〕48 号文件第二条规定，专用设备投资额，是指购买专用设备发票价税合计价格，但不包括按有关规定退还的增值税税款以及设备运输、安装和调试等费用。

4. 专用设备投资额的抵免限额与抵免期

财税〔2008〕48 号文件第一条规定，企业自 2008 年 1 月 1 日起购置并实际使用列入上述目录范围内的环境保护、节能节水和安全生产专用设备，可以按专用设备投资额的 10% 抵免当年企业所得税应纳税额；企业当年应纳税额不足抵免的，可以向以后年度结转，但结转期不得超过 5 个纳税年度。

5. 转让、出租专用设备的处理

财税〔2008〕48 号文件第五条规定，企业购置并实际投入使用、已开始享受税收优惠的专用设备，如从购置之日起 5 个纳税年度内转让、出租的，应在该专用设备停止使用当月停止享受企业所得税优惠，并补缴已经抵免的企业所得税税款。转让的受让方可以按照该专用设备投资额的 10% 抵免当年企业所得税应纳税额；当年应纳税额不足抵免的，可以在以后 5 个纳税年度结转抵免。

6. 专用设备投资额抵免所得税的计算

在具体计算专用设备投资额抵免所得税时，按下列步骤进行。

第一步：确定专用设备投资额。

第二步：计算专用设备投资额的抵免限额，专用设备投资额的抵免限额＝专用设备投资额×10%。

第三步：计算抵免年度应纳所得税。

第四步：确定抵免年度准予抵免的投资额。

① 如果是设备购置当年，可比较抵免年度应纳所得税与专用设备投资额抵免限额，按"从低"原则确定准予抵免的投资额。

② 如果是设备购置的以后年度，则比较抵免年度应纳所得税与以前年度留抵的投资额，按"从低"原则确定准予抵免的投资额。

第五步：计算抵免年度实际应纳所得税。

案例：某环保企业 2008 年 5 月从某空调设备制造厂购置能效等级 I 级的屋顶式空调机组一套（该套设备为节能节水专用设备，属于财税〔2008〕115 号文件规定的优惠目录范围），取得增值税专用发票，注明价款 500 万元，增值税 85 万元，其中企业财政拨款购置专用设备的投资额为 117 万元，支付运费 0.5 万元，安装调试费 0.1 万元。该套设备于 2008 年 6 月投入使用。该厂 2008 年应纳税所得额为 200 万元，则该厂应纳企业所得税如下。

① 专用设备投资额＝500＋85－117＝468（万元）

② 专用设备投资额抵免限额＝468×10％＝46.8（万元）

③ 2008 年应纳所得税＝200×25％＝50（万元）

④ 准予抵免的投资额＝46.8（万元）

⑤ 2008 年实际应纳企业所得税＝50－46.8＝3.2（万元）。

思考与练习

1. "三废" 资源化能力是指什么？

2. 影响环保设备设计的技术经济因素有哪些？

3. 设计费用与设备成本之间的关系是怎样的？

4. 请简述环保设备寿命的内涵及其实际意义。

5. 环保设备自然寿命、环保设备的技术寿命、环保设备的经济寿命意义是什么？

参 考 文 献

[1] 周迟骏. 环境工程设备设计手册 [M]. 北京：化学工业出版社，2009.

[2] 国家环境保护局. 中国环境保护 21 世纪议程. 北京：中国环境科学出版社，1995.

[3] 潘永亮. 化工设备机械基础. 第 2 版. 北京：科学出版社，2007.

[4] 陆文逊. LINPOR 工艺及其在大连春柳河污水处理厂中的应用和特点. 中国市政工程，2001，(3)：55-57.

[5] 闪红光. 环境保护设备选用手册 [M]. 北京：化学工业出版社，2002.

[6] 陈家庆. 环保设备原理与设计 [M]. 北京：中国石化出版社，2008.

[7] 付海明，江阳等. 建筑环境与设备系统设计实例及问答 [M]. 北京：机械工业出版社，2011.

[8] 龚佰勋. 环保设备设计手册（固体废弃物处理设备）[M]. 北京：化学工业出版社，2004.

[9] 江晶. 环保机械设备设计 [M]. 北京：冶金工业出版社，2009.

[10] 刘宏. 环保设备——原理·设计·应用. [M]. 第 3 版. 北京：化学工业出版社，2013.

[11] 马广大. 大气污染控制技术手册 [M]. 北京：化学工业出版社，2012.

[12] 谷群广. 环保设备 [M]. 北京：科学出版社，2011.

[13] 孙明湖. 环境保护设备选用手册——固体废弃物处理、噪声控制及技能设备 [M]. 北京：化学工业出版社，2002.

[14] 何品晶，邵立明，顾国维等. 市政淤泥脱水固化技术研究 [J]. 中国市政工程，2000，(3)：48-51.

[15] 王洪臣. 城市污水处理厂运行控制与维护管理 [M]. 北京：科学出版社，2008.

[16] 袁泉，杜联盟. 卧螺离心机在城市污水厂中的应用 [J]. 环境工程，2009，(9)：12-15.

[17] 张大群. 污水处理机械设备设计与应用 [M]. 北京：化学工业出版社，2003.

[18] 郝吉明. 大气污染控制工程 [M]. 第 2 版. 北京：高等教育出版社，2004.

[19] 李丽立. 污泥脱水设备维修方式决策研究 [D]. 上海：上海交通大学，2013.

[20] 曹辰雨. 燃煤电厂除尘设备除尘性能的分析与比较 [J]. 上海电力学院学报，2013，23 (4)：47-52.

[21] 刘转年. 高等教育"十二五"规划教材：环保设备基础 [M]. 徐州：中国矿业大学出版社，2013.

[22] 王纯. 环境工程技术手册——废气处理工程技术手册 [M]. 北京：化学工业出版社，2013.

[23] 聂永丰. 环境工程技术手册——固体废物处理工程技术手册 [M]. 北京：化学工业出版社，2013.

[24] 谢经良. 污水处理设备操作维护问答. [M]. 第 2 版. 北京：化学工业出版社，2012.

[25] 潘涛. 废水处理设备与材料手册 [M]. 北京：化学工业出版社，2012.

[26] 李明俊. 环保机械与设备 [M]. 北京：中国环境科学出版社，2005.

[27] 刘伟东. 除尘工程升级改造技术 [M]. 北京：化学工业出版社，2014.

[28] 潘琼. 环保设备设计与应用 [M]. 北京：化学工业出版社，2014.

[29] 梁世中. 生物工程设备 [M]. 第 2 版. 北京：中国轻工业出版社，2011.

[30] 谭蔚. 化工设备机械基础. [M]. 第 2 版. 天津：天津大学出版社，2007.